CAD/CAM/CAE
工程应用与实践丛书

AutoCAD
应用与实训教程

李腾训 魏峥 郑彬 编著

清华大学出版社
北京

内 容 简 介

本书是根据作者多年从事 AutoCAD 和机械制图教学积累的经验和使用 AutoCAD 的经验,以 AutoCAD 2014 软件为载体,以机械基础知识为主线,采用案例教学方式,将机械基础知识与学习 AutoCAD 软件有机结合,以达到帮助读者快速入门和应用的目的。

本书突出应用主线,由浅入深、循序渐进地介绍了在 AutoCAD 中绘制平面图形、形体视图、机械表达图、各种工程图,在绘制图形的过程中讲述 AutoCAD 中常用命令以及各种设置;还讲述具体零件读图和看图方式,最后配备 8 套装配体图形进行基本训练。

本书的特色是在课堂教学的同时,配备了同时可以在课堂练习的相似题目,可以当堂演练,学做合一。同时也配备课后上机练习,让学生巩固各种理论知识和操作技能。

本书遵循国家标准《CAD 工程制图规则》的有关规定,力求内容既满足教学要求,又符合工程实际应用;摒弃了普通工具书中知识点与实例脱节的现象,将重要的知识点融入具体实例中,使读者能够循序渐进、即学即用,轻松掌握该软件的基本操作方法。

本书内容丰富、叙述严谨,通俗易懂、结构清晰,并配备大量实例,适合对象为 AutoCAD 的初级和中级读者,可作为高等院校、职业院校和教育培训机构机械类专业的教材,也可作为广大工程技术人员的自学用书或参考书。

图书在版编目(CIP)数据

AutoCAD 应用与实训教程/李腾训,魏峥,郑彬编著.—北京:清华大学出版社,2015(2024.8 重印)
(CAD/CAM/CAE 工程应用与实践丛书)
ISBN 978-7-302-40167-4

Ⅰ.①A… Ⅱ.①李… ②魏… ③郑… Ⅲ.①AutoCAD 软件—教材 Ⅳ.①TP391.72

中国版本图书馆 CIP 数据核字(2015)第 096826 号

责任编辑:刘 星 李 晔
封面设计:刘 键
责任校对:胡伟民
责任印制:宋 林

出版发行:清华大学出版社
　　　　　网　　　址:https://www.tup.com.cn, https://www.wqxuetang.com
　　　　　地　　　址:北京清华大学学研大厦 A 座　　　　　　邮　　编:100084
　　　　　社 总 机:010-83470000　　　　　　　　　　　　邮　　购:010-62786544
　　　　　投稿与读者服务:010-62776969,c-service@tup.tsinghua.edu.cn
　　　　　质量反馈:010-62772015,zhiliang@tup.tsinghua.edu.cn
　　　　　课件下载:https://www.tup.com.cn,010-83470236
印 装 者:三河市人民印务有限公司
经　　　销:全国新华书店
开　　本:185mm×260mm　　　印　　张:21.25　　　字　　数:535 千字
版　　次:2015 年 8 月第 1 版　　　　　　　　　　　印　　次:2024 年 8 月第 8 次印刷
印　　数:3951~4250
定　　价:49.00 元

产品编号:062702-01

前　言

AutoCAD 是美国 Autodesk 公司开发的计算机辅助绘图软件,它以功能强大、易学易用和技术创新三大特点,成为领先的、主流的二维 CAD 解决方案。机械设计是其重要的应用领域。

本书以绘制机械图样为基础,讲述与机械绘图密切相关的实例操作,详细介绍了使用 AutoCAD 绘制机械图样的各种命令的操作和使用方法。

案例教学模式是目前普通教育的整体发展趋势,其教学内容和模式更有利于培养学生的各种能力,本书采用简述基本知识后,用"案例分析→步骤点评→随堂练习"的教学模式,更符合应用类软件的学习规律,有助于学生巩固与机械相关知识。

本书特点:

• 循序渐进、深入浅出。

基本概念与使用常识样样俱全,适合初级、中级读者了解并掌握软件的各种命令和技巧。

• 案例分析。

根据教学进度和教学要求精选能够剖析与机械设计和软件操作相关的案例,分析案例操作中可能出现的问题,在步骤点评中加以强化分析和拓展。同时根据案例帮助学生掌握学习、研究的方法,培养自主学习的能力。

• 步骤点评。

教材中所提供的案例虽然典型,但是有一定的局限性,无法涵盖各种不同的地区,通过点评可以使案例教学更加丰满,内容更加丰富,而且更加深入,更加有说服力。

• 随堂练习。

本书各章后面的习题不仅具有帮助学生巩固所学知识和参与实战演练的作用,而且对学生深入学习 AutoCAD 有引导和启发作用。

为方便读者学习巩固,本书给出了大量实例的素材,可以让不同层次人员学习和使用。可以根据需要安排不同的练习内容,在第 7 章提供了 17 个实训题,讲述绘制过程,可以让读者自己体会各种零件的绘制和各种机械知识的掌握;而在第 8 章提供了比较完整的 8 套装配体,可以让读者熟练绘制图形,以及熟悉零件的表达方法。

本书在写作过程中,充分吸取了 AutoCAD 的授课经验,同时也充分考虑到 AutoCAD 爱好者在应用 AutoCAD 过程中急需掌握的知识,做到理论和实践相结合。

本书由李腾训、魏峥、郑彬、严纪兰、烟承梅、王俊杰张鹏、褚露露编写。

Foreword

由于作者水平有限，加上时间仓促，书稿虽经再三审阅，但仍有可能存在不足甚至错误，恳请各位专家和读者批评指正，有兴趣的读者可以发送邮件到 workemail6@163.com 与作者进一步交流。

编　者

2015 年 1 月

目 录

Contents

第1章

AutoCAD 设计基础

AutoCAD(Auto Computer Aided Design)是美国 Autodesk 公司于 1982 年开发的自动计算机辅助设计软件,用于二维绘图、详细绘制、设计文档和基本三维设计。现已经成为国际上广为流行的绘图工具。AutoCAD 具有良好的用户界面,通过交互菜单或命令行方式便可以进行各种操作。它的多文档设计环境,让非计算机专业人员也能很快地学会。在不断实践的过程中更好地掌握它的各种应用和开发技巧,从而不断提高工作效率。AutoCAD 具有广泛的适应性,它可以在各种操作系统支持的微型计算机和工作站上运行。

1.1 设计入门

本节知识点:
(1) 用户界面。
(2) 零件设计基本操作。
(3) 文件操作。

1.1.1 在 Windows 平台启动 AutoCAD

双击 AutoCAD 快捷方式图标 ,即可进入 AutoCAD 系统。AutoCAD 是 Windows 系统下开发的应用程序,其用户界面、以及许多操作和命令都与 Windows 应用程序非常相似,无论用户是否对 Windows 有经验,都会发现 AutoCAD 的界面和命令工具是非常容易学习掌握的,如图 1-1 所示。

说明:以 AutoCAD 2014 经典界面为基本界面,其组成主要由标题栏、菜单栏、工具栏、状态栏、绘图窗口以及文本窗口等几部分组成。

1.1.2 文件操作

文件操作主要包括建立新文件、打开文件、保存文件和关闭文件,这些操作可以通过"文件"下拉菜单或者"快速访问工具条"来完成。

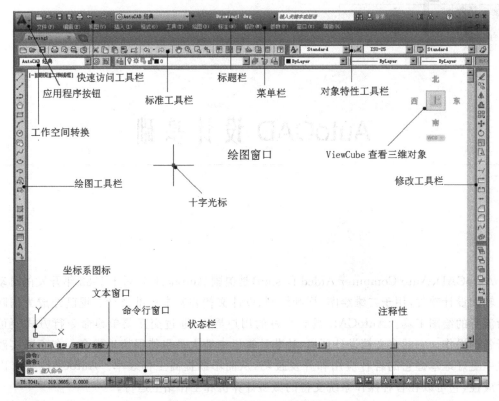

图 1-1　AutoCAD 2014 经典界面

1. 新建文件

单击"标准"工具栏上的"新建"按钮  执行新建命令，出现"选择样板"对话框，在模板列表框中选定样板，如图 1-2 所示，新建文件。

图 1-2　"选择样板"对话框

2. 保存文件

单击"标准"工具栏上的"保存"按钮 ⊞ ,出现"图形另存为"对话框,在"保存于"列表中选择保存文件夹,在"文件类型"列表中可以选择保存文件的类型,在"文件名"文本框中输入图形文件名,如图1-3所示,单击"保存"按钮,完成AutoCAD图形绘制。

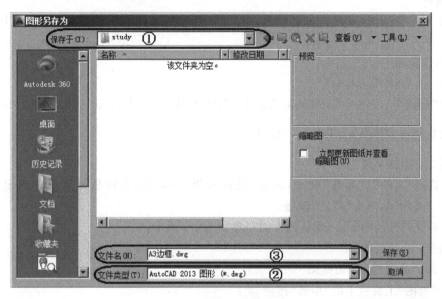

图1-3 "图形另存为"对话框

提示:AutoCAD可以在文件类型中选择低版本类型,将高版本的文件保存为低版本的文件。

3. 打开文件

单击"标准"工具栏上的"打开"按钮 ▣ 执行打开命令,出现"选择文件"对话框,在对话框中输入文件名,或在下拉列表中选择文件,如图1-4所示,单击"打开"按钮,即可打开图形文件。

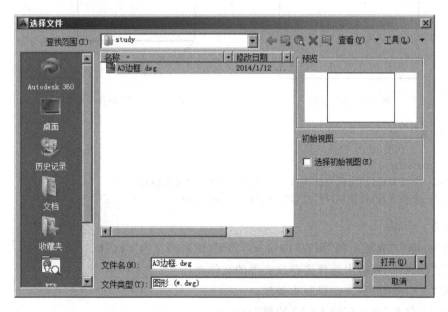

图1-4 "选择文件"对话框

提示：要打开多个文件，可按住 Ctrl 键，分别点选需要打开的文件。

1.1.3　AutoCAD 制图体验

1. 要求

绘制一幅 A3 图纸边界的边框图形，如图 1-5 所示，感性地了解 AutoCAD 2014 的绘图环境。

2. 操作步骤

步骤一：启动 AutoCAD

选择"开始"|"程序"|AutoDesk|AutoCAD2014- Simple Chinese|AutoCAD 2014 命令，或单击桌面快捷方式 ，启动 AutoCAD。

步骤二：新建文件

(1) 选择"文件"|"新建"命令，出现"选择样板"对话框，在样板列表框中选定 acadiso. dwt，如图 1-2 所示，单击"打开"按钮。

(2) 系统打开绘图界面，默认的界面布置如图 1-1 所示。

步骤三：开始绘图

用矩形命令绘制 A3 边框图

单击"绘图"工具栏上的"矩形"按钮 ；

① 利用键盘输入 0,0，按 Enter 键确定第一点；

② 输入 420,297，按 Enter 键确定第二点；

如图 1-6 所示。

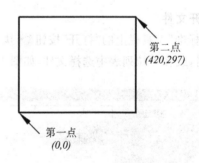

第二点
(420,297)

第一点
(0,0)

图 1-5　A3 边框　　　　　　图 1-6　用矩形命令绘制边框

命令行窗口提示：

命令：_rectang
指定第一个角点或[倒角(C)/标高(E)/圆角(F)/厚度(T)/宽度(W)]: 0,0
指定另一个角点或[面积(A)/尺寸(D)/旋转(R)]: 420,297

步骤四：保存

单击"标准"工具栏上的"保存"按钮 ，出现"图形另存为"对话框。

① 从"保存于"列表中选择要存放文件的文件夹；

② 从"文件类型"列表选择版本类型；

③ 在"文件名"文本框输入"A3 边框"；

如图 1-3 所示,单击"保存"按钮,完成第一幅 AutoCAD 图形绘制。

1.1.4　随堂练习

1. 观察标题栏

标题栏与其他 Windows 应用程序类似,标题栏包括控制图标以及窗口的最大化、最小化和关闭按钮,并显示应用程序名和当前图形的名称。

2. 观察菜单栏

菜单是调用命令的一种方式。菜单栏以级联的层次结构来组织各个菜单项,并以下拉的形式逐级显示,包含了 AutoCAD 大部分操作命令。菜单栏共包含 12 个主菜单,单击菜单栏中的任意菜单命令,即可弹出相应的下拉菜单,菜单命令的右侧显示的如 Ctrl+X 等为快捷键,如图 1-7 所示。单击每一项下拉菜单条,会弹出相应的下拉菜单。在下拉菜单中,右侧有小三角的菜单项,表示它还有子菜单。

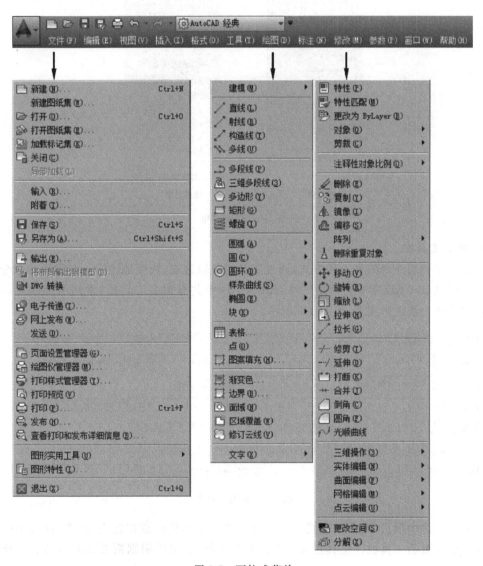

图 1-7　下拉式菜单

提示：可以执行"工具"|"选项"命令，则打开"选项"对话框，熟悉一下各个标签的内容，进行简单的设置。

3. 调用快捷菜单

AutoCAD 还提供了快捷菜单操作，右击后将弹出快捷菜单，快捷菜单的选项因单击时的状态不同而变化，如图 1-8 所示，一个是无选择对象的快捷菜单，一个是用光标单击选择的对象后再右击弹出的快捷菜单；可利用快捷菜单，快速执行各种命令。

图 1-8　快捷菜单

4. 熟悉工具栏

工具栏是调用命令的另一种方式，通过工具栏可以直观、快捷地访问一些常用的命令。它包含了执行 AutoCAD 命令的常用工具，AutoCAD 中共有很多工具栏，常用的操作可以利用工具栏中的命令按钮来完成，如图 1-9 所示。

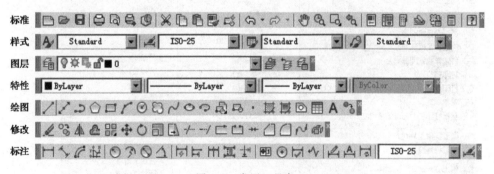

图 1-9　常用工具条

工具栏有多个项目，其调用方式是将鼠标放置在工具栏任意按钮上，右击，在弹出的快捷菜单中选择需要的工具栏。工具栏采用浮动的方式放置，可以根据需要将其放置在界面的任何位置。

5．了解绘图窗口

绘图窗口类似于手工绘图时的图纸，是 AutoCAD 中显示、绘制图形的主要场所。在 AutoCAD 中创建新图形文件或打开已有的图形文件时，都会出现相应的绘图窗口来显示和编辑其内容。

绘图窗口区域没有边界，可以使绘图窗口无限增大或者缩小，无论多大的图形都可以在绘图窗口中绘制，因此用 AutoCAD 绘制图形通常按照 1∶1 的比例绘制。

6．熟悉光标

当光标位于 AutoCAD 的绘图窗口时为十字形状，所以又称其为十字光标。十字线的交点为光标的当前位置。AutoCAD 的光标用于绘图、选择对象等操作。

光标根据不同的操作状态，显示不同的形状。

7．掌握坐标系

坐标系图标通常位于绘图窗口的左下角，表示当前绘图所使用的坐标系的形式以及坐标方向等。AutoCAD 提供有世界坐标系（WorldCoordinate System，WCS）和用户坐标系（User Coordinate System，UCS）两种坐标系。世界坐标系为默认坐标系。

8．观察命令窗口

命令窗口是 AutoCAD 显示用户从键盘键入的命令和显示 AutoCAD 提示信息的地方。默认时，AutoCAD 在命令窗口保留最后 3 行所执行的命令或提示信息。可通过拖动窗口边框的方式改变命令窗口的大小，使其显示多于 3 行或少于 3 行的信息。

同时也可以按快捷键 F2，弹出 AutoCAD 文本窗口显示所有操作信息。

9．了解状态栏

状态栏用于显示或设置当前的绘图状态。状态栏上位于左侧的一组数字反映当前光标的坐标，其余按钮分别表示当前是否启用当前的绘图空间等信息，如图 1-10(a)所示。

右击功能按钮，通过弹出快捷菜单命令取消使用图标选择，可以显示经典文字按钮，如图 1-10(b)所示。

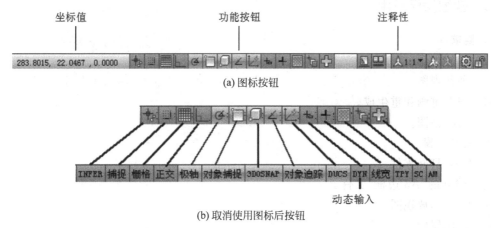

（a）图标按钮

（b）取消使用图标后按钮

图 1-10　状态栏

用鼠标左键单击功能按钮，其亮显为打开，灰色为关闭。

10．了解模型/布局选项卡

模型/布局选项卡用于实现模型空间　此外，绘图窗口的下部还包括"模型"（Model）选项卡和"布局 1"（Layout1）、"布局 2"（Layout2）选项卡，分别用于显示图形的模型空间和图纸空间。可以单击它们以实现在图纸空间和模型空间的转换。

11. 掌握滚动条使用

利用水平和垂直滚动条,可以使图纸沿水平或垂直方向移动,即平移绘图窗口中显示的内容。

12. AutoCAD 帮助的使用

单击标准工具栏上的帮助按钮 $\boxed{?}$ 或按快捷键 F1,则弹出 AutoCAD 帮助窗口。

1.2　视图缩放的运用

本节知识点:

(1) 运用工具条的各项命令进行视图操作。

(2) 运用鼠标和快捷键进行视图操作。

1.2.1　视图

在绘图窗口中可以移动图形,来变换观察位置;可以放大或者缩小图形。图形无论多大都可以在绘图窗口中绘制,AutoCAD 通常按照 1:1 的比例绘制图形。

在设计中常常需要通过观察图形来粗略检查图形设计是否合理,AutoCAD 软件提供的视图功能能让设计者方便、快捷地观察模型。"视图"工具栏如图 1-11 所示。

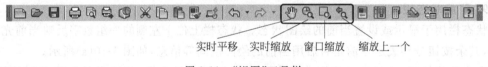

　　　　　　　　　　　实时平移　实时缩放　窗口缩放　缩放上一个

图 1-11　"视图"工具栏

1.2.2　视图操作应用

1. 要求

(1) 缩放视图。

(2) 平移视图。

(3) 图形重画和重生成。

(4) 鸟瞰视图。

2. 操作步骤

步骤一:打开零件

打开建立的"A3 边框"文件。

步骤二:缩放视图

(1) 使用鼠标。

将光标放置在绘图窗口某一位置,向前或向后旋转鼠标中间滚轮,则图形以光标所在的位置为中心进行缩放。

(2) 使用缩放模式。

- 单击"标准"工具栏上的"实时缩放"按钮 $\boxed{}$,鼠标指针将变为 Q^+ ,按住鼠标左键,向上拖动鼠标,图形放大;向下拖动鼠标,图形变小。

- 单击"标准"工具栏上的"窗口缩放"按钮 ，用十字光标在要放大的范围划出一个矩形，则矩形区域内的图形将完全显示在绘图窗口，完成窗口缩放的操作。

（3）使用键盘。

用键盘输入字母 z 后按 Enter 键，继续输入 a 后按 Enter 键，将显示全部图纸大小和绘制的图形，包括绘制在图纸界限外的。

步骤三：平移视图

（1）使用鼠标。

按住鼠标中键，鼠标指针将变为 形状，在绘图窗口移动鼠标，则图形随光标一同移动，可将图形平移到屏幕不同的位置；松开中键，平移就停止。

（2）使用缩放模式。

单击"标准"工具栏的"实时平移"按钮 ，鼠标指针将变为 形状，在绘图窗口按住鼠标左键移动鼠标，则图形随光标一同移动，可将图形平移到屏幕不同的位置；松开左键，平移就停止。

（3）使用键盘。

输入 pan 后按 Enter 键或空格键，鼠标指针将变为 形状，在绘图窗口按住鼠标左键移动鼠标，则图形随光标一同移动，可将图形平移到屏幕不同的位置；松开左键，平移就停止。

步骤四：图形重画和重生成

（1）图形重画。

在执行操作编辑过程中会在绘图窗口留下一些加号形状的标记（称为点标记）和杂散像素，可以使用重画命令删除这些标记。

- 选择"视图"|"重画"命令。
- 输入 redraw 后按 Enter 键或空格键。

（2）重生成。

对于一些圆弧，放大后会出现一些显示的偏差，可能会变成多边形，可以使用重生成命令，在当前视口中重生成整个图形并重新计算所有对象的屏幕坐标，从而优化显示对象的性能。

- 选择"视图"|"重生成"命令或"全部重生成"命令。
- 输入 regen 或者 regenall 后按 Enter 键或空格键。

步骤五：鸟瞰视图

在大型图形中，鸟瞰视图可以在显示全部图形的窗口中快速平移和缩放图形。

- 选择"视图"|"鸟瞰视图"命令。
- 输入 dsviewer 或 av 后按 Enter 键或空格键。

1.2.3　随堂练习

自己设计一些线性图形，绘制此图形；并根据需求执行各种缩放方式。

1.3　建立基础样板文件

本节知识点：

（1）图形边界设置。

（2）单位设置。

（3）设置图层。

1.3.1 制图基础知识

1. 幅面

国标对图纸的幅面大小做出了严格规定,应采用国标规定的图纸基本幅面尺寸,其基本幅面代号有 A0、A1、A2、A3、A4 五种,具体尺寸如表 1-1 所示。

表 1-1　图纸幅面及图框格式尺寸

幅面代号	幅面尺寸	周边尺寸		
	B×L	a	c	e
A0	841×1189	25	10	20
A1	594×841	25	10	20
A2	420×594	25	10	20
A3	297×420	25	5	10
A4	210×297	25	5	10

图纸上限定绘图区域的线框称为图框;图框在图纸上必须用粗实线画出,图样绘制在图框内部,其格式分为不留装订边和留装订边两种,如图 1-12 所示。

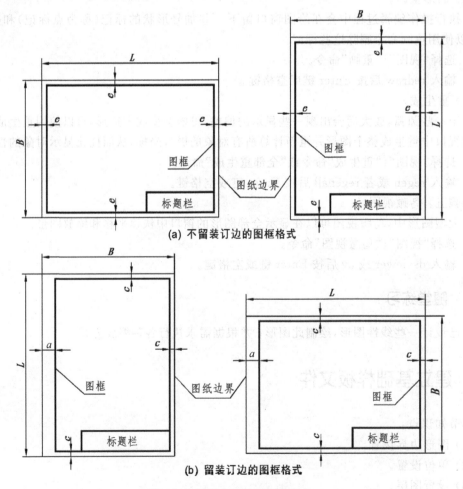

(a) 不留装订边的图框格式

(b) 留装订边的图框格式

图 1-12　图框格式及标题栏方位

2. 图层设置

根据国家标准《CAD 工程制图规则》有关规定,推荐图层设置见表 1-2。

表 1-2 图层推荐的基本设置

图层名	作用	样式	线型	颜色
01 粗实线	粗实线	——	Continuous	白(黑)色
02 细实线	细实线	——	Continuous	绿色
	波浪线	～～		
	双折线	∿		
04 虚线	虚线	– – – –	Dashed 或 Hidden	黄色
05 中心线	细点画线	—·—·—	Center	红色
06 粗点画线	粗点画线	— — —		棕色
07 双点画线	双点画线	—··—··—	Phantom	粉红色
08 标注	尺寸线、投影连线、尺寸终端与符号细实线	——	Continuous	绿色
10 剖面线	剖面符号	/////		
11 文本	文字(细实线)	——		
辅助线	辅助线	——		9

1.3.2 层

图层相当于图纸绘图中使用的重叠图纸。绘制图形需要用到各种不同的线型和线宽,为了明显地显示各种不同的线型,可以在图层里面用不同的颜色来赋予不同的线型。将所绘制的对象放在不同的图层上,可提高绘图效率。

1. 图层的基本操作

一幅图中系统对图层数没有限制,对每一图层上的实体数也没有任何限制。每一个图层都应有一个名字加以区别,当开始绘制新图时,AutoCAD 自动生成层名为"0"的图层,这是 AutoCAD 的默认图层,其余图层需要由用户自己定义。

"图层特性管理器"可以进行新建图层、删除图层、命名图层等操作;用来设置图层的特性,允许建立多个图层,但绘图只能在当前层上进行。

2. 图层的状态

在"图层特性管理器"对话框中可以控制图层特性的状态,例如,图层的打开(关闭)、解冻(冻结)、解锁(锁定)等,这些在图层管理器和图层工具栏都有显示。

1) 打开（关闭）图层 💡（💡）

当图层打开时,绘制的图形是可见的,并且可以打印。当图层关闭时,绘制的图形是不可见的,且不能打印,即使"打印"选项是打开的。

2) 解冻（冻结）所有视口图层 ☀（❋）

可以冻结模型空间和图纸空间所有视口中选定的图层。冻结图层可以加快缩放、平移和许多其他操作的运行速度,便于对象的选择并减少复杂图形的重生成时间。冻结图层上的实体对象在绘图窗口不显示、不能打印,也不参与渲染或重生成对象。解冻冻结图层时,AutoCAD 将重生成并显示冻结图层上的实体对象。可以冻结除当前图层外所有的图层,已冻结的图层不能设为当前层。

3) 解冻（冻结）当前视口图层 🔳（🔳）

冻结图纸空间当前视口中选定的图层。可以冻结当前层,而不影响其他视口的图层显示。

4) 解锁（锁定）图层 🔓（🔒）

锁定和解锁图层。不能编辑锁定图层中的对象,但是可以查看图层信息。当不需要编辑图层中的对象时,将图层锁定以避免不必要的误操作。

5) 打印（不打印）图层 🖶（🖶）

确定本图层是否参与打印。

3. 线型设置

绘图时,经常要使用不同的线型,如虚线、中心线、细实线、粗实线等。AutoCAD 提供了丰富的线型,用户可根据需要从中选择线型。

在使用各种线型绘图时,除了 Continuous 线型外,每一种线型都是由实线段、空白段、点或文本、图形所组成的。默认的线型比例是 1,以 A3 图纸作为基准,因此在不同的绘图界限下屏幕上显示的结果不一样。当图形界限缩小或放大时,中心线或虚线线型显示的结果几乎成了一条实线,这就必须通过改变线型比例来调整线型的显示结果。

1.3.3 建立基础样本实例

1. 要求

(1) 设置绘图界限为 A3（420×297）;

(2) 设置图形单位,要求:

① 长度类型为毫米,精度为"0.000";

② 角度类型为十进制度数,精度为"0.0",逆时针方向为正。

(3) 设置图层、线型,要求:

① 层名:中心线;颜色:红;线型:Center;线宽:0.35。

② 层名:虚线;颜色:黄;线型:Hidden;线宽:0.35。

③ 层名:细实线;颜色:蓝;线型:Continuous;线宽:0.35。

④ 层名:粗实线;颜色:白;线型:Continuous;线宽:0.70。

(4) 绘制边框及标题栏,如图 1-13 所示。

2. 操作步骤

步骤一:新建文件

新建绘图文件。

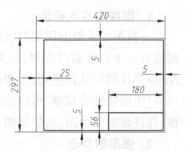

图 1-13   A3 图框格式
及标题栏

步骤二：设置图纸幅面

(1) 选择"格式"|"图形界限"命令，观察命令行显示，在键盘输入 0,0(注意输入法为键盘状态)，按 Enter 键，继续输入 420,297 后按 Enter 键完成设置。

命令行窗口提示：

命令：'_limits
重新设置模型空间界限：
指定左下角点或[开(ON)/关(OFF)] <0.0000,0.0000>: 0,0
指定右上角点<12.0000,9.0000>: 420,297

(2) 用键盘输入字母 A 后按 Enter 键，继续输入 A 后按 Enter 键。

命令行窗口提示：

命令：Z
ZOOM
指定窗口的角点，输入比例因子(nX 或 nXP)，或者
[全部(A)/中心(C)/动态(D)/范围(E)/上一个(P)/比例(S)/窗口(W)/对象(O)] <实时>: A
正在重生成模型。

步骤三：设置单位

选择"格式"|"单位"命令，出现"图形单位"对话框。

① 在"长度"组，从"类型"列表选择"小数"选项，从"精度"列表选择 0.000 选项；

② 在"角度"组，从"类型"列表选择"十进制度数"选项，从"精度"列表选择 0.0 选项；

③ 系统默认逆时针方向为正；

④ 在"插入时的缩放单位"组，从"用于缩放插入内容的单位"选择"毫米"选项。

如图 1-14 所示，单击"确定"按钮。

步骤四：设置图层

选择"格式"|"图层"命令，出现"图层特性管理器"对话框。

(1) 设置层名。

单击"新建图层"按钮 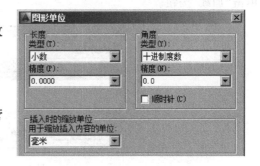，在建立的新图层名称处输入"中心线"，如图 1-15 所示。

图 1-14　"图形单位"对话框

提示：单击"图层"工具栏上的"图层特性管理器"按钮 或在命令行输入 layer 按 Enter 键。

图 1-15　设置图层名

（2）设置图层颜色。

单击中心线图层"颜色"标签下的颜色色块，打开"选择颜色"对话框，选择红色，如图 1-16 所示，单击"确定"按钮。

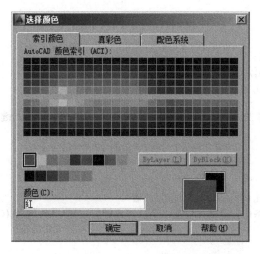

图 1-16　设置图层颜色

（3）设置线型。

① 单击中心线图层"线型"标签下的线型选项，打开"选择线型"对话框，如图 1-17 所示，单击"加载"按钮。

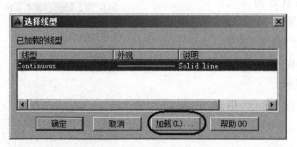

图 1-17　设置图层线型

② 出现"加载或重载线型"对话框，选择 CENTER 线型，如图 1-18 所示，单击"确定"按钮。

图 1-18　加载图层线型

③ 返回"选择线型"对话框,选择 CENTER 线型,单击"确定"按钮,完成线型设置。

(4) 设置线宽

单击中心线图层"线宽"标签下的线宽选项,打开"线宽"对话框,选择 0.35mm 线宽,如图 1-19 所示,单击"确定"按钮,完成线宽设置。

(5) 设置其他层。

按同样方法设置其他层,完成其他图层设置。

步骤五：绘制边界、边框和标题栏框

(1) 绘制边界。

① 设置细实线为当前图层。

从"应用的过滤器"列表选择"细实线"选项,如图 1-20 所示。

图 1-19　设置图层线宽

图 1-20　设置图层

② 单击"绘图"工具栏上的"矩形"按钮　；

- 利用键盘输入 0,0,按 Enter 键确定第一点。
- 输入 420,297,按 Enter 键确定第二点。

(2) 绘制边框。

① 设置粗实线为当前图层。

② 单击"绘图"工具栏上的"矩形"按钮　。

- 利用键盘输入 25,5,按 Enter 键确定第一点。
- 输入 415,292,按 Enter 键确定第二点。

(3) 绘制标题栏框。

① 设置粗实线为当前图层。

② 单击"绘图"工具栏上的"直线"按钮　。

- 利用键盘输入 235,5,按 Enter 键确定第一点。
- 输入 235,61,按 Enter 键确定第二点。
- 输入 415,61,按 Enter 键确定第三点。

步骤六：保存为样板文件

单击"保存"按钮,选择保存文件类型为"AutoCAD 图形样板(＊.dwt)",保存文件名为"A3"的样板文件。

3. 步骤点评

对于步骤六：关于绘图样板文件。

创建样板文件的主要目的：

把每次绘图都要进行的各种重复性工作以样板文件的形式保存下来，下一次绘图时，可直接使用样板文件的这些内容。这样，可避免重复劳动，提高绘图效率，同时，保证了各种图形文件使用标准的一致性。

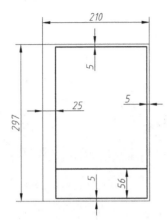

图 1-22   A4 图框格式及标题栏

样板文件的内容通常包括图形界限、图形单位、图层、线型、线宽、文字样式、标注样式、表格样式和布局等设置以及绘制图框及标题栏。

注意：本节完成了图形界限、图形单位、图层、线型、线宽设置。

样板文件的扩展名为 .dwt。

1.3.4   随堂练习

按表 1-1 的图幅设置以及表 1-2 推荐的图层设置，建立 A4 样板文件，如图 1-22 所示。

1.4   坐标模式绘制图形

本节知识点：

(1) 坐标系概念。

(2) 利用各种坐标定义点的方法。

1.4.1   数据的输入方法

AutoCAD 提供了 3 种常用的点输入方式：键盘输入坐标值、鼠标指定点和捕捉特殊点。

1. 键盘输入坐标值

确定点的坐标值分为绝对坐标和相对坐标两种形式，可以使用其中的一种给定实体的 X、Y 坐标值。

2. 鼠标指定点

在绘图窗口中，移动光标到某一合适的位置后，单击即可以确定该点，此方式只能确定点的大概位置。

3. 捕捉特殊点

AutoCAD 提供了对象捕捉、对象追踪等命令方式，可以精确定位点在绘图窗口与已有的图线具有各种关系的位置。

1.4.2   坐标模式绘制图形应用实例

1. 要求

利用分别各种坐标方式确定点画线，绘制如图 1-23 所示图形。

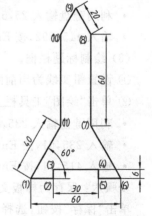

图 1-23   坐标模式绘图

2. 操作步骤

步骤一：新建文件

利用建立的 A3 样板文件新建图形,保存为"坐标模式绘图"。

步骤二：计算坐标点

(1) 利用绝对坐标计算(1)、(2)、(3)点；

(2) 利用相对坐标计算(4)、(5)、(6)、(11)点；

(3) 利用相对极坐标计算(7)、(8)、(9)、(10)点。

将绘制各点的坐标输入表 1-3。

表 1-3　各点的坐标

点	坐　标	点	坐　标
(1)	80,120	(7)	@40<120
(2)	95,120	(8)	@60<90
(3)	95,126	(9)	@20<120
(4)	@30,0	(10)	@20<240
(5)	@0,−6	(11)	@0,−60
(6)	@15,0	返回原点	C

步骤三：利用坐标确定点绘制图形

选择粗实线图层,执行直线(Line)命令。命令提示序列如下：

```
命令：_line 指定第一点：80,120
    指定下一点或[放弃(U)]：95,120
    指定下一点或[放弃(U)]：95,126
    指定下一点或[闭合(C)/放弃(U)]：@30,0
    指定下一点或[闭合(C)/放弃(U)]：@0,−6
    指定下一点或[闭合(C)/放弃(U)]：@15,0
    指定下一点或[闭合(C)/放弃(U)]：@40<120
    指定下一点或[闭合(C)/放弃(U)]：@60<90
    指定下一点或[闭合(C)/放弃(U)]：@20<120
    指定下一点或[闭合(C)/放弃(U)]：@20<240
    指定下一点或[闭合(C)/放弃(U)]：@0,−60
    指定下一点或[闭合(C)/放弃(U)]：C
```

步骤四：保存文件

选择"文件"|"保存"命令。

3. 步骤点评

1) 对于步骤二：关于笛卡儿坐标系

为了在平面中确定一个点,以两条相互垂直的直线作参考,其中水平线称为 X 轴,垂直线称为 Y 轴。两轴的交点称为原点。原点的坐标值为 $X=0,Y=0$。在原点右侧 X 坐标值为正,在原点左侧 X 坐标值为负；在原点上方 Y 坐标值为正,在原点下方 Y 坐标值为负,这种确定点的方法称为笛卡儿坐标系。

2) 对于步骤二：关于确定 XY 平面中的点

(1) 绝对坐标。

在绝对坐标系中,点是以原点(0,0)为参考点定位的。例如,一个坐标值为 $X=100$、$Y=$

80 的点,在 X 轴上的水平距离为 100,在 Y 轴上的垂直距离为 80,如图 1-24 所示。

在 AutoCAD 中,绝对坐标系用以逗号相隔的 X 坐标和 Y 坐标来确定。

(2) 相对坐标。

在相对坐标系中,沿 X 轴与 Y 轴的距离(DX 与 DY)不是相对原点而言的,而是相对于前一点而言的。

例如,确定第一点位置为(120,100)后,第二点的绝对坐标为(180,150),相对坐标为(@60,50),如图 1-25 所示。

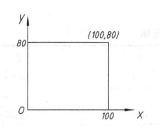
图 1-24 绝对坐标系的输入方式

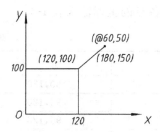
图 1-25 相对直角坐标

在 AutoCAD 中,相对坐标是由在输入值之前加"@"符号来确定的。

(3) 极坐标。

在极坐标系中,一个点的坐标由与当前点距离及当前点连线和 X 轴正向的夹角来确定。

例如,从原点出发,到离原点距离为 120、与 X 轴正向夹角为 30°的点的直线,第二点表示为 120<30,如图 1-26 所示。

在 AutoCAD 中,极坐标是由"极轴<极角"组成的。

3) 对于步骤三:直线命令

(1) 直线命令的方式。

• 菜单命令:选择"绘图"|"直线"命令。

• "绘图"工具栏:单击"直线"按钮 ∕

命令行输入:Line。

(2) 直线命令的步骤:

① 执行直线命令。

② 指定第一点:指定点或按 ENTER 键从上一条绘制的直线或圆弧继续绘制。

③ 指定下一点或[闭合(C)/放弃(U)]。

(3) 选项说明

① 按 Enter 键继续。

自动捕捉最后绘制的直线的最终端点,如图 1-27 所示。

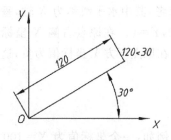
图 1-26 极坐标

按Enter键之前

按Enter键之后

图 1-27 从最近绘制的直线的端点继续绘制直线

若最后绘制了一条圆弧,它的端点将定义为新直线的起点,并且新直线与该圆弧相切,如图 1-28 所示。

② 闭合。

以第一条线段的起始点作为最后一条线段的端点,形成一个闭合的线段环。在绘制了一系列线段(两条或两条以上)之后,可以使用"闭合"选项,如图 1-29 所示。

③ 放弃。

删除直线序列中最近绘制的线段,如图 1-30 所示。

按Enter键之前　　　按Enter键之后

图 1-28　从最近绘制的圆弧的端点
继续绘制直线

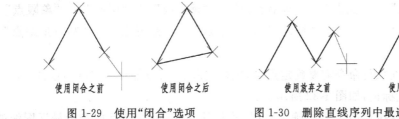

使用闭合之前　　　使用闭合之后　　　　使用放弃之前　　　使用放弃之后

图 1-29　使用"闭合"选项　　　　　图 1-30　删除直线序列中最近绘制的线段

说明: 多次输入 u 按绘制次序的逆序逐个删除线段。

4) 对于步骤三:直线命令的选项

对于步骤三最后步骤为:键盘输入 C 后按 Enter 键完成,对于此操作,AutoCAD 自从 2013 版本开始,将命令行显示的各个选项,做成按钮,也可用鼠标单击命令行显示的"闭合"选项,完成此操作。

对于 CAD 命令中所有选项,都可用鼠标单击命令行选项按钮完成选项的选择。

1.4.3　随堂练习

采用坐标模式绘制下面图形,如图 1-31 所示。

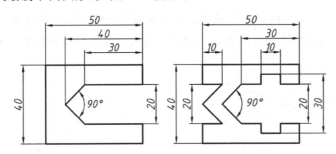

图 1-31　坐标图形练习

1.5　对象捕捉模式绘制图形

本节知识点:

(1) 对象捕捉的使用。

(2) 自动捕捉的设置。

1.5.1 AutoCAD 对象捕捉方式

对象捕捉是 AutoCAD 最有用的特性之一。例如,需要在一条直线的中点放置一个点,使用中点对象捕捉,则只需将光标移动指向该对象,该中点上(捕捉点)即可出现一个标志,单击该标记处即可确定点的位置。

在 AutoCAD 中,对象捕捉模式又可分为临时替代捕捉模式和自动捕捉模式。

提示:捕捉点是在执行命令过程中,需要确定点的位置时,才可执行捕捉。

AutoCAD 对象捕捉方式有:

"端点" ⌇,"中点" ⌇,"交点" ✕,"外观交点" ✕,"延长线" ▭,"圆心" ◎,"象限点" ⬦,"切点" ⊖,"垂足" ⊥,"平行线" ⫽,"插入点" ⊡,"节点" ⊙,"最近点" ⧏,"临时追踪点" ⊶,"自" ⌐。

(1)"端点" ⌇:在执行命令需要确定点时,执行该命令,可以捕捉离光标最近图线的一个端点,显示小正方形□标记,如图 1-32 所示。

(2)"中点" ⌇:在执行命令需要确定点时,执行该命令,可以捕捉离光标最近图线的中点,显示三角形△标记,如图 1-33 所示。

(3)"交点" ✕:在执行命令需要确定点时,执行该命令,可以捕捉离光标最近两图线的交点,显示相交直线✕标记,如图 1-34 所示。

图 1-32　捕捉端点　　　　图 1-33　捕捉中点　　　　图 1-34　捕捉交点

(4)"外观交点" ✕:在执行命令需要确定点时,执行该命令,可以捕捉到两不相交图线的延伸交点,显示相交直线✕标记,如图 1-35 所示;也可以捕捉直线和圆弧的延伸交点。

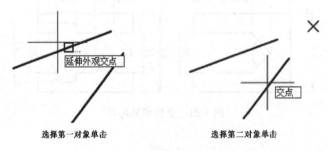

图 1-35　捕捉外观交点

(5)"延长线" ▭:一般用于自动捕捉,在执行命令需要确定点时,可以捕捉离光标最近图线的延伸点。当光标经过对象的端点时(不能单击),端点将显示小加号(＋),继续沿着线段或圆弧的方向移动光标,显示临时直线或圆弧的延长虚线,以便在临时直线或圆弧的延长线上确定点。如果光标滑过两个对象的端点后,移动光标到两对象延伸的交点附近后,捕捉延伸交点,如图 1-36 所示。

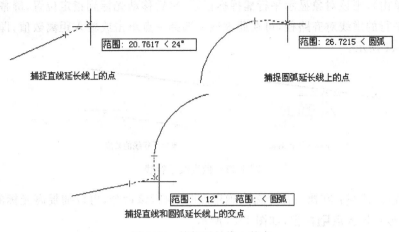

图 1-36　捕捉延长线上的点

（6）"圆心" ⊚：在执行命令需要确定点时，执行该命令，可以捕捉离光标最近曲线的圆心，显示小圆 ⊕ 标记。该命令可以捕捉到圆弧、圆、椭圆和椭圆弧的圆心，如图 1-37 所示。

（7）"象限点" ◈：在执行命令需要确定点时，执行该命令，可以捕捉离光标最近曲线的象限点，显示菱形 ◇ 标记。圆和椭圆都有 4 个象限点，为与两条垂直中心线的交点，如图 1-38 所示。

图 1-37　捕捉圆心的点　　　　　　图 1-38　捕捉象限点

（8）"切点" ⊙：在执行命令需要确定点时，执行该命令，可以捕捉离光标最近的图线切点，显示圆相切 ◯ 标记。该命令可以捕捉到直线与曲线或曲线与曲线的切点，切点的位置与与靠近对象的位置有关，如图 1-39 所示。

（9）"垂足" ⊥：在执行命令需要确定点时，执行该命令，可以捕捉外面一点到指定图线的垂足，显示直角 ┐ 标记，如图 1-40 所示。可以与直线、圆弧、圆、多段线、射线、多线等图线的边垂直。

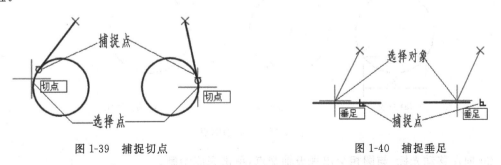

图 1-39　捕捉切点　　　　　　　　图 1-40　捕捉垂足

（10）"平行线" ⫽：在执行命令需要确定点时，执行该命令，可以捕捉与已知直线平行的直线。确定直线的第一个点后，执行捕捉平行线命令，将光标移动到另一个对象的直线段上

（注意，不要单击），则该对象显示平行捕捉标记 //，然后移动光标到指定位置，屏幕上将显示一条与原直线平行的虚线对齐路径，可在此虚线上选择一点单击或输入距离数值，即可获得第二个点，如图 1-41 所示。

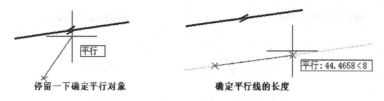

停留一下确定平行对象　　　　　　确定平行线的长度

图 1-41　做直线平行线

（11）"插入点" ：在执行命令需要确定点时，执行该命令，可以捕捉离光标的块、形或文字的插入点，显示插入点 标记，如图 1-42 所示。

（12）"节点" ：在执行命令需要确定点时，执行该命令，可以捕捉离光标最近的点对象、标注定义点或标注文字起点，显示点 标记，如图 1-43 所示。

（13）"最近点" ：在执行命令需要确定点时，执行该命令，可以捕捉离光标最近各种图线上的点，显示最近点 标记，如图 1-44 所示。

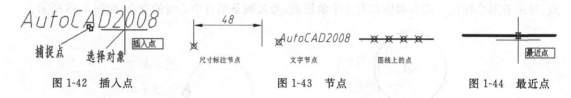

捕捉点　选择对象　插入点　　　　尺寸标注节点　　　文字节点　　　图线上的点　　　　最近点

图 1-42　插入点　　　　　　　图 1-43　节点　　　　　　　图 1-44　最近点

（14）"临时追踪点" ：一般用于自动捕捉，与"极轴追踪"、"对象捕捉"、"对象追踪"同时使用，也可单独使用。

例如绘制图 1-45(a)所示图形。

① 绘制 φ20 圆。

② 执行直线命令，输入 tt 按 Enter 键。

③ 光标靠近圆心，出现圆心标记，向右移动光标，如图 1-45(b)所示。

④ 输入 8，按 Enter 键。

⑤ 向下移动光标追踪到圆，出现极轴交点，单击确定起点，如图 1-45(c)所示。

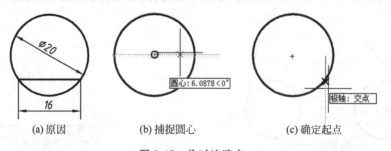

(a) 原因　　　　　　　(b) 捕捉圆心　　　　　　　(c) 确定起点

图 1-45　临时追踪点

⑥ 向左移动光标，与圆相交出现极轴交点，单击完成绘制。

（15）"自" ：在执行命令需要确定点时，执行该命令，可以确定距已知点相对距离的点。执行此捕捉命令后，先确定基点，然后输入要确定点距离基点的相对坐标 @X,Y，按 Enter 键即可确定点。

例如绘制图 1-46(a)所示图形。

① 绘制矩形。

② 执行圆命令,输入 from 按 Enter 键。

③ 光标靠近 A 点,捕捉 A 点,如图 1-46(b)所示。

④ 输入@5,5,按 Enter 键。

⑤ 输入半径 3,按 Enter 键,如图 1-46(c)所示,完成绘制。

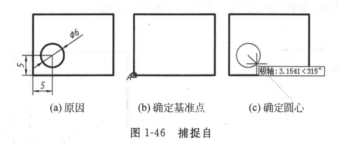

| (a)原因 | (b)确定基准点 | (c)确定圆心 |

图 1-46　捕捉自

1.5.2　对象捕捉模式绘制图形应用实例

1. 要求

利用对象捕捉精确绘制图形,绘制如图 1-47 所示图形。

2. 操作步骤

步骤一:新建文件

利用建立的 A3 样板文件新建图形,保存为"对象捕捉模式绘图"。

步骤二:绘制外框,如图 1-48 所示。

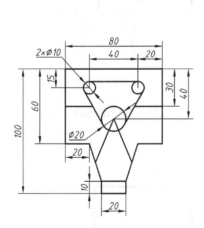

图 1-47　对象捕捉模式绘图

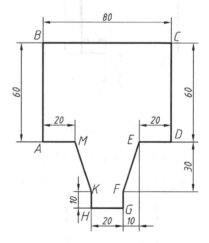

图 1-48　绘制外框

(1) 选择粗实线图层,执行直线命令,在合适位置单击确定 A 点位置。

(2) 采用"正交"模式绘图,单击状态栏上的"正交"按钮 正交,使其亮显,打开"正交"模式。

① 向上移动光标,如图 1-49 所示,输入 60,按 Enter 键。

② 向右移动光标,如图 1-50 所示,输入 80,按 Enter 键。

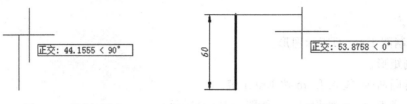

图 1-49　绘制 *AB*　　　　　　　　图 1-50　绘制 *BC*

③ 向下移动光标，如图 1-51 所示，输入 60，按 Enter 键。

④ 向左移动光标，如图 1-52 所示，输入 20，按 Enter 键。

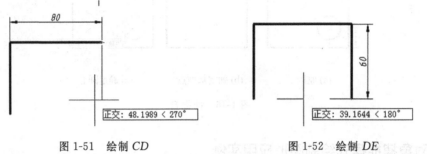

图 1-51　绘制 *CD*　　　　　　　　图 1-52　绘制 *DE*

（3）采用"坐标"模式绘图。

键盘输入：@-10,-30，如图 1-53 所示，按 Enter 键。

（4）采用"正交"模式绘图。

① 向下移动光标，如图 1-54 所示，输入 10，按 Enter 键。

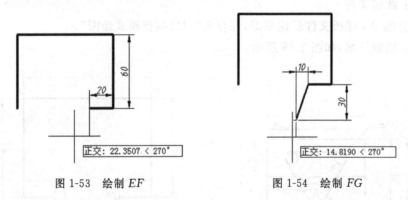

图 1-53　绘制 *EF*　　　　　　　　图 1-54　绘制 *FG*

② 向左移动光标，如图 1-55 所示，输入 20，按 Enter 键。

③ 向上移动光标，如图 1-56 所示，输入 10，按 Enter 键。

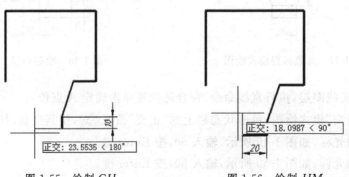

图 1-55　绘制 *GH*　　　　　　　　图 1-56　绘制 *HM*

（5）采用"坐标"模式绘图。

键盘输入：@－10,30,如图 1-57 所示,按 Enter 键。

（6）封闭外框图形。

从键盘输入 C,按 Enter 键闭合,完成外框绘制。

步骤三：绘制外框下面连线 FK,如图 1-58 所示。

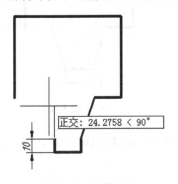

图 1-57　绘制 MN

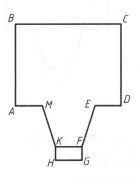

图 1-58　绘制 FK

（1）单击状态栏上的"对象捕捉"按钮 对象捕捉 ,使其亮显,打开"对象捕捉"模式。

（2）按 Enter 键,重复直线命令,采用"捕捉"模式精确绘图。

① 将光标放在点 F 附近,则自动出现小正方形 □ ,如图 1-59 所示,单击后捕捉 F 点。

② 同样方式捕捉 K 点,单击后,完成 FK 两点连接,按 Enter 键完成直线绘制。

步骤四：绘制左上角和右上角的圆

（1）单击"绘图"工具栏上的"圆"命令按钮 ◎ ,执行圆命令。

① 按住 Ctrl 键在绘图窗口右击,在从快捷菜单中选择"自"命令 ┏ 自(F) ,如图 1-60 所示。

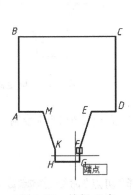

图 1-59　捕捉 F 点

图 1-60　捕捉快捷菜单

② 靠近点 B 出现捕捉端点小正方形 □ 后单击,如图 1-61 所示,从键盘输入 @20,－15,按 Enter 键。

③ 从键盘输入圆半径 5，如图 1-62 所示，按 Enter 键完成圆的绘制。

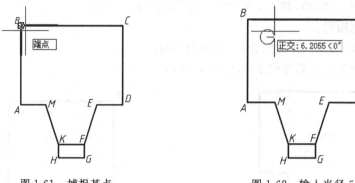

图 1-61　捕捉基点   图 1-62　输入半径 5

（2）同样方法绘制右上角的圆，其 from 基点为 C 点，偏移为（@−20，−15），半径为 5。

步骤五：绘制 φ20 圆

（1）设置对象捕捉。

右击"对象捕捉"按钮 对象捕捉 ，从快捷菜单中选中"中点"选项，如图 1-63 所示。

（2）单击"绘图"工具栏上的"圆"命令按钮 ⊙ ，执行圆命令。

① 光标靠近最上面直线的中点处，在显示中点标记三角形 △ 时，竖直向下移动光标，如图 1-64 所示，从键盘输入距离 40，按 Enter 键，确定圆心。

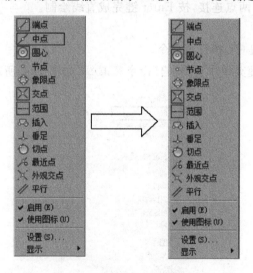

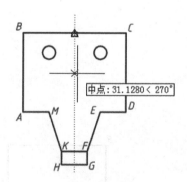

图 1-63　选择"中点"捕捉方式   图 1-64　确定圆心

② 从键盘输入圆半径 10，如图 1-65 所示，按 Enter 键完成 φ20 圆的绘制。

步骤六：绘制切线

（1）执行直线命令。

① 按住 Ctrl 键在绘图窗口右击，从快捷菜单中选择"切点"命令 ⊙ 切点(G) ，光标放在左上角 φ10 圆的上方，在出现捕捉切点标记 ⊖ 后单击，如图 1-66 所示。

② 再次按住 Ctrl 键在绘图窗口右击，从快捷菜单中选择"切点"命令 ⊙ 切点(G) ，光标放在右上角 φ10 圆的上方，在出现捕捉切点标记 ⊖ 后单击，如图 1-67 所示，按 Enter 键，完成水平

切线绘制。

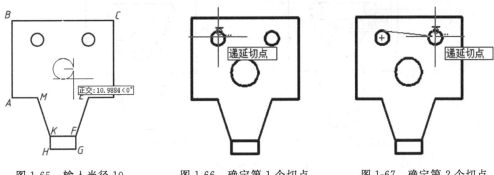

图 1-65　输入半径 10　　　图 1-66　确定第 1 个切点　　　图 1-67　确定第 2 个切点

（2）同样方式，绘制左侧切线，如图 1-68 所示。

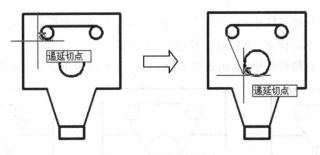

图 1-68　绘制左侧切线

（3）同样方式，绘制右侧切线，如图 1-69 所示。

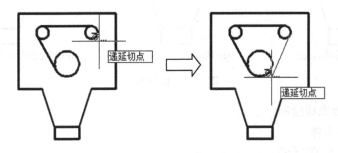

图 1-69　绘制右侧切线

步骤七：绘制中间线

（1）单击状态栏上的"极轴追踪"按钮 极轴 ，使其亮显，打开"极轴追踪"模式，自动关闭"正交"模式。

（2）执行直线命令。

① 将光标放在 A 点处，出现端点标记□时，竖直向下移动光标，如图 1-70(a)所示。

② 输入 30，按 Enter 键，确定直线起点 N。

③ 水平向右移动光标，在与圆的左侧切线相交处，出现交点标记✗，单击确定终点，如图 1-70(b)所示。

（3）同样方式绘制右侧中间直线。

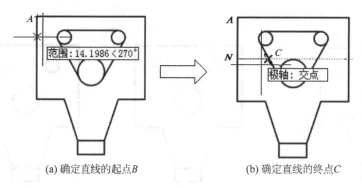

(a) 确定直线的起点 B   (b) 确定直线的终点 C

图 1-70   绘制中间直线

步骤八：绘制斜线

执行直线命令。

① 将光标放在左侧斜线中间，出现中点标记△，单击确定直线起点，如图 1-71(a)所示。

② 将光标放在 φ20 圆上，出现圆心标记○，单击确定第二点，如图 1-71(b)所示。

③ 将光标放在右侧斜线中间，出现中点标记△，单击确定第三点，如图 1-71(c)所示。

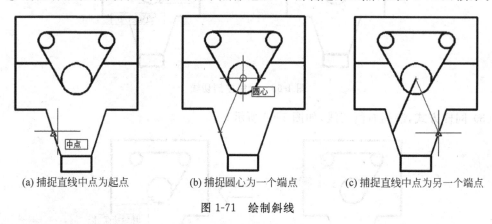

(a) 捕捉直线中点为起点   (b) 捕捉圆心为一个端点   (c) 捕捉直线中点为另一个端点

图 1-71   绘制斜线

④ 按 Enter 键完成绘制。

步骤九：保存文件

选择"文件"|"保存"命令。

3. 步骤点评

1）对于步骤二：关于正交模式

创建或移动对象时，使用"正交"模式将光标限制在水平或垂直轴上。移动光标时，不管水平轴或垂直轴，光标离哪个轴最近，拖引线将沿着该轴移动。

2）对于步骤三：关于自动捕捉模式

如果"对象捕捉"按钮 对象捕捉 亮显，则"自动捕捉"打开，光标会自动锁定选定的捕捉位置。

设置自动对象捕捉模式时，不要选中太多的对象捕捉模式，否则会因显示的捕捉点太多而降低绘图的操作性。

3）对于步骤四：关于临时替代捕捉模式

可以打开"对象捕捉"工具栏，也可按住 Shift 键或 Ctrl 键，并在绘图窗口中右击，打开对象捕捉快捷菜单，选择对象捕捉方式，执行临时替代捕捉，一次选择只能使用一次。

4）对于步骤四：圆命令

（1）圆命令的执行方式。

- 菜单命令：选择"绘图"|"圆"命令。
- "绘图"工具栏：单击"圆"按钮 ⊙。
- 命令行输入：circle。

（2）圆命令的步骤。

① 执行圆命令。

② 指定圆的圆心或[三点(3P)/两点(2P)/相切、相切、半径(T)]：指定点或输入选项。

（3）选项说明。

① 确定圆心,定义圆的半径。

半径可输入值,或指定点,此点与圆心的距离决定圆的半径,如图 1-72(a)所示。

② 确定圆心,输入 d 定义圆的直径。

直径可输入值,或指定点,此点与圆心的距离决定圆的直径,如图 1-72(b)所示。

③ 三点(3P)。

指定圆上的第一个点：指定点(1)、指定圆上的第二个点：指定点(2)和指定圆上的第三个点：指定点(3),如图 1-72(c)所示。

④ 两点(2P)。

指定圆的直径的第一个端点：指定点(1)和指定圆的直径的第二个端点：指定点(2),如图 1-72(d)所示。

⑤ 相切、相切、半径(TTR)。

指定对象与圆的第一个切点：选择圆、圆弧或直线、指定对象与圆的第二个切点：选择圆、圆弧或直线和指定圆的半径,如图 1-72(e)所示。

⑥ 相切、相切、相切。

指定对象与圆的第一个切点：选择圆、圆弧或直线；指定对象与圆的第二个切点：选择圆、圆弧或直线；指定对象与圆的第三个切点：选择圆、圆弧或直线定圆的半径,如图 1-72(f)所示。

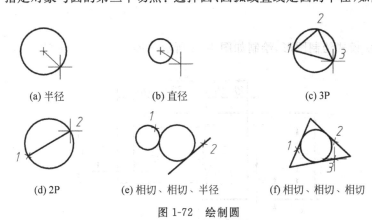

(a) 半径　　　(b) 直径　　　(c) 3P

(d) 2P　　　(e) 相切、相切、半径　　　(f) 相切、相切、相切

图 1-72　绘制圆

5）对于步骤七：关于极轴追踪模式

使用极轴追踪,光标将按指定角度进行移动。

1.5.3　随堂练习

1. 绘制如图 1-73 所示图形；先用极轴模式绘制多边形,再采用对象捕捉模式绘制中间连线,最后绘制圆。

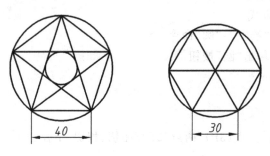

图 1-73　对象捕捉图形练习

1.6　极轴追踪模式绘制图形

本节知识点:

(1) 极轴追踪的设置。

(2) 利用极轴追踪模式确定点的方法。

1.6.1　使用自动追踪

在使用自动追踪时,光标将沿着一条临时路径来确定图上的关键点的位置,该功能可用于相对于图形中其他点或对象的那些点的定位。自动追踪包括极轴追踪和对象捕捉追踪。

一般"极轴追踪"按钮 极轴 、"对象捕捉"按钮 对象捕捉 、"对象追踪"按钮 对象追踪 都打开同时使用。

1.6.2　极轴追踪模式绘制图形应用实例

1. 要求

采用极轴追踪模式绘制图形,绘制如图 1-74 所示图形。

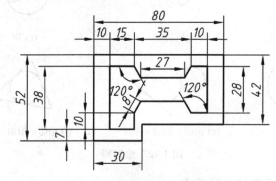

图 1-74　极轴追踪模式绘图

2. 操作步骤

步骤一:新建文件

利用建立的 A4 样板文件新建图形,保存为"极轴追踪模式绘图"。

步骤二：设置极轴追踪模式

（1）单击状态栏上的"极轴追踪"按钮 极轴，使其亮显，打开极轴追踪模式；

（2）右击"极轴追踪"按钮 极轴，从快捷菜单中选择"增量角"为 15 的选项，如图 1-75(a)所示，完成设置；或者单击设置，弹出"草图设置"的"极轴追踪"标签，在"增量角"下拉列表中选择 15，单击"确定"按钮。

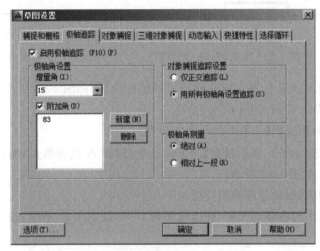

(a) 快捷菜单设置　　　　　　　　(b) 对话框设置

图 1-75　设置极轴增量角

步骤三：绘制外框。

（1）选择粗实线图层。

（2）执行直线命令。

① 在合适位置单击，确定左下角点的位置。

② 水平向右移动光标，极轴角显示为 0°，如图 1-76 所示，输入 30，按 Enter 键。

③ 竖直向上移动光标，在极轴角为 90°时，如图 1-77 所示，输入 10，按 Enter 键。

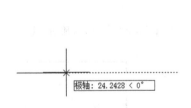
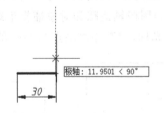

图 1-76　确定起点，绘制 30mm 水平线　　　　图 1-77　绘制 10mm 竖直线

④ 水平向右移动光标，在极轴角为 0°时，如图 1-78 所示，输入 50，按 Enter 键。

⑤ 竖直向上移动光标，在极轴角为 90°时，如图 1-79 所示，输入 42，按 Enter 键。

⑥ 水平向左移动光标，在图线起始点放一下，出现捕捉端点标记小正方形时，向上移动光标，出现"端点：＜90°，极轴：＜180°"，如图 1-80 所示，单击确定点。

图 1-78　绘制 50mm 水平线

图 1-79 绘制 42mm 竖直线

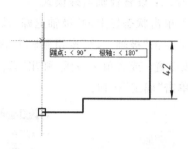

图 1-80 绘制上侧水平线

⑦ 输入字母 C,按 Enter 键完成外框的绘制,如图 1-81 所示。

步骤四:绘制内框。

(1)利用捕捉【自】命令确定起点。

运行直线命令,执行捕捉【自】命令,捕捉 A 点为基点,输入@10,7 按 Enter 键,确定 B 点的位置,如图 1-82 所示。

(2)利用极轴追踪绘制直线。

① 水平向右移动光标,在极轴角为 0°时,如图 1-83 所示,输入 15,按 Enter 键。

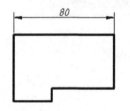

图 1-81 封闭外框

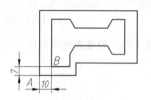

图 1-82 确定内框起点 B

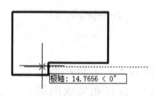

图 1-83 绘制 15mm 水平线

② 竖直向上移动光标,在极轴角为 90°时,输入 10 后按 Enter 键。

③ 移动光标,在极轴角为 60°时,如图 1-84 所示,输入距离数值 8 后按 Enter 键。

④ 移动光标,在极轴角为 0°时,如图 1-85 所示,输入距离数值 27 后按 Enter 键。

(3)利用极轴追踪和对象捕捉追踪绘制直线。

移动光标,追踪左侧端点与 300°的极轴交点,如图 1-86 所示,单击确定点。

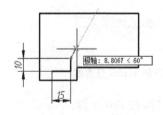

图 1-84 绘制左下侧斜线

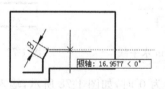

图 1-85 绘制下侧水平线

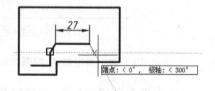

图 1-86 绘制右下侧斜线

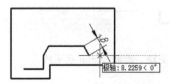

图 1-87 绘制右下侧水平线

(4)利用极轴绘制直线。

① 移动光标,在极轴角为 0°时,如图 1-87 所示,输入距离数值 10 后按 Enter 键。

② 移动光标,在极轴角为 90°时,如图 1-88 所示,输入距离数值 28 后按 Enter 键。

（5）利用极轴追踪和对象捕捉追踪绘制直线。

① 移动光标，追踪右下侧端点与180°的极轴交点，如图1-89所示，单击确定点。

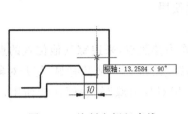

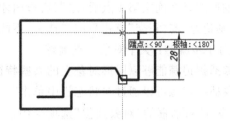

图 1-88　绘制右侧竖直线　　　　　　　　图 1-89　绘制右上侧水平线

② 移动光标，追踪右下侧端点与240°的极轴交点，如图1-90所示，单击确定点。

③ 移动光标，追踪左下侧交点与180°的极轴交点，如图1-91所示，单击确定点。

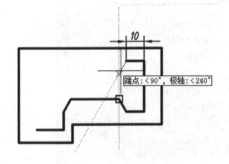

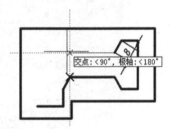

图 1-90　绘制右上侧斜线　　　　　　　　图 1-91　绘制上侧水平线

④ 移动光标，追踪左下侧端点与右上侧端点的交点，如图1-92所示，其追踪的端点将显示小十字（如图1-92椭圆区域显示），单击确定点。

⑤ 移动光标，追踪左下侧B点与180°的极轴交点，如图1-93所示，单击确定点。

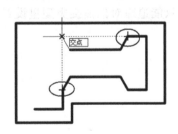

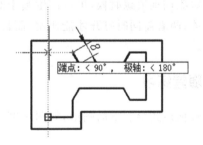

图 1-92　绘制左上侧斜线　　　　　　　　图 1-93　绘制左上侧水平线

（6）闭合。

输入C，按 Enter 键完成图形的绘制。

步骤五：保存文件

选择"文件"|"保存"命令。

3．步骤点评

1）对于步骤四：关于极轴追踪

极轴追踪可以通过在状态栏中单击"极轴追踪"按钮 极轴 ，使其亮显，打开极轴追踪。极轴追踪强迫光标沿着"极轴角度设置"中指定的路径移动。例如如果选择"增量角"为 15，光标将沿着与 15 度的倍数角度平行的路径移动，并且出现一个显示距离与角度的工具提示条。

极轴追踪是在确定第 1 点后，绘图窗口内才可以显示虚点的极轴。

"极轴追踪"与"正交"模式只能二选一，不能同时使用。

2）对于步骤四：关于对象捕捉追踪

对象捕捉追踪能够以图形对象上的某些特征点作为参照点，来追踪其他位置的点。

对象捕捉追踪可以通过在状态栏中单击"对象追踪"按钮 极轴，使其亮显，打开对象追踪，并在"草图设置"对话框的"对象捕捉"选项卡中选中"启用对象追踪"复选框才能使用，如图 1-94 所示。

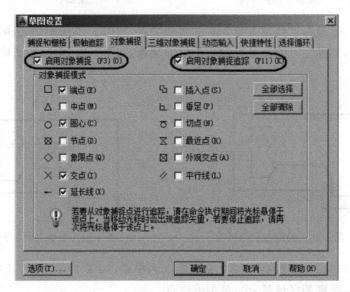

图 1-94　"草图设置"的"对象捕捉"

执行对象捕捉追踪时候，可以产生基于对象捕捉点的临时追踪线，因此，该功能与对象捕捉功能相关，两者需同时打开才能使用，而且对象追踪只能追踪对象捕捉类型里设置的自动对象捕捉点。

1.6.3　随堂练习

采用极轴模式绘制下面图形，如图 1-95 所示。

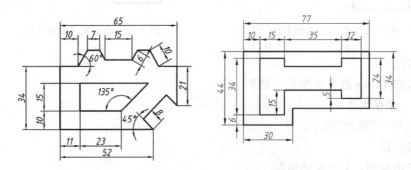

图 1-95　极轴图形练习

1.7　上机练习

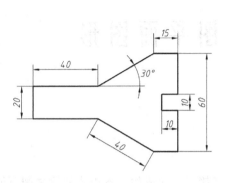

习题图 1

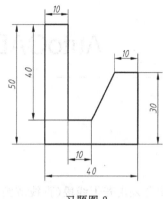

习题图 2

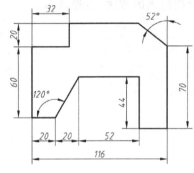

习题图 3

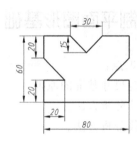

习题图 4

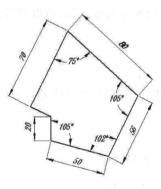

习题图 5

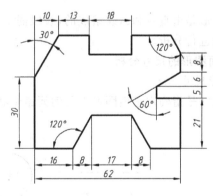

习题图 6

第2章

AutoCAD 绘图平面图形

平面图形是由若干线段(直线或圆弧)封闭连接组合而成的。各组成线段之间可能彼此相交、相切或等距。要用 AutoCAD 正确、快速地绘制一个平面图形,特别是较复杂的平面图形,必须首先对平面图形作尺寸分析和线段分析,然后按适当的方法、步骤画出。

2.1 绘制平面图形基础

本节知识点:
(1) 确定尺寸基准的原则。
(2) 尺寸分析方法。
(3) 线段分析方法。

2.1.1 平面图形

平面图形是由直线和曲线组成的,线段需根据给定的尺寸关系绘出,所以就需对图形中的尺寸和线段进行分析。

1. 平面图形的尺寸分析

1) 定形尺寸

定形尺寸是指确定平面图形上几何元素形状大小的尺寸,常见的图线的定形尺寸如图 2-1 所示。

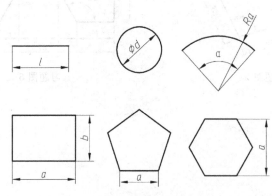

图 2-1 常见图线定形尺寸

2）定位尺寸

定位尺寸是指确定各几何元素相对位置的尺寸。

平面图形位置一般需水平和垂直两个方向定位，以直角坐标形式定位如图 2-2(a)所示标注方式；或以极坐标的形式定位，即半(直)径加角度，如图 2-2(b)所示标注方式。

3）尺寸基准

标注尺寸的起点称为尺寸基准，简称基准。

一般将图形对称中心线、圆心、轮廓直线等作为尺寸基准；平面图形一般至少有水平和垂直两个方向基准，如图 2-3 所示，长度基准为圆心，宽度基准为中心对称线。

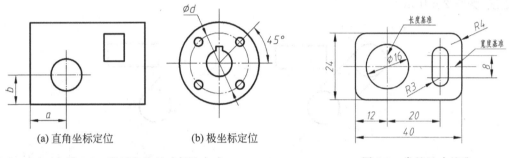

(a) 直角坐标定位　　　　(b) 极坐标定位

图 2-2　常见定位尺寸标注方式　　　　　　图 2-3　常见尺寸基准

2. 平面图形的线段分析

根据定形、定位尺寸是否齐全，可以将平面图形中的图线分为以下三大类。

1）已知线段

已知线段：定形、定位尺寸齐全的线段，可以直接根据尺寸作出图线，如图 2-4 所示手柄的圆弧 SR8，其圆心位置由尺寸 75 确定。

2）中间线段

中间线段：只有定形尺寸和一个定位尺寸的线段，另一定位尺寸由该线段与相邻已知线段的几何关系求出，如图 2-4 所示的 R50 圆弧由 $\phi26$ 和 SR8 的内切关系求出。

3）连接线段

连接线段：只有定形尺寸没有定位尺寸的线段。其定位尺寸根据与线段相邻的两线段的几何关系求出，如图 2-4 所示 R16，由 R50 和 SR13 圆弧相切来确定。

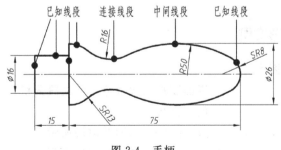

图 2-4　手柄

2.1.2　建立选择集

在编辑图形时，选择对象的方法多种多样，在此介绍几种常用的方法。

1. 使用拾取框光标

在命令行提示选择对象时,光标为矩形拾取框,放到要选择的对象上,对象将亮显,单击后选择,如图 2-5 所示。

提示:按住 Shift 键,单击已选择的对象,则这个对象退出选择集。

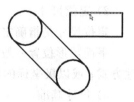

图 2-5 使用光标拾取

2. 窗口选择方式(window)——W 窗口选择方式(简称窗选)

在多个对象的左侧,单击确定一点,由左向右移动光标,将出现一个大小随光标移动而改变的矩形窗口,单击确定窗口大小后,全部在窗口中的对象被选中,变成虚线,如图 2-6 所示。

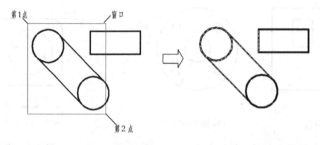

图 2-6 窗口选择方式

3. 交叉窗口选择方式(crossing)——C 窗口选择方式(叉选)

在选择多个对象右侧,单击确定一点,由右向左移动光标,将出现一个大小随光标移动而改变的虚线窗口,单击确定窗口大小后,只要在矩形窗口内的对象,不管是不是全部,都被选中,变成虚线,如图 2-7 所示。

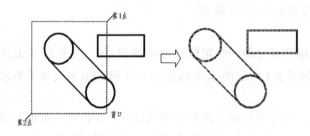

图 2-7 交叉窗口选择方式

2.1.3 绘制简单图形实例

绘制如图 2-8 所示图形。

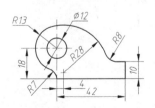

图 2-8 绘制平面图形基础

1. 平面图形的尺寸分析和线段分析

1) 尺寸分析

(1) 尺寸基准,如图 2-9(a)所示。

(2) 定位尺寸,如图 2-9(b)所示。

(3) 定形尺寸,如图 2-9(c)所示。

2) 线段分析

(1) 已知线段,如图 2-10(a)所示。

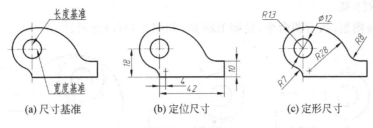

图 2-9　尺寸分析

(2) 中间线段,如图 2-10(b)所示。

(3) 连接线段,如图 2-10(c)所示。

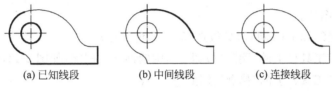

图 2-10　线段分析

2. 操作步骤

步骤一: 新建文件

利用建立的 A4 样板文件新建图形,保存为"平面图形基础"。

步骤二: 绘制基准

执行直线命令,绘制基准线,如图 2-11 所示。

步骤三: 绘制已知线段,如图 2-12 所示。

① 执行圆命令,选择"圆心、半径"方式绘制左侧 ϕ12 和 R13 两个圆。

② 执行直线命令,在 40 直线右侧绘制 10mm 竖线。

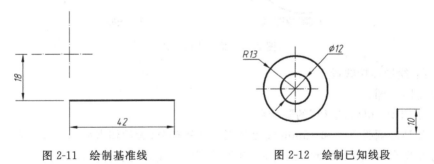

图 2-11　绘制基准线　　　　　　图 2-12　绘制已知线段

步骤四: 绘制中间线段

(1) 绘制右侧水平线。

执行直线命令,其长度按比例大约确定,要稍长点,如 15mm 即可,如图 2-13(a)所示。

(2) 求作 R28 圆弧圆心。

① 选择辅助线图层,利用对象追踪的方式绘制一条高约 10mm 竖线。

② 绘制的辅助圆半径为(28-13=)15mm 的圆,与 10mm 竖线交点为 R28 圆弧的圆心,如图 2-13(b)所示。

（3）绘制 R28 圆。

选择粗实线图层，执行圆命令，绘制 R28 圆，如图 2-13(c)所示。

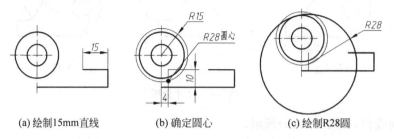

(a) 绘制15mm直线　　　　(b) 确定圆心　　　　(c) 绘制R28圆

图 2-13　绘制中间线段

（4）简单整理图形。

① 单击辅助竖线和 R15 圆，对象被选择（有蓝色夹点）。

② 单击"修改"工具栏上的"删除"按钮 ✐ ，则辅助线被删除，如图 2-14(a)所示。

③ 单击"修改"工具栏上的"修剪"按钮 ⊬ 。

④ 单击 R13 圆和 15mm 长的中间线段，按 Enter 键。

⑤ 单击 R28 圆左下方部分，则 R28 圆与 R13 圆相切点及与 15mm 线段相交点左下角圆弧被剪切。

⑥ 按 Enter 键结束，如图 2-14(b)所示。

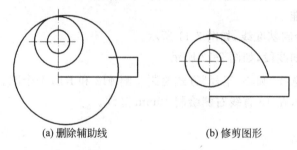

(a) 删除辅助线　　　　　　(b) 修剪图形

图 2-14　整理中间线段

步骤五：绘制连接线段

（1）绘制 R8 圆。

① 执行"相切，相切，半径"的圆命令。

② 单击 R28 圆弧下部和 15mm 线段圆弧的外侧部分（大约切点处），确定切点。

③ 输入数值 8，按 Enter 键，完成 R8 圆弧的圆的绘制，如图 2-15(a)所示。

（2）求作 R7 圆弧圆心，如图 2-15(b)所示。

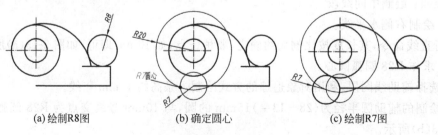

(a) 绘制R8图　　　　　(b) 确定圆心　　　　(c) 绘制R7图

图 2-15　绘制连接线段

① 选择辅助线图层,以 42mm 线段左端点为圆心,绘制 R7 圆。

② 以 R13 圆心为圆心,以(13＋7＝)20mm 为半径绘制圆;两圆交点为 R7 的圆弧的圆心。

(3) 绘制 R7 圆。

选择粗实线图层,以所求圆心为圆心,绘制 R7 圆,如图 2-15(c)所示。

步骤六:整理图形

① 选择绘制的辅助线圆,按下键盘上的 Delete 键,则辅助线圆被删除,如图 2-16(a)所示。

② 单击"修改"工具栏"修剪"按钮 ┼ 。

③ 单击 R13 圆、R26 圆弧、R7 圆、R8 圆、40mm 线段和 15mm 中间线段,按 Enter 键。

④ 分别单击要删除 6 段图线,如图 2-16(b)所示,注意其中 1、2 段必须先 1 后 2,其他顺序无所谓,按 Enter 键结束。

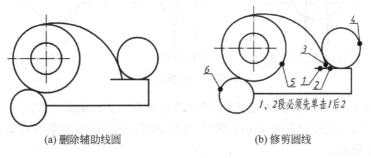

(a) 删除辅助线圆　　　　　　　　(b) 修剪圆线

图 2-16　整理图形

步骤七:保存文件

选择"文件"|"保存"命令。

3. 步骤点评

1) 对于步骤四:关于修剪命令

(1) 修剪对象命令的方式。

• 菜单命令:"修改"|"修剪"。

• "修改"工具栏:"修剪"按钮 ┼ 。

• 命令行输入:trim。

其步骤为:

① 执行命令。

② 选择作为剪切边的对象,按 Enter 键。

③ 选择要剪掉的对象。

(2) 修剪命令应用。

① 可以修剪对象,使它们精确地终止于由其他对象定义的边界,如图 2-17 所示。

② 对象既可以作为剪切边,也可以是被修剪的对象,如图 2-18 所示。

③ 执行命令后,按 Enter 键为选择所有对象,互为剪切边,然后选择要修剪的对象,如图 2-19 所示。

提示:每一直线均被剪切为 5 段,若选择修剪对象时,最

选择剪切边　选择要修剪对象　结果

图 2-17　修剪应用1

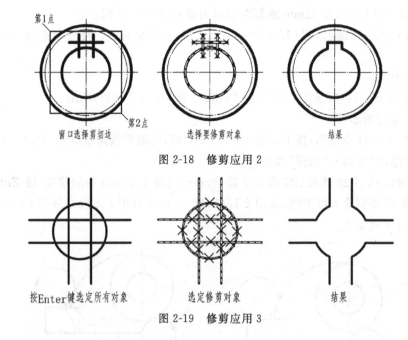

图 2-18 修剪应用 2

按Enter键选定所有对象   选定修剪对象   结果

图 2-19 修剪应用 3

后剩下中间矩形 4 段任一段时,不能剪切,因此要按照每一直线依次修剪。

④ 执行命令后,选择对象按 Enter 键后,按住 Shift 键选择不相交的对象时,则为延伸到相交,如图 2-20 所示。

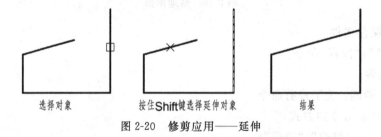

选择对象   按住Shift键选择延伸对象   结果

图 2-20 修剪应用——延伸

2)对于步骤六:关于删除命令

删除对象命令的方式:

• 菜单命令:"修改"|"删除"。

• "修改"工具栏:"删除"按钮 ✎。

• 命令行输入:erase。

删除命令的方式为:

方式一,选择要删除的对象,在绘图窗口中右击,从快捷菜单中选择"删除"命令。

方式二,单击"修改"工具栏上的"删除"按钮 ✎,然后选择删除对象,按 Enter 键完成;也可选择删除的对象,单击"修改"工具栏上的"删除"按钮 ✎ 完成。

方式三,选择要删除的对象,按 Delete 键完成。

方式四,选择要删除的对象,使用 Ctrl+X 组合键将它们剪切到剪贴板。

2.1.4 随堂练习

绘制如图 2-21 所示的平面图形。

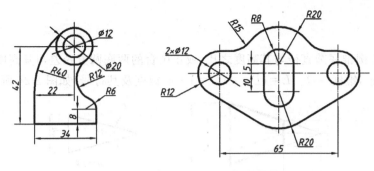

图 2-21　平面图形练习

2.2　绘制锥柄

本节知识点：
(1) 锥度的意义以及画法。
(2) 斜度的意义以及画法。

2.2.1　斜度

斜度是指一直线(或平面)对另一直线(或平面)的倾斜程度。斜度数值用倾斜角 α 的正切表示，即高度差与长度之比，一般以 $1:n$ 的形式表示，斜度＝$\tan \alpha = H/L = 1:n$，斜度及其符号如图 2-22 所示。

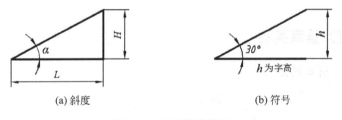

(a) 斜度　　　　　　　　(b) 符号

图 2-22　斜度及其符号

斜度的标注符号与倾斜的直线或平面的倾斜方向是一致的，标注示例和作图方法如图 2-23 所示。

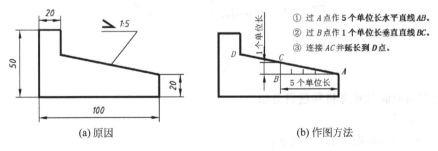

(a) 原因　　　　　　　　(b) 作图方法

图 2-23　斜度的作图方法

2.2.2 锥度

锥度是指正圆锥底圆直径与其高度之比,或正圆台的两底圆直径差与其高度之比,一般以 $1:n$ 的形式表示,锥度$=D/L=(D-d)/1=1:n$,锥度及其符号,如图 2-24 所示。

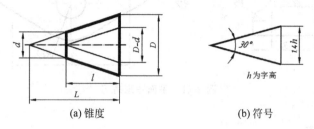

(a) 锥度　　　　　　　　　　　(b) 符号

图 2-24　锥度及其符号

锥度的标注符号与锥面的倾斜方向是一致的,标注示例和作图方法,如图 2-25 所示。

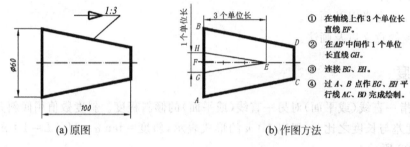

(a) 原图　　　　　　　　　　　(b) 作图方法

① 在轴线上作 3 个单位长直线 EF。
② 在 AB 中间作 1 个单位长直线 GH。
③ 连接 EG、EH。
④ 过 A、B 点作 EG、EH 平行线 AC、BD 完成绘制。

图 2-25　锥度的作图方法

2.2.3 绘制斜度、锥度实例

绘制如图 2-26 所示的图形。

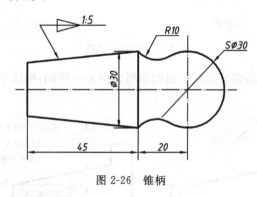

图 2-26　锥柄

1. 平面图形的尺寸分析和线段分析

1) 尺寸分析

(1) 尺寸基准,如图 2-27(a)所示。

(2) 定位尺寸,如图 2-27(b)所示。

(3) 定形尺寸,如图 2-27(c)所示。

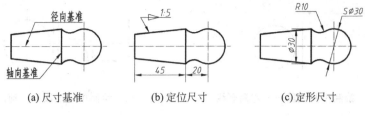

图 2-27　尺寸分析

2）线段分析

（1）已知线段,如图 2-28(a)所示。

（2）中间线段,如图 2-28(b)所示。

（3）连接线段,如图 2-28(c)所示。

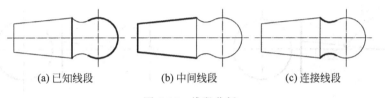

图 2-28　线段分析

2. 操作步骤

步骤一：新建文件

利用建立的 A3 样板文件新建图形,保存为"锥柄"。

步骤二：绘制基准

① 先绘制 30mm 的粗实线,然后追踪此线的中点向左输入 50 按 Enter 键,开始绘制 90mm 长中心线,如图 2-29(a)所示。

② 利用捕捉"自"方式,绘制右侧相距 20mm 的圆中心线,如图 2-29(b)所示。

步骤三：绘制已知线段

选择粗实线图层,执行圆命令,选择"圆心、半径"方式绘制 φ30 圆,如图 2-30 所示。

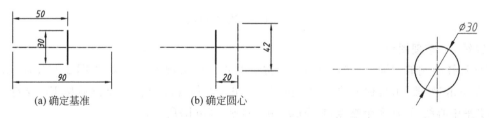

图 2-29　绘制基准线　　　　　　　　　　图 2-30　绘制已知线段

步骤四：绘制中间线段

① 单击"修改"工具栏上的"偏移"按钮 ,输入 45 后按 Enter 键,单击 30 粗实线,然后将光标放在粗实线左侧单击,则在左侧复制出一条长 30mm,且与原线相距 45mm 的粗实线,如图 2-31 所示。

② 求作锥度斜线的辅助线。先选择辅助线图层,利用对象追踪的方式绘制长和高之比为 1：10 的斜线,如图 2-32 所示。

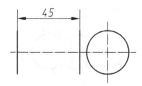

图 2-31 绘制中间线段——左侧竖线

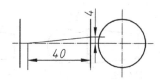

图 2-32 绘制中间线段——辅助斜线

注意,绘制斜线,在水平和垂直方向追踪输入数值时,要关闭动态输入。

③ 绘制上侧锥度线。选择粗实线图层,执行直线命令,捕捉右侧 30mm 直线的上端点为起点后,按住 Ctrl 键右击,从快捷菜单中选择"平行线"命令,将光标放在辅助线上,出现平行线标记,如图 2-33(a)所示;移动光标,再次出现平行线标记,且出现虚线平行线时,在合适位置单击,如图 2-33(b)所示,完成上侧锥度线绘制。

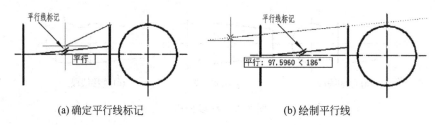

(a) 确定平行线标记　　　　　　　　(b) 绘制平行线

图 2-33 绘制中间线段——上侧锥度线

步骤五:绘制连接线段

① 求作上侧 R10 圆弧的圆心,如图 2-34(a)所示。

② 求作上侧 R10 圆,如图 2-34(b)所示。

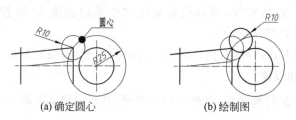

(a) 确定圆心　　　　　　　　(b) 绘制图

图 2-34 绘制连接线段

步骤六:整理图形

① 选择绘制的辅助线和辅助圆,按下键盘上的 Delete 键进行删除,如图 2-35(a)所示。

② 单击"修改"工具栏上的"镜像"按钮 ⚎,单击选择锥度线和 R10 圆后按 Enter 键,分别捕捉水平中心线 *A*、*B* 两个端点,按 Enter 键,如图 2-35(b)所示。

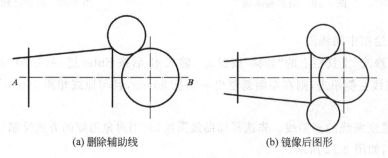

(a) 删除辅助线　　　　　　　　(b) 镜像后图形

图 2-35 镜像图形

③ 执行修剪命令,将多余的图线删除,完成图形的绘制。

步骤七：保存文件

选择"文件"|"保存"命令。

3. 步骤点评

1) 对于步骤四：关于偏移命令

(1) 偏移对象命令的方式。

- 菜单命令："修改"|"偏移"。
- "修改"工具栏："偏移"按钮 ⚑ 。
- 命令行输入：offset。

其步骤为：

① 执行命令。

② 输入偏移距离,按 Enter 键。

③ 选择要偏移的对象。

④ 指定要偏移的方向。

(2) 偏移命令应用。

可偏移的对象有直线、圆弧、圆、椭圆、椭圆弧(形成椭圆形样条曲线)、二维多段线、构造线(参照线)和射线、样条曲线。

① 偏移距离。

在距现有对象指定的距离处创建对象,两对象之间距离相同,如图 2-36 所示。

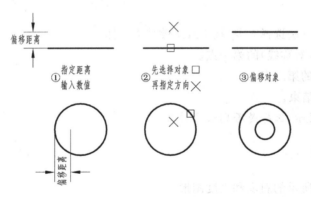

图 2-36　偏移对象

提示：可以连续多次偏移,例如创建系列间距相同的平行线或同心圆。

② 通过。

创建通过指定点的对象,如图 2-37 所示,将其作为锥柄的平行线,用偏移命令也可以实现此操作。

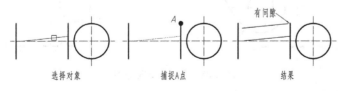

图 2-37　偏移到点

- 执行偏移命令,输入:T,按 Enter 键。
- 选择偏移对象。
- 指定偏移到的点,则复制对象(或延长线)过此点。

提示:确定的点可以用捕捉替代方式确定点,但是不能指定切点、垂足等。

③ 图层。

图 2-37 中的对象偏移后,得到的图形还是为辅助线图层,可以通过图层方式换为粗实线,也可以利用偏移命令变成粗实线图层。

- 选择粗实线图层为当前层。
- 执行偏移命令,输入:L,按 Enter 键。
- 输入:C,按 Enter 键。
- 输入:T,按 Enter 键。
- 选择偏移对象。
- 指定偏移到的点,则复制对象过此点,且为粗实线。

2. 对于步骤六:关于镜像命令

镜像对象命令的方式。

- 菜单命令:"修改"|"镜像"。
- "修改"工具栏:"镜像"按钮 ⚊。
- 命令行输入:mirror。

其步骤为:

① 执行命令。

② 可使用各种方法选择对象,按 Enter 键结束选择。

③ 指定镜像线(对称线)的第一点。

④ 指定镜像线的第二点。

⑤ 按 Enter 键结束。

提示:可根据提示,选择是否删除源对象。

2.2.4 随堂练习

绘制如图 2-38 所示的斜度和锥度图形。

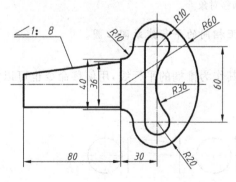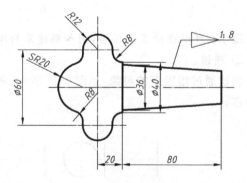

图 2-38　斜度、锥度练习

2.3　绘制扳手

本节知识点：
(1) 正多边形画法。
(2) 旋转命令的使用。

2.3.1　正多边形

各边相等,各角也相等的多边形叫做正多边形(多边形:边数大于等于 3),如图 2-39
所示。

- 正多边形的外接圆的圆心叫做正多边形的中心。
- 中心与边的距离叫做边心距。
- 正多边形的对称轴:
  奇数边时连接一个顶点和顶点所对的边的中点,即为对称轴。
  偶数边时连接相对的两个边的中点,或者连接相对称的两个顶点,都是对称轴。
  正 N 边形边数为对称轴的条数为 N。
- 正多边形各边所对的外接圆的圆心角都相等,其圆心角叫做正多边形的中心角。

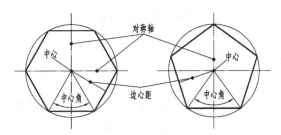

图 2-39　正多边形

1. 正多边形的外接圆

把圆分为 n(n≥3)等份,依次连接各分点所得的多边形就是这个圆的内接正 n 边形,也就
是正 n 边形的外接圆,如图 2-40 所示。

2. 正多边形的内切圆

把圆分为 m(m≥3)等份,经过各分点作圆的切线,以相邻切线的交点为顶点的多边形就
是这个圆的外切正 m 边形,也就是正 m 边形的内切圆,如图 2-40 所示。

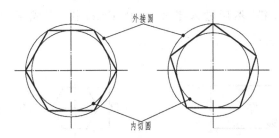

图 2-40　正多边形的外接圆和内切圆

2.3.2 绘制正多边形实例

绘制如图 2-41 所示的图形。

1. 平面图形的尺寸分析和线段分析

1) 尺寸分析

(1) 尺寸基准,如图 2-42(a)所示。

(2) 定位尺寸,如图 2-42(b)所示。

(3) 定形尺寸,如图 2-42(c)所示。

2) 线段分析

(1) 已知线段,如图 2-43(a)所示。

(2) 中间线段,如图 2-43(b)所示。

(3) 连接线段,如图 2-43(c)所示。

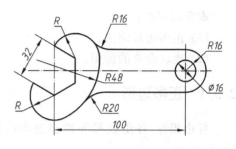

图 2-41　扳手图形

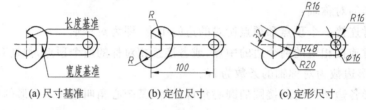

(a)尺寸基准　　　(b)定位尺寸　　　(c)定形尺寸

图 2-42　尺寸分析

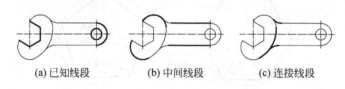

(a)已知线段　　　(b)中间线段　　　(c)连接线段

图 2-43　线段分析

2. 操作步骤

步骤一:新建文件

利用建立的 A4 样板文件新建图形,保存为"扳手"。

步骤二:绘制基准

选择中心线图层绘制基准线,如图 2-44 所示。

步骤三:绘制已知线段

① 单击"绘图"工具栏上的"正多边形"按钮 ⬠,捕捉左侧中心线交点为正六边形的中心点,输入 c 按 Enter 键,然后输入半径 16 按 Enter 键,完成正六边形绘制,如图 2-45 所示。

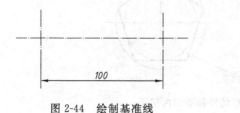

图 2-44　绘制基准线

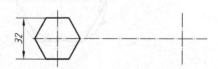

图 2-45　绘制已知线段——正六边形

② 单击"修改"工具栏上的"旋转"按钮 ⟳，选择正六边形，捕捉六边形的中心点为基点，输入旋转角度30后按Enter键，使其六边形的顶角向上。

③ 执行圆命令，在右侧绘制 φ16圆；用"圆心，起点，端点"方式绘制R16圆弧，注意圆弧应沿逆时针方向确定起点和端点，如图2-46所示。

步骤四：绘制中间线段

① 绘制右侧两条平行直线，长约80mm，如图2-47所示。

图 2-46　绘制已知线段——圆、圆弧

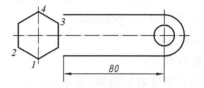

图 2-47　绘制中间线段——右侧水平线

② 采用"圆心，起点，角度"方式绘制180°圆弧，1、3点为圆心，2、4点为起点，1、2圆弧角度为180°，3、4圆弧的角度为−180°，如图2-48所示。

步骤五：绘制连接线段

① 采用"相切，相切，半径"方式绘制R48圆，注意确定切点时，要单击大约相切的位置，切点的位置不同，其结果也不同，结果如图2-49所示。

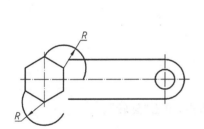

图 2-48　绘制中间线段——圆弧

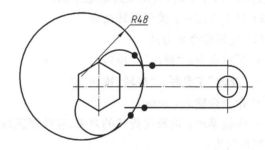

图 2-49　绘制连接线段——R48圆弧

② 执行圆角命令，选择不修剪方式，输入半径16，选择图2-45中上面两个点的位置，完成R16圆弧连接；执行圆角命令，选择修剪方式，输入半径20，选择图2-45中下面两个点的位置，完成R20圆弧连接，如图2-50所示。

步骤六：整理图形。

执行修剪命令，删除多余的线，如图2-51所示。

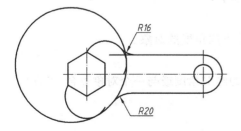

图 2-50　绘制连接线段——R16、R20圆弧

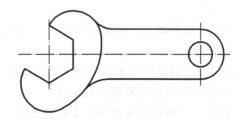

图 2-51　镜像图形

步骤七：保存文件

选择"文件"|"保存"命令。

3. 步骤点评

1) 对于步骤三：关于正多边形

正多边形命令的方式。

- 菜单命令："绘图"|"正多边形"。
- "绘图"工具栏："正多边形"按钮 ⬡。
- 命令行输入：polygon。

其步骤为：

① 执行命令。

② 输入正多边形边数，按 Enter 键。

③ 指定多边形的中心点。

④ 输入选项［内接于圆(I)/外切于圆(C)］，即中心点到顶点(或边)距离的方式。

⑤ 指定圆的半径：指定点或输入值确定距离。

提示：指定点确定半径，可以确定正多边形的旋转角度和大小。输入半径值绘制正多边形的底边将为水平的。

也可在指定中心线之前，输入选项：E，通过指定一条边的两个端点来定义正多边形；注意指定点的顺序不同，其正多边形也不同。

2) 对于步骤三：关于旋转命令

(1) 旋转命令的方式。

- 菜单命令："修改"|"旋转"。
- "修改"工具栏："旋转"按钮 ⬭。
- 命令行输入：rotate。
- 快捷菜单：选择要旋转的对象，在绘图区域中右击，单击"旋转"。

其步骤为：

① 执行命令。

② 选择对象，按 Enter 键。

③ 指定基点，即旋转的中心点。

④ 指定旋转角度或输入［复制(C)/参照(R)］选项，可输入角度或光标指定方向。

⑤ 指定圆的半径：指定点或输入值确定距离。

(2) 旋转命令应用。

旋转命令的［复制(C)/参照(R)］选项的应用如下。

① 复制

创建要旋转的选定对象的副本，可以生成多个不同角度的对象。

② 参照

参照方式就是将对象从指定的角度旋转到新的绝对角度或与一个对象重合(平行)。

如图 2-52 所示为旋转绝对角度。

如图 2-53 所示为旋转与一个对象重合。

3) 对于步骤三：正多边形旋转的问题

绘制多边形要旋转的问题，可以先在六边形中心水平向右确定距离为 16mm 的一个点

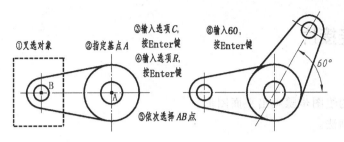

图 2-52　绝对角度旋转

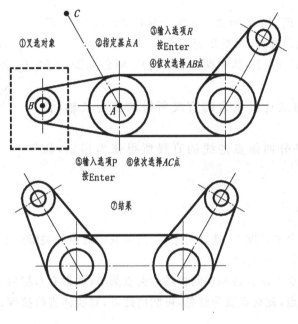

图 2-53　与一个对象重合

（可以是直线端点），而在绘制正六边形要输入半径的时候，直接捕捉此点，而不必执行旋转命令。

2.3.3　随堂练习

绘制如图 2-54 所示的扳手图形。

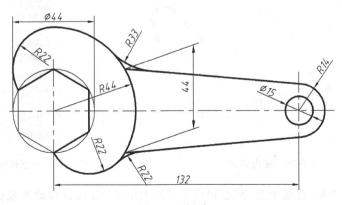

图 2-54　扳手

2.4 绘制连接片

本节知识点：
（1）按正确的绘图步骤画出平面图形。
（2）椭圆的画法。

2.4.1 椭圆

平面内与两定点 F_1、F_2 的距离的和等于常数 $2a(2a>|F_1F_2|)$ 的动点 P 的轨迹叫做椭圆，如图 2-55 所示。

即：$|PF_1|+|PF_2|\geqslant2a$ 其中两定点 F_1、F_2 叫做椭圆的焦点，P 为椭圆的动点。

椭圆截面与两焦点连线重合的直线所得的弦为长轴，长为 $2a$。

椭圆截面垂直平分两焦点连线的直线所得弦为短轴，长为 $2b$。

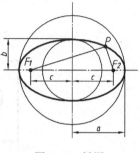

图 2-55 椭圆

2.4.2 夹点

在不执行任何命令的情况下，选择对象后，被选取的对象的关键点上就会出现若干个蓝色小正方格即夹点，如图 2-56 所示。

将光标悬停在夹点上以查看和访问多功能夹点菜单（如果有），然后选择可用的选项。

如果单击某个夹点，此夹点变为红色，可利用此点，对实体进行拉伸、移动、旋转、缩放和镜像等编辑操作。

夹点变为红色后，在命令行有提示，可选择选项；或在夹点处右击弹出快捷菜单，可选择各种编辑操作，如图 2-57 所示。

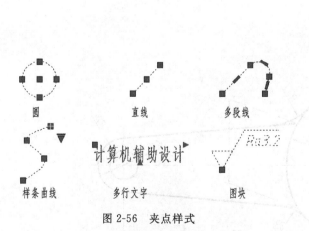

图 2-56 夹点样式

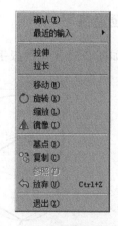

图 2-57 夹点快捷菜单的样式

选择文字、块参照、直线中点、圆心和点等对象上的夹点时，将移动对象而不是拉伸它，如图 2-58(a)所示。

　　选择象限夹点来拉伸圆或椭圆,然后在输入新半径命令提示下指定距离(而不是移动夹点),此距离是指从圆心而不是从选定的夹点测量的距离,如图 2-58(b)所示。

　　选择直线一端的夹点,将执行拉伸对象,可输入数值,确定此点沿光标方向移动的距离。可拉长、缩短或旋转直线,如图 2-58(c)所示。

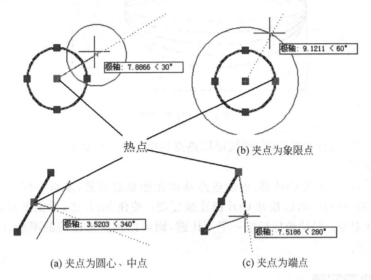

(a) 夹点为圆心、中点　　　　　(c) 夹点为端点

图 2-58　选择不同夹点移动后的图形

　　提示:状态栏"动态输入"按钮 ⊞ 亮显与灰色,其结果是不一样的。

　　在执行上述命令时,使用复制选项,选择文字、块参照、直线中点、圆心和点对象上的夹点时,移动光标后,可以连续复制原对象,如图 2-59(a)所示。

　　若选择直线段中点或圆的象限点,复制出不同长度、方向的直线或不同半径的同心圆,如图 2-59(b)所示。

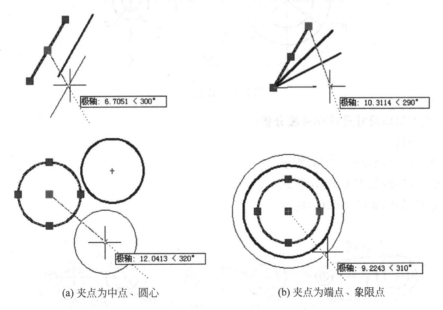

(a) 夹点为中点、圆心　　　　　(b) 夹点为端点、象限点

图 2-59　选择不同夹点复制后的图形

如图 2-60 所示，为椭圆复制后，改变半径的情况。

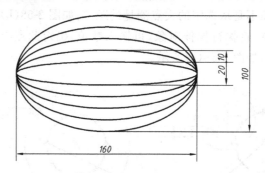

图 2-60　复制椭圆

若选择热点后，执行旋转选项，图线则以热点为中心进行旋转。

夹点操作技巧：

选择夹点后，可以按住 Ctrl 键，单击热点移动光标复制对象，基点不同，复制后的对象也不一样，只要复制一个后，可以松开 Ctrl 键连续复制；按住 Shift 键，单击基点，只能水平和垂直移动或者修改对象；移动光标后按一下 Alt 键，则可以预览修改后的图形，再次按一下 Alt 键，可以继续操作。

2.4.3　绘制椭圆实例

绘制如图 2-61 所示的图形。

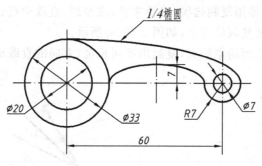

图 2-61　连接片

1. 平面图形的尺寸分析和线段分析

1）尺寸分析

（1）尺寸基准，如图 2-62(a)所示。

（2）定位尺寸，如图 2-62(b)所示。

（3）定形尺寸，如图 2-62(c)所示。

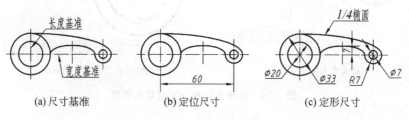

(a) 尺寸基准　　(b) 定位尺寸　　(c) 定形尺寸

图 2-62　尺寸分析

2）线段分析

(1) 已知线段,如图2-63(a)所示。

(2) 连接线段,如图2-63(b)所示。

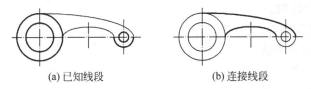

(a) 已知线段　　　　　　　　　(b) 连接线段

图 2-63　线段分析

2. 操作步骤

步骤一：新建文件

利用建立的 A3 样板文件新建图形,保存为"连接片"。

步骤二：绘制基准

选择中心线图层绘制基准线,如图2-64所示。

步骤三：绘制已知线段

(1) 选择粗实线图层,绘制 3 个圆,如图2-65(a)所示。

(2) 绘制圆弧,如图2-65(b)所示。

① 选择"绘图"|"圆弧"|"圆心,起点,角度"命令。

② 捕捉 φ7 圆的圆心。

③ 追踪 φ7 圆心水平向左输入半径 7,按 Enter 键。

④ 输入 180,按 Enter 键,完成半圆弧绘制。

注意：若绘制上半个圆弧则输入 −180,逆时针方向为正,顺时针为负。

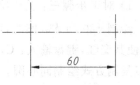

图 2-64　绘制基准线

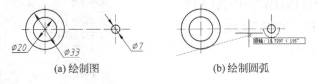

(a) 绘制图　　　　　　　　　(b) 绘制圆弧

图 2-65　绘制已知线段

步骤四：绘制连接线段

1. 绘制椭圆,如图2-66(a)所示。

① 单击"绘图"工具栏上的"椭圆"按钮 ⬭ 。

② 单击 A、B 两点确定长轴。

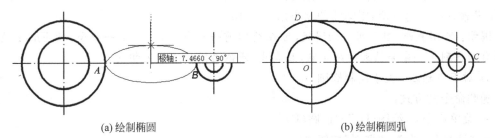

(a) 绘制椭圆　　　　　　　　　(b) 绘制椭圆弧

图 2-66　绘制连接线段

③ 输入 7 后按 Enter 键,确定短半轴,完成椭圆绘制。

2. 绘制椭圆弧,如图 2-66(b)所示。

① 单击"绘图"工具栏上的"椭圆弧"按钮 ⏺ 。

② 输入 C 按 Enter 键。

③ 捕捉 O 点,确定圆心。

④ 捕捉 C 点确定一半轴。

⑤ 捕捉 D 点确定另一半轴。

⑥ 输入起点角度 0,按 Enter 键。

⑦ 输入终点角度 90,按 Enter 键,完成 1/4 椭圆弧的绘制。

步骤五:整理图形

执行修剪命令,删除小椭圆的下半部分,完成图形的绘制。

步骤六:保存文件

选择"文件"|"保存"命令。

3. 步骤点评

1) 对于步骤三:关于绘制圆

绘制 $\phi20$ 和 $\phi33$ 圆时,可先用圆命令绘制 $\phi20$ 圆,然后选择此圆,单击其象限任一蓝色夹点,使其变红,键盘输入:C,按 Enter 键,然后输入半径 16.5 按 Enter 键,完成绘制;这是利用夹点复制方式绘制同心圆。

2) 对于步骤三:关于绘制圆弧

AutoCAD 提供了 10 种绘制圆弧的方式,在下拉菜单有各个选项,如图 2-67 所示。

圆弧命令的方式:

• 菜单命令:"绘图(D)"|"圆弧(A)"。

• "绘图"工具栏:"圆弧"按钮 ⏺ 。

• 命令行输入:arc。

其步骤为:

① 执行命令。

② 根据命令行提示确定。

圆弧方向由起点和端点的方向确定,圆弧沿着起点开始到端点确定的位置逆时针方向旋转。

在执行"起点,端点,半径"绘制圆弧时,确定起点和端点后,若输入半径为正值,圆弧的圆心角小于 $180°$;若输入半径为负值,则圆弧的圆心角大于 $180°$。

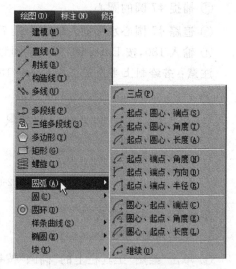

图 2-67 绘制圆弧菜单

提示:绘制直线、圆弧间相切图线,可在绘制前一对象后,执行下一命令,按 Enter 键,则可以自动找到上一命令结束的终止点,且直线、圆弧之间的连接为相切。

3) 对于步骤四:关于绘制椭圆

椭圆命令的方式:

• 菜单命令:"绘图(D)"|"椭圆(E)"。

• "绘图"工具栏:"椭圆"按钮 ⏺ 。

• 命令行输入:ellipse。

其步骤为:

① 执行命令。

② 根据命令行提示确定。

椭圆绘制有两种方式:一是先由两点确定一轴直径,再确定另一点确定另一轴半径;另一方式是先确定中心点,再确定两轴半径。

4) 对于步骤四:关于绘制椭圆弧

椭圆命令的方式:

- 菜单命令:"绘图(D)"|"椭圆(E)"|"圆弧(A)"。
- "绘图"工具栏:"椭圆弧"按钮 。

其步骤为:

① 执行命令。

② 根据命令行提示确定。

椭圆弧命令基本同椭圆绘制方式,最后需要确定起始和终止的角度来完成。

2.4.4 随堂联系

绘制如图 2-68 所示的图形。

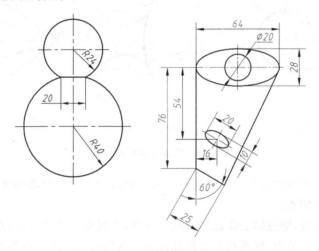

图 2-68 圆弧、椭圆练习

2.5 绘制吊钩

本节知识点:

(1) 选择恰当的绘图命令,按照正确的绘图步骤画出平面图形。

(2) 绘制与圆弧相切的直线的画法。

(3) 圆角的使用技巧。

(4) 使用修剪命令。

2.5.1 圆弧连接

在绘制零件的轮廓形状时,经常遇到从一条直线(或圆弧)光滑地过渡到另一条直线(或圆弧)的情况,这种光滑过渡的连接方式,称为圆弧连接。

圆弧连接作图的基本步骤

(1) 求作连接圆弧的圆心,它应满足到两被连接线段的距离均为连接圆弧的半径的条件。

(2) 找出连接点,即连接圆弧与被连接线段的切点。

(3) 在两连接点之间画连接圆弧。

1. 求作连接圆弧圆心

满足到两被连接线段的距离均为连接圆弧的半径 R 的条件,即连接圆弧的圆心轨迹为下列情况。

(1) 与已知直线相切:与已知直线相距为 R 的平行线,如图 2-69(a)所示。

(2) 与已知圆相外切:以已知圆的圆心为圆心,已知圆与连接圆的半径之和为半径的圆,如图 2-69(b)所示。

(3) 与已知圆相内切:以已知圆的圆心为圆心,已知圆与连接圆的半径之差为半径的圆,如图 2-69(c)所示。

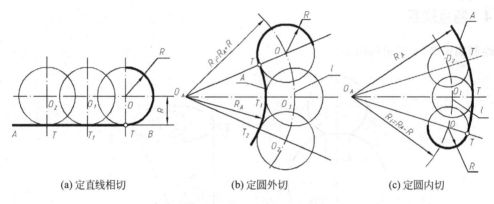

(a)定直线相切　　　　　(b)定圆外切　　　　　(c)定圆内切

图 2-69　圆弧连接圆心轨迹

说明:与两被连接线段相切的连接圆弧的圆心轨迹的交点即为连接圆弧的圆心 O。

2. 求作连接点(切点)

(1) 连接已知直线,则过圆心作已知直线的垂线,垂足即为连接点(切点)。

(2) 连接已知圆相外切,则连接点为已知圆弧与两圆心连线的交点为连接点(切点)。

(3) 连接已知圆相内切,则连接点为已知圆弧与两圆心连线延长线的交点为连接点(切点)。

3. 求作连接圆弧

以连接圆弧的圆心 O 为圆心,以连接圆弧半径 R 为半径,在两连接点(切点)之间画弧。

连接圆弧有直线之间连接、直线圆弧之间连接和圆弧之间连接,圆弧之间的连接分为外连接(连接圆弧和已知圆弧外切)、内连接(连接圆弧和已知圆弧内切)和混连接(连接圆弧和已知圆弧一个外切另一个内切),如图 2-70 所示。

提示:圆弧连接在 AutoCAD 中一般可用圆角方式绘制,但若是内连接,且连接圆弧半径大于已知圆弧半径,可以采用"相切,相切,半径"方式绘制圆,然后进行修剪。

用 AutoCAD 绘制的平面图形的连接圆弧时,应优先考虑用"修改"|"圆角"命令画图;其次再考虑选用"相切,相切,半径"命令画出完整的圆,然后再修剪成圆弧;上述两种方式都不能满足绘图需要时,再考虑用根据圆弧连接的作图原理作辅助线的方法确定连接圆弧的圆心位置。

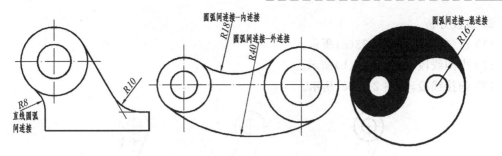

图 2-70 圆弧连接的类型

2.5.2 绘制圆弧连接实例

绘制如图 2-71 所示的吊钩图形。

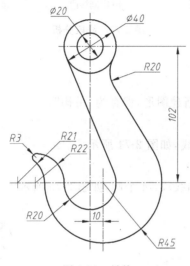

图 2-71 吊钩

1. 平面图形的尺寸分析和线段分析

1) 尺寸分析

(1) 尺寸基准,如图 2-72(a)所示。

(2) 定位尺寸,如图 2-72(b)所示。

(3) 定形尺寸,如图 2-72(c)所示。

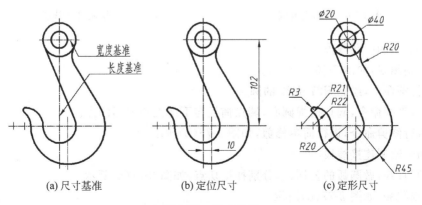

(a)尺寸基准   (b)定位尺寸   (c)定形尺寸

图 2-72 尺寸分析

2) 线段分析

(1) 已知线段,如图 2-73(a)所示。

(2) 中间线段,如图 2-73(b)所示。

(3) 连接线段,如图 2-73(c)所示。

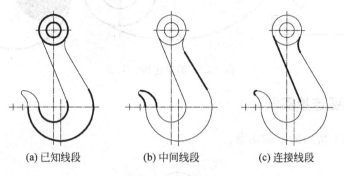

(a) 已知线段   (b) 中间线段   (c) 连接线段

图 2-73   线段分析

2. 操作步骤

步骤一:新建文件

利用建立的 A4 样板文件新建图形,保存为"吊钩"。

步骤二:绘制基准

选择中心线图层绘制基准线,如图 2-74 所示。

步骤三:绘制已知线段

选择粗实线图层,绘制已知线段:4 个圆,如图 2-75 所示。

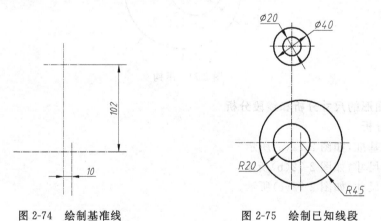

图 2-74   绘制基准线   图 2-75   绘制已知线段

步骤四:绘制中间线段

(1) 绘制图线,如图 2-76(a)所示。

① 执行圆命令,绘制 $R21$、$R22$ 的圆。

② 执行直线命令,起点捕捉圆心,端点捕捉与下面大圆相切的点。

(2) 执行修剪命令,进行简单修剪,如图 2-76(b)所示。

步骤五:绘制连接线段

1. 绘制直线,做圆弧的公切线,分别捕捉切点,如图 2-77(a)所示。

2. 绘制圆弧,如图 2-77(b)所示。

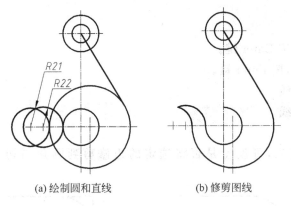

(a) 绘制圆和直线　　　　　　(b) 修剪图线

图 2-76　绘制中间线段

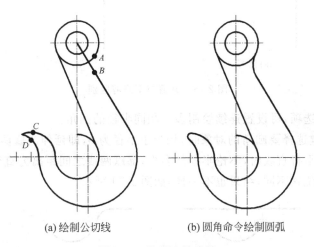

(a) 绘制公切线　　　　　　(b) 圆角命令绘制圆弧

图 2-77　绘制连接线段

　　① 单击"修改"工具栏上的"圆角"命令按钮 ▱ ，采用修剪方式，确定半径 $R20$ ，单击 A 、 B 两点位置，完成 $R20$ 连接圆弧。

　　② 同样方式确定半径 $R3$ ，单击 C 、 D 两点位置，完成 $R3$ 连接圆弧。

　　步骤六：整理图形

　　执行修剪命令，剪去多余圆弧，完成图形的绘制。

　　步骤七：保存文件

　　选择"文件"|"保存"命令。

3. 步骤点评

对于步骤五：关于圆弧

绘制图线可以采用绘制"相切、相切、半径"的方式绘制后修剪；但一般习惯用圆角的方式绘制。

　　1. 圆角命令的方式：

● 菜单命令："修改"|"圆角"。

● "修改"工具栏："圆角"按钮 ▱ 。

● 命令行输入：fillet。

2. 其步骤为：

① 执行命令。

② 输入选项：R，按 Enter 键。

③ 输入半径数值，按 Enter 键。

④ 选择第一条图线。

⑤ 选择第二条图线。

3. 说明：

① 选择"修剪"选项，可设置是否将选定的边修剪到圆角弧切点，其区别如图 2-78 所示。

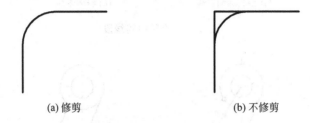

(a) 修剪　　　　　　　　　　　　　　(b) 不修剪

图 2-78　修剪与不修剪区别

② 选择"多个"选项，可设置连续绘制多个相同半径的圆角。

③ 按住 Shift 键选择要圆角的对象时，相当于半径为 0，即延伸或修剪相交成一点。

④ 选择对象为平行直线时，不论半径是多少，都以两线之间距离为直径绘制半圆。

⑤ 选择对象的位置不同，结果也不一样，如图 2-79 所示。

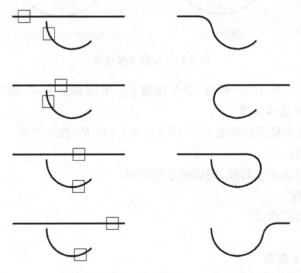

图 2-79　选择对象的位置不同的圆角

2.5.3　随堂练习

绘制如图 2-80 所示的图形。

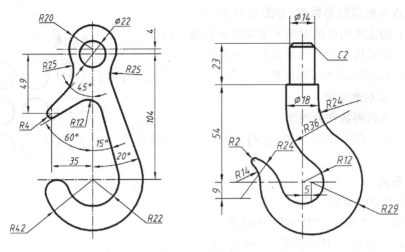

图 2-80　吊钩练习

2.6　绘制垫片、棘轮

本节知识点：

(1) 矩形命令的使用。

(2) 图层的转换。

(3) 矩形阵列的使用。

(4) 掌握环形阵列的使用。

2.6.1　阵列

利用阵列工具可以按照矩形、路径或环线的方式，以定义的距离或角度复制出源对象的多个对象副本。在绘制孔板、法兰等具有均布特征的图形时，利用阵列工具可以大量减少重复图形的绘图步骤，提供绘图效率和准确性。

1. 矩形阵列

矩形阵列命令的方式：

- 菜单命令："修改(M)"|"阵列"|"矩形阵列"。

- "修改"工具栏："阵列"按钮 ▦ 。

- 命令行输入：array→R。

执行矩形阵列步骤：

① 执行矩形阵列命令。

② 选择要排列的对象，按 Enter 键后，将显示预览阵列；同时命令行显示如下：

选择夹点以编辑阵列或[关联(AS)/基点(B)/计数(COU)/间距(S)/列数(COL)/行数(R)/层数(L)/退出(X)]<退出>:

③ 输入各选项，确定行列数和之间距离。

其部分选项含义如下。

- 选择夹点指定各个参数；指定方式可以输入数据指定，也可以移动光标单击指定。每个夹点可指定的参数值,如图 2-81 所示。

- 关联:指定阵列中的对象是关联的还是独立的。
- 基点:定义阵列基点和基点夹点的位置。
- 间距:指定行间距和列间距,并使用户在移动光标时
  可以动态观察结果。
- 列数:编辑列数和列间距。
- 行数:指定阵列中的行数、它们之间的距离以及行之
  间的增量标高。

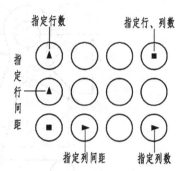

图 2-81 矩形阵列夹点编辑

2. 环形阵列

环形阵列命令的方式:

- 菜单命令:"修改"|"阵列"|"环形阵列"。
- "修改"工具栏:"环形阵列"按钮 🔡 → 🔡 。
- 命令行输入:array→Po。

执行环形阵列步骤:

① 执行环形阵列命令。

② 选择要排列的对象。

③ 指定中心点,将显示预览阵列;同时命令行显示如下:

选择夹点以编辑阵列或[关联(AS)/基点(B)/项目(I)/项目间角度(A)/填充角度(F)/行(ROW)/层(L)/旋转项目(ROT)/退出(X)] <退出>:

④ 输入 i(项目),然后输入要排列的对象的数量。

⑤ 输入 a(项目间角度),并输入要填充的角度。

提示:还可以拖动箭头夹点来调整填充角度。

其部分选项含义如下。

- 选择夹点指定各个参数;指定方式可以输入数据,也可以移动光标指定。每个夹点可
  指定的参数值,如图 2-82 所示。

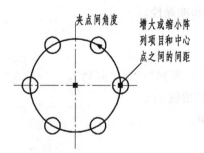

图 2-82 环形阵列夹点编辑

- 基点:相对于选定对象指定新的参照(基准)点,对对象指定阵列操作时,这些选定对
  象将与阵列圆心保持不变的距离。
- 填充角度:指定第一个和最后一个阵列对象的基点间的夹角。
- 项目间角度:根据阵列中心点和阵列对象的基点指定对象间的夹角。
- 旋转项目:是否旋转阵列中的对象,如图 2-83 所示。

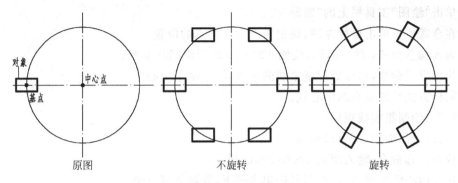

图 2-83　环形阵列图形

2.6.2　运用矩形阵列绘制图形实例

绘制如图 2-84 所示的图形。

1. 平面图形的尺寸分析和线段分析

1）图形分析

图形分离出基本几何元素,先绘制 120×80 矩形,然后向内外分别偏移 10 复制出 2 个矩形,绘制出 R15 和 φ12 的圆,最后进行矩形阵列后修剪。

2）尺寸分析

(1) 尺寸基准,如图 2-85(a)所示。

(2) 定位尺寸,如图 2-85(b)所示。

(3) 定形尺寸,如图 2-85(c)所示。

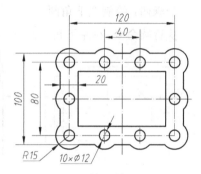

图 2-84　垫片

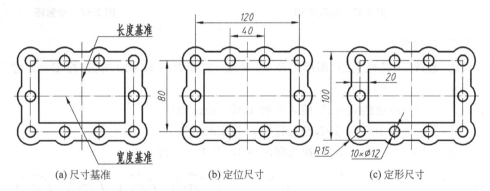

(a) 尺寸基准　　　　(b) 定位尺寸　　　　(c) 定形尺寸

图 2-85　尺寸分析

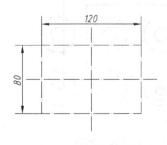

图 2-86　绘制基准线

3）线段分析

图形中的尺寸均可根据给定的尺寸直接作出,为已知线段。

2. 操作步骤

步骤一：新建文件

利用建立的 A4 样板文件新建图形,保存为"垫片"。

步骤二：绘制基准,如图 2-86 所示。

① 选择中心线图层。

② 单击"绘图"工具栏上的"矩形"按钮 ⬜。

③ 在合适位置单击鼠标左键,确定矩形左下角点的位置。

④ 输入偏移距离:@120,80,绘制 120×80 矩形绘制基准线。

⑤ 执行直线命令,追踪矩形垂直线的中点,绘制水平中心线。

⑥ 同样方式绘制垂直的中心线。

步骤三:绘制粗实线矩形

1. 偏移矩形,如图 2-87(a)所示。

① 执行偏移命令,输入距离 10,按 Enter 键。

② 选择中心线矩形后,在矩形外侧单击一下,外侧复制一个。

③ 再次选择中心线矩形后,在矩形内侧单击一下,内侧复制一个。

2. 转换图层,如图 2-87(b)所示。

① 选择偏移生成的两个中心线矩形。

② 单击图层 ⬛05中心线 ,在其列表中选择粗实线图层,转换为粗实线图层。

步骤四:绘制左下角圆

执行圆命令,在左下角绘制 $R15$ 和 $\phi12$ 的圆,如图 2-88 所示。

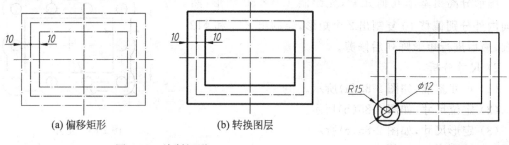

(a) 偏移矩形   (b) 转换图层

图 2-87 绘制矩形   图 2-88   绘制圆

步骤五:阵列圆

① 单击"修改"工具栏上的"矩形阵列"按钮 ⬛,选择 $R15$ 和 $\phi12$ 的圆,按 Enter 键后,如图 2-89 所示。

② 单击图 2-90 所示的夹点 A,输入列数 4,按 Enter 键。

③ 单击图 2-90 所示的夹点 B,输入行数 3,按 Enter 键。

④ 单击图 2-90 所示的夹点 C,输入列间距 40,按 Enter 键。

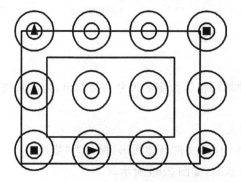

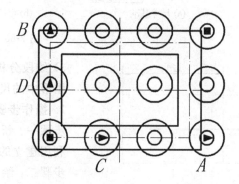

图 2-89   矩形阵列选择对象   图 2-90   矩形阵列输入参数

⑤ 单击图 2-90 所示的夹点 D，输入行间距 40，按 Enter 键。

⑥ 按 Enter 键完成阵列，如图 2-91 所示。

步骤六：整理图形。

① 执行分解命令，将阵列图分解。

② 执行删除命令，删除中间圆，如图 2-92 所示。

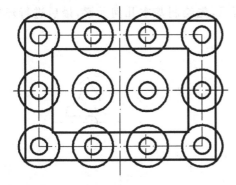

图 2-91　矩形阵列结果

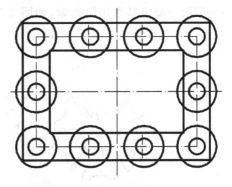

图 2-92　删除图形

③ 执行修剪命令，修剪多余的图线，如图 2-93 所示。

步骤七：保存文件

选择"文件"|"保存"命令。

3. 步骤点评

对于步骤二：矩形命令

(1) 圆角命令的方式：

* 菜单命令："绘图"|"矩形"。

* "绘图"工具栏："矩形"按钮 □。

* 命令行输入：rectang 或 rec。

(2) 其步骤为：

① 执行命令。

② 指定矩形一个角点。

③ 指定矩形对角点（可以采用相对坐标确定）。

(3) 说明：

矩形命令有许多选项，可以根据需要绘制带圆角和倒角的矩形，如图 2-94 所示。

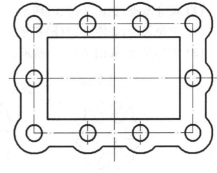

图 2-93　修剪图形

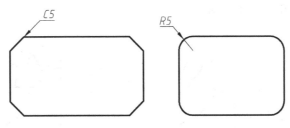

图 2-94　绘制特殊矩形

2.6.3　运用环形阵列绘制图形实例

绘制如图 2-95 所示的图形。

1. 平面图形的尺寸分析和线段分析

1）图形分析

棘轮图形分离出基本几何元素，如图 2-96 所示，先绘制基本几何元素，最后进行环形阵列，共有 6 个基本几何元素。

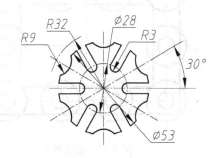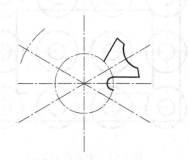

图 2-95　棘轮　　　　　　　　　　图 2-96　棘轮图形分析

2）尺寸分析

（1）尺寸基准，如图 2-97（a）所示。

（2）定位尺寸，如图 2-97（b）所示。

（3）定形尺寸，如图 2-97（c）所示。

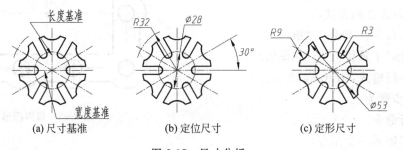

（a）尺寸基准　　　　　　（b）定位尺寸　　　　　　（c）定形尺寸

图 2-97　尺寸分析

3）线段分析

（1）已知线段，如图 2-98（a）所示。

（2）连接线段，如图 2-98（b）所示。

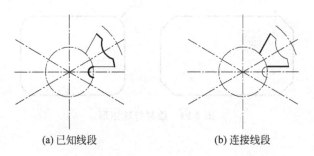

（a）已知线段　　　　　　　　　　（b）连接线段

图 2-98　线段分析

2. 操作步骤

步骤一：新建文件

利用建立的 A4 样板文件新建图形，保存为"棘轮"。

步骤二：绘制基准

选择中心线图层绘制基准线，如图 2-99 所示。

步骤三：绘制已知线段，如图 2-100 所示。

(1) 选择粗实线图层，绘制 φ53 圆。

(2) 绘制 R9 圆弧。

① 采用"圆心，起点，角度"方式绘制 R9 圆弧，捕捉圆心。

② 追踪圆心点正上方 9mm 点为起点。

③ 输入 180 按 Enter 键。

(3) 同样采用"圆心，起点，角度"方式绘制 R3 圆弧。

步骤四：绘制连接线段，如图 2-101 所示。

① 过 R3 圆弧上端点，做水平直线，到极轴与 φ53 圆交点结束。

② 将此线以 30°角中心线进行镜像。

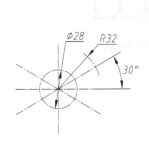 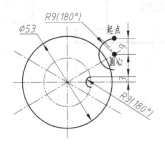 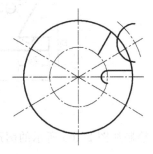

图 2-99　绘制基准线　　　　图 2-100　绘制已知线段　　　　图 2-101　绘制连接线段

步骤五：整理图形

执行修剪命令，剪切多余图线，如图 2-102 所示。

步骤六：环形阵列图形。

① 单击"修改"工具栏上的"环形阵列" ▦→✜ 按钮，选择绘制粗实线对象，按 Enter 键。

② 捕捉中心线交点为环形阵列中心点后，显示如图 2-103 所示。

提示：环形阵列默认为阵列"项目总数"为 6 个，填充角度"为 360°。

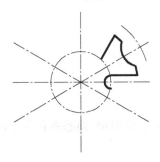 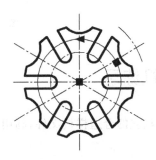

图 2-102　棘轮基本图形　　　　　　图 2-103　环形阵列图形

③ 按 Enter 键完成阵列。

步骤七：保存文件

选择"文件"|"保存"命令。

3. 步骤点评

对于步骤三：绘制圆弧。

可以采用绘制圆，然后修剪的方式完成；但是对于 R3 圆弧上的水平线，需要捕捉象限点来绘制，且在修剪的过程中，要保证 R3 圆弧为 180°。

2.7.4 随堂练习

绘制如图 2-104 所示的图形。

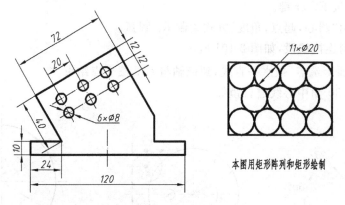

图 2-104   矩形阵列练习

绘制如图 2-105 所示的图形。

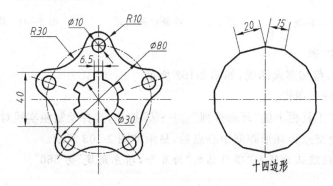

图 2-105   环形阵列练习

2.7   上机练习

1. 选择建立的合适样板文件，利用学过的命令绘制下列图形，熟悉各种命令的使用。

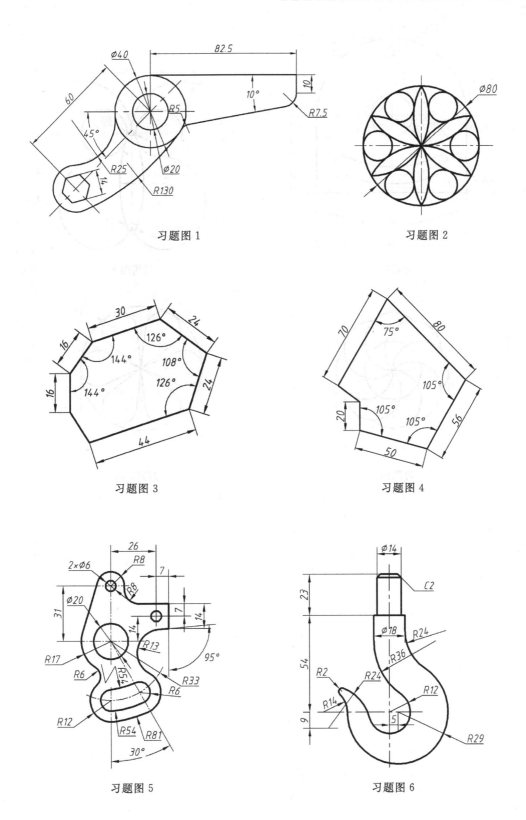

习题图 1

习题图 2

习题图 3

习题图 4

习题图 5

习题图 6

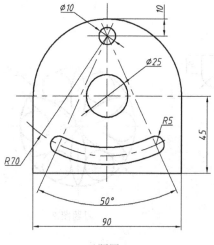

习题图 7

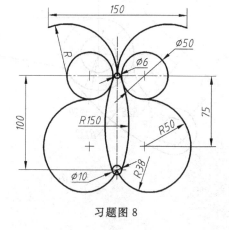

习题图 8

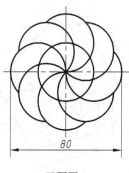

习题图 9

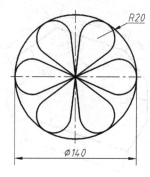

习题图 10

第3章

AutoCAD 绘 制 形 体 视 图

AutoCAD 绘制形体视图包括绘制基本体视图、截交线、相贯线、叠加式组合体三视图、切割式组合体三视图等。

3.1 基本立体视图

本节知识点：
(1) 三视图的形成。
(2) 三视图投影规律。
(3) 三视图绘制方法。

3.1.1 形体投影

将被投影的形体置于三投影体系中，用正投影法将物体分别向投影面进行投射，即得到物体的三面投影，如图 3-1 所示。

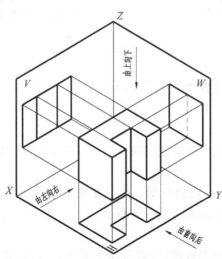

图 3-1　三面投影图形成

按国家标准规定展开投影面,得到在同一平面上的三面投影,称为三视图。其视图间距可根据需要确定,也不必画出投影轴。

每一视图均反映两个方向尺寸,如图 3-2 所示,故其投影规律为:

正面投影图和水平投影图——长对正;

正面投影图与侧面投影图——高对齐;

水平投影图与侧面投影图——宽相等。

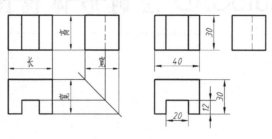

图 3-2 三视图

3.1.2 绘制基本立体视图实例

如图 3-3 所示的立体三视图。

1. 绘图分析

其三视图及其尺寸如图 3-4 所示。

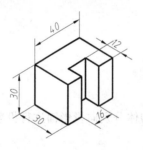

图 3-3 简单立体

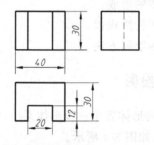

图 3-4 三视图投影规律和尺寸

2. 操作步骤

步骤一:新建文件

利用建立的 A3 样板文件新建图形,保存为"简单立体"。

步骤二:绘制图形

1) 绘制基准

选择合适的图层(45°斜线用辅助线图层),执行直线命令,绘制基准线,如图 3-5 所示。

2) 绘制俯视图

俯视图具有形状特征,先绘制俯视图。执行直线命令,采用极轴追踪的方式,输入距离完成绘制,如图 3-6 所示。

3) 绘制主视图

执行直线命令,绘制主视图线段,注意采用对象追踪方式,做到"长对正",如图 3-7 所示。

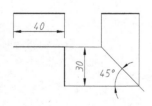

图 3-5 绘制基准线

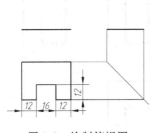

图 3-6　绘制俯视图

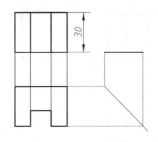

图 3-7　绘制主视图

4）绘制左视图

① 执行直线命令，绘制左视图外框，注意采用对象追踪方式，做到"高平齐"，如图 3-8(a)所示。

② 选择辅助线图层，绘制辅助线，做到"宽相等"，换成虚线图层，绘制虚线，如图 3-8(b)所示。

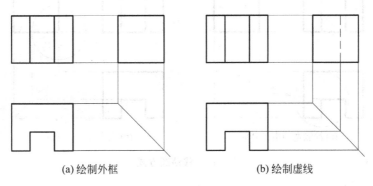

(a)绘制外框　　　　　　　　　　　　(b)绘制虚线

图 3-8　绘制左视图

步骤三：整理视图

隐藏辅助线层。

步骤四：保存文件

选择"文件"|"保存"命令。

3. 步骤点评

对于宽相等的绘制方式

(1) 采用 45°斜线和辅助线形式，前面作图步骤均是如此方式。

(2) 采用 45°斜线和临时追踪点的方式；如确定图 3-8(b)左视图的虚线下边图线上起点。

① 选择"虚线"图层。

② 执行直线命令。

③ 按住 Ctrl 键，右击，在弹出快捷菜单中选择"临时追踪点"命令 ⊶ 临时追踪点(K) 。

④ 自动捕捉端点 A，悬停一下；水平向右移动光标到 45°斜线交点 B 单击，如图 3-7(a)所示。

⑤ 垂直向上移动光标到左视图底边横线交点单击，确定虚线起始点。

(3) 利用圆半径相等绘制辅助圆，用夹点移动的方式；同样确定图 3-8(b)左视图的虚线的下边图线上起点。

① 选择"辅助线"图层。

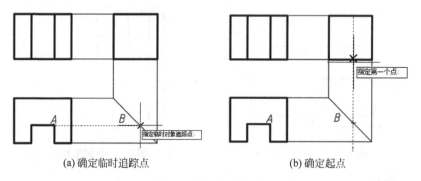

(a) 确定临时追踪点　　　　　　　　　(b) 确定起点

图 3-9　临时追踪方式

② 执行圆命令,绘制圆,如图 3-10(a)所示。

③ 利用夹点移动,移至左视图,确定虚线起点,如图 3-10(b)所示。

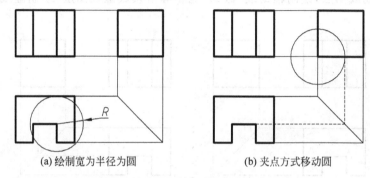

(a) 绘制宽为半径为圆　　　　　　　　(b) 夹点方式移动圆

图 3-10　移动圆方式

3.1.3　随堂练习

求作形体的三视图,如图 3-11 所示。

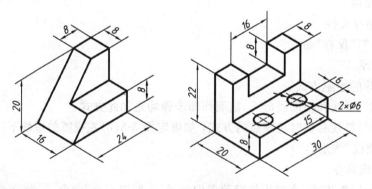

图 3-11　三视图练习

3.2　平面与立体相交

本节知识点:

(1) 平面立体截交线的分析。

(2) 平面立体表面求点的方法。

(3) 立体三视图绘制。

3.2.1 平面立体的截交线

截交线的形状取决于立体形状和截平面与立体的相对位置,平面立体的截交线,一般为直线组成的封闭多边形,其边数取决于立体上与平面相交的棱线数目。

求截交线,其实际就是求截平面与立体表面的共有点,一般可利用积聚性作出其共有点,按顺序连接各点即可。若多个平面截切,要注意截平面之间是否有交线,并要判断其可见性。

3.2.2 绘制平面与立体相交实例

作出六棱柱被截切后的左视图,并补画俯视图图线,如图 3-12 所示。

1. 绘图分析

(1) 六棱柱的上部被一个正垂面截切,其与棱柱共生成 7 个交点,组成一个 7 边形,求出各个交点,如图 3-13 所示。

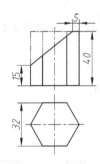

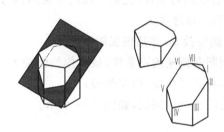

图 3-12 六棱柱截切视图   图 3-13 六棱柱截切分析

(2) 连接起来即可得到截交线的投影;要作出各棱线的投影。

2. 操作步骤

步骤一:新建文件

利用建立的 A3 样板文件新建图形,保存为"六棱柱截切"。

步骤二:绘制图形

绘制已知图形及 45°斜线。

① 绘制基准线,再绘制俯视图;

② 依据"长对正"绘制主视图;

③ 绘制 45°斜线,绘制左视图基准线,如图 3-14 所示。

步骤三:绘制截交线

1) 确定截交线形状,并补画俯视图缺线

根据截切位置,确定截交线为七边形,有 7 个交点,确定各点在主俯视图的位置,并补画俯视图交线,如图 3-15 所示。

2) 确定各点在左视图位置

执行直线命令,利用追踪的方式,确定 7 个点左视图中

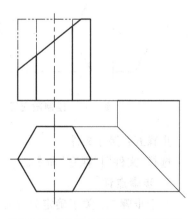

图 3-14 绘制已知图形及 45°斜线

投影位置,绘制主视图线段,注意采用对象追踪方式,做到"高平齐,宽相等",如图 3-16 所示。

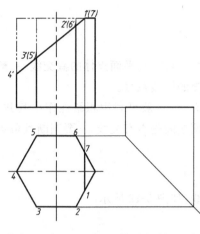

图 3-15 确定交点的投影

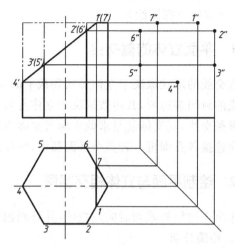

图 3-16 确定截交线交点的位置

3) 绘制截交线

判断各线的可见性(此截交线均可见),执行直线命令,绘制截交线,如图 3-17 所示。

步骤四:整理视图

补画侧棱投影,并整理视图。

① 判断各侧棱的可见性,最右侧的侧棱不可见,用虚线绘制;

② 执行直线命令,绘制侧棱;

③ 关闭辅助线图层,如图 3-18 所示。

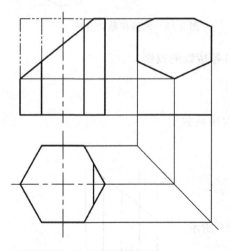

图 3-17 绘制截交线

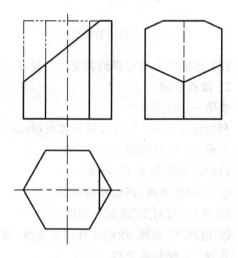

图 3-18 绘制侧棱整理图形

步骤五:保存文件

选择"文件"|"保存"命令。

3. 步骤点评

对于步骤二:关于确定分界点

在绘制平面立体的侧棱时,要确定各侧棱的可见性,特别是对于两条侧棱投影重合时,怎样确定虚线的分界点。

　　而左视图前后两侧的棱线的绘制,与上面的截交线重合,可以利用夹点的方式来拉伸图线。单击图 3-16 的右视图 5″6″两点投影连线,再次单击 5″处夹点,夹点变成红色后向下移动光标,捕捉下底面投影直线的最前点,如图 3-19 所示,单击即可完成直线的拉伸。

　　单击某个夹点后,此夹点以红色小方框显示,该夹点被激活,此夹点又称为热点。激活夹点后,可以将激活的夹点(热点)作为基点,对图形对象执行拉伸、平移、复制、缩放和镜像等基本修改操作。

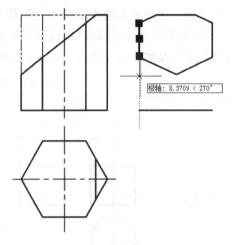

　　直线两端夹点被激活后,可以沿着直线方向向外或向内拖动光标,输入数值,以延长或缩短一定长度;而圆象限点激活后,可以输入数值,重新确定圆的半径。

　　选择对象和热点后,可以按住 Ctrl 键,单击热点移动光标复制对象,基点不同,复制后的对象也不一样,只要复制一个后,可以松开 Ctrl 键连续复制;按住 Shift 键,单击基点,只能水平和垂直移动或者修改对象。

图 3-19　夹点拉伸方法

3.2.3　随堂练习

　　完成如图 3-20 所示平面立体被平面截切后的俯视图,并补画左视图。

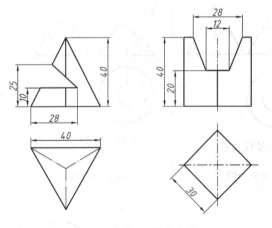

图 3-20　平面立体截交线

3.3　平面与回转体相交(一)

　　本节知识点:
　　(1)曲面立体截交线的分析。
　　(2)曲面立体表面求点的方法。
　　(3)立体三视图绘制。

3.3.1 曲面立体的截交线

截交线的形状取决于立体形状和截平面与立体的相对位置,曲面立体的截交线,一般为平面曲线或平面曲线与直线组成的封闭图形。

曲面立体的截交线为多边形、圆、椭圆的情况下,可以利用积聚性,求出端点或特殊位置点,投影为直线就用直线连接,投影为圆就执行圆命令,投影为椭圆,需要求出长短轴的点,执行椭圆命令绘制。截交线为多边形、圆、椭圆的情况见表 3-1。

表 3-1   截交线为多边形、圆、椭圆

	圆	椭圆	矩形
圆柱截交线	与轴线垂直	与轴线倾斜	与轴线平行
	圆	椭圆	等腰三角形
圆锥截交线	与轴线垂直	与轴线倾斜 $\alpha < \gamma$	过锥顶
	投影为圆	投影为椭圆	
圆球截交线	平行面	垂直面	

3.3.2　绘制平面与回转体相交实例（一）

补画圆柱被截切后的视图，如图 3-21 所示。

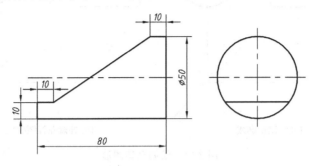

图 3-21　圆柱截切视图

1. 绘图分析

（1）圆柱的被水平面和正垂面截切，其水平面截切后截交线为矩形，而正垂面的截交线为椭圆弧，如图 3-22 所示。

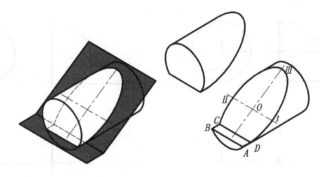

图 3-22　圆柱截切分析

（2）绘制矩形，首先找到其顶点 A、B、C、D；

（3）绘制椭圆弧，先找长短轴的象限点Ⅰ、Ⅱ、Ⅲ和椭圆弧的起始点 C 与终点 D；

（4）俯视图圆柱轮廓线的投影在Ⅰ、Ⅱ点的左侧被截切。

2. 操作步骤

步骤一：新建文件

利用建立的 A3 样板文件新建图形，保存为"圆柱截切"。

步骤二：绘制基准线及 45°斜线

选择合适图层，设计图线合适长度，绘制基准线，如图 3-23 所示。

步骤三：绘制已知图形

① 绘制左视图圆，再依据"高平齐"和已知尺寸绘制主视图轮廓，如图 3-24（a）所示；

② 补画左视图缺线，如图 3-24（b）所示。

步骤四：绘制俯视图轮廓线

① 选择主视图圆柱的轮廓线和底面投影 4 条线段，单

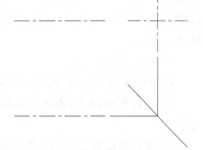

图 3-23　绘制基准线及 45°斜线

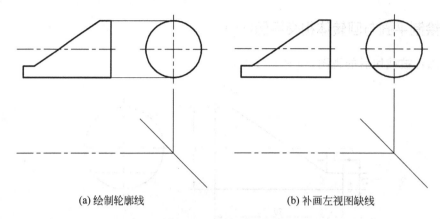

(a) 绘制轮廓线　　　　　　　(b) 补画左视图缺线

图 3-24　绘制已知图形

击"修改"工具栏上的"复制"按钮，选择 D 点为基点，垂直向下移动光标，在俯视图中心线出现交点标记✕，单击完成复制，如图 3-25(a)所示。

② 执行"圆角"命令，按住 Shift 键，分别单击左视图的左侧线段 A 和后面线段 B，如图 3-25(b)所示，则自动封闭图形。

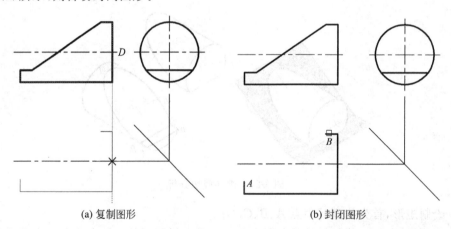

(a) 复制图形　　　　　　　(b) 封闭图形

图 3-25　俯视图轮廓线

步骤五：找出俯视图的特殊位置点

在辅助线图层，执行直线命令，利用积聚性，找到俯视图特殊位置点的投影，分别为截交线矩形空间点 A、B、C、D 四点以及椭圆Ⅰ、Ⅱ、Ⅲ点的投影。注意采用对象追踪方式，做到"长对正，宽相等"，如图 3-26 所示。

步骤六：绘制截交线

判断各线的可见性(此截交线均可见)；

① 执行直线命令，依次连接俯视图中 a、d、c、b 各点；

② 执行椭圆弧命令，注意要逆时针方向，绘制截交线，如图 3-27 所示。

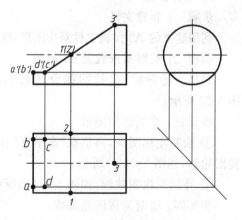

图 3-26　确定特殊位置点

步骤七：整理视图

执行修剪命令，剪除多余图线；关闭辅助线图层或删除辅助线，如图 3-28 所示。

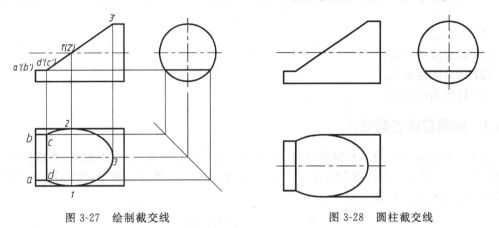

图 3-27　绘制截交线　　　　　　　　图 3-28　圆柱截交线

步骤八：保存文件

选择"文件"|"保存"命令。

3．步骤点评

1）对于步骤四：关于复制（copy）命令

复制命令的方式：

- 菜单命令："修改"|"复制"。
- "修改"工具栏："复制"按钮 🔲 。
- 命令行输入：copy。

其步骤为：

① 执行命令，选择要复制的对象，按 Enter 键。

② 指定要复制对象的基点。

③ 移动鼠标单击要放置复制对象的位置，可以多次复制，直至按 Enter 键完成。

2）对于步骤四：关于利用圆角封闭图形

执行圆角命令时，在选择两对象圆角过程中，按住 Shift 键，则执行圆角半径 R 为 0 的圆角，与此时默认的圆角半径无关。

3.3.3　随堂练习

完成如图 3-29 所示的曲面立体被平面截切后的视图。

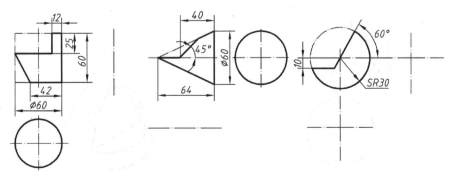

图 3-29　曲面立体截交线

3.4　平面与回转体相交(二)

本节知识点:
(1) 截交线的分析。
(2) 辅助圆法求点。
(3) 样条曲线绘制。

3.4.1　曲面立体的截交线

　　曲面立体的截交线为为其他曲线的情况下,可以利用辅助圆法,求出端点、特殊位置点和一般位置点,投影为直线就用直线连接,投影为曲线就执行样条曲线命令,连接各点。圆锥截交线为平面曲线情况见表 3-2。

表 3-2　圆锥截交线为曲线

圆锥截交线	抛物线	双曲线
	与轴线倾斜 $\alpha = \gamma$ 平行素线	与轴线倾斜 $\alpha > \gamma$ 平行轴线

3.4.2　绘制平面与回转体相交实例(二)

　　完成圆锥体被截切后的三面投影,如图 3-30 所示。

1. 绘图分析

　　(1) 圆锥体被水平面和侧平面截切,其水平面截切后截交线为圆弧,而侧平面的截交线为双曲线,如图 3-31 所示。

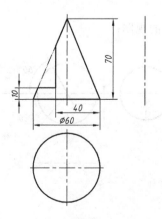

图 3-30　圆锥截切视图

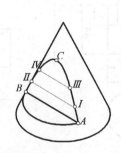

图 3-31　圆锥截切分析

（2）绘制圆弧,找到其半径,而双曲线则需要找出其特殊点 A、B、C 和一般位置点Ⅰ、Ⅱ、Ⅲ、Ⅳ(注意要对称),然后连接。

2. 操作步骤

步骤一：新建文件

利用建立的 A4 样板文件新建图形,保存为"圆锥截切"。

步骤二：绘制基准线及 45°斜线

设计图线合适长度,绘制基准线,如图 3-32 所示。

步骤三：绘制已知图形

① 绘制俯视图圆;

② 依据"长对正"和已知尺寸绘制主视图轮廓,如图 3-33 所示。

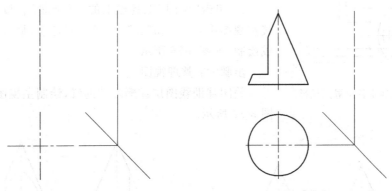

图 3-32　绘制基准线及 45°斜线　　　　　　　图 3-33　绘制已知图形

步骤四：绘制左视图轮廓线

① 选择主视图圆锥的轮廓线和底面投影 4 条线段,复制到左视图位置,如图 3-34(a)所示。

② 单击"修改"工具栏上的"合并"按钮 ,分别单击左视图的线段 A 和线段 B,如图 3-34(b)所示,则自动连接为一条直线。

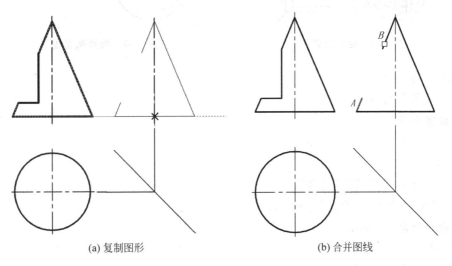

(a) 复制图形　　　　　　　　　　　　(b) 合并图线

图 3-34　左视图轮廓线

步骤五：绘制截交线

1）找出各位置点投影

在辅助线图层，利用辅助圆法，确定各个位置点的投影，注意先求出特殊位置点 A、B、C 投影，再求一般位置点 Ⅰ、Ⅱ、Ⅲ、Ⅳ，做到"长对正，高平齐，宽相等"，如图 3-35 所示。

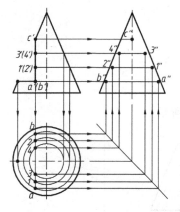

图 3-35　确定各位置点投影

2）绘制截交线

判断各线的可见性（此截交线均可见）；

① 执行圆弧命令，绘制水平面截交线圆弧在俯视图投影；

② 执行直线命令，绘制侧平面截交线在俯视图投影直线 ab 和水平面截交线在左视图中投影直线 a"b"；

③ 单击"绘图"工具栏上的"样条曲线"按钮 ~，依次连接左视图中 a"、1"、3"、c"、4"、2"、b"各点，最后按 Enter 键完成绘制，如图 3-36 所示。

步骤六：整理视图

关闭辅助线图层或删除辅助线，绘制主视图双点画线，如图 3-37 所示。

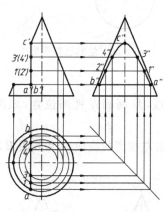

图 3-36　绘制截交线

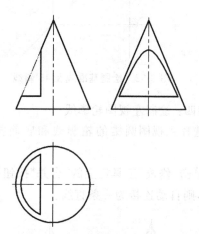

图 3-37　圆锥截交线

步骤七：保存文件

选择"文件"|"保存"命令。

3. 步骤点评

1）对于步骤二：关于合并命令

合并命令的方式：

- 菜单命令："修改"|"合并"。

- "修改"工具栏："合并"按钮 ++ 。

- 命令行输入：join。

其步骤为：

① 执行命令，选择源对象。

② 选择要合并的对象，按 Enter 键。

　　合并命令是将几个对象合并,以形成一个完整的对象,选择源对象可以是一条直线、多段线、圆弧、椭圆弧或样条曲线等。

　　源对象为圆弧,则选择对象为一个或多个圆弧,可输入 L 选项可将源圆弧转换成圆;若各个对象特性不同,最后均变为源对象特性如图 3-38 所示。

　　2)对于步骤二:关于样条曲线命令

样条曲线命令的方式:

- 菜单命令:"绘图"|"样条曲线"|"拟合点"。
- "绘图"工具栏:"样条曲线"按钮 。
- 命令行输入:spline。

其步骤为:

① 执行命令。

② 依次选择要拟合的点,按 Enter 键。

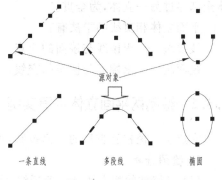

图 3-38　合并对象

　　样条曲线是经过或接近一系列给定点的光滑曲线,可以控制曲线与点的拟合程度,通过指定点来创建样条曲线,也可以封闭样条曲线,使起点和端点重合。在绘制样条曲线时,可以改变样条曲线拟合公差来查看效果。

　　提示:若样条曲线的位置和形状不符合要求,可用夹点编辑的方式,移动夹点的位置来调整曲线的形状。

3.4.3　随堂练习

　　完成如图 3-39 所示曲面立体被平面截切后的视图。

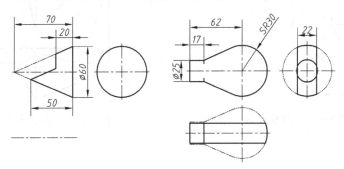

图 3-39　曲面立体截交线

3.5　两平面立体相贯

　　本节知识点:

(1)相贯线的分析。

(2)形体表面求点。

3.5.1　平面立体相贯

　　两平面立体相贯,可以看作是两平面立体相应棱面相交,包括实实相贯、实虚相贯和虚虚相贯,求其相贯线的方法,实质上是求两个相应棱面的交线,或者是一立体棱线与另一立体的贯穿点。

两平面立体相贯线,一般情况的一条或几条封闭的空间折线,特殊情况是平面多边形;若是一条空间折线,则说明是两立体没有完全相交,为互贯;若是两条空间折线,则说明是一立体全部穿过另一立体,为全贯。

平面立体相贯线的求法有:

棱线法——求棱线与棱面的交点。

棱面法——求棱面与棱面的交线。

3.5.2 绘制两平面立体相贯实例

完成正三棱柱互贯后的三面投影,如图 3-40 所示。

1. 绘图分析

(1) 三棱柱的相贯线是一条折线,为互贯;

(2) 折线的各个顶点是一个平面立体与另一个平面立体表面的交点,折线的各个线段是两平面立体表面的交线;

(3) 一般用棱线法求交点,棱面法求交线。此图的折线和交点如图 3-41 所示,用直线命令连接各交点,注意判断可见性。

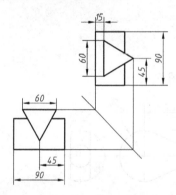

图 3-40 三棱柱互贯

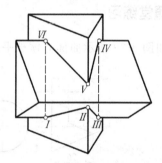

图 3-41 平面立体互贯分析

2. 操作步骤

步骤一:新建文件

利用建立的 A3 样板文件新建图形,保存为"三棱柱相贯"。

步骤二:绘制竖放三棱柱的三视图及 45°斜线。

1) 绘制俯视图

执行多边形命令,用"边"方式先绘制边长 60 的三角形;

2) 绘制主视图

① 执行矩形命令,绘制主视图矩形。(利用对象追踪确定一点,另一点输入@60,90)

② 执行直线命令,绘制主视图中间竖线。

3) 绘制 45°斜线及左视图

① 执行直线命令,绘制 45°斜线。

② 执行矩形命令,绘制左视图矩形。

如图 3-42 所示。

步骤三：绘制横放三棱柱的三视图。

1）绘制左视图

执行多边形命令，用"边"方式采用捕捉自的方法绘制边长 60 的三角形；

2）绘制主视图

① 执行矩形命令，绘制主视图矩形。（利用对象追踪确定 B 点，另一点输入@ $-90,60$）

② 执行直线命令，绘制主视图中间横线。

3）绘制俯视图

执行矩形命令，绘制左视图矩形（可绘制辅助线）。

如图 3-43 所示。

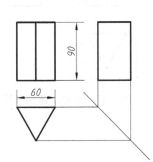

图 3-42　绘制 45°斜线及竖放三棱柱

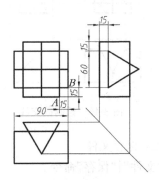

图 3-43　绘制横放三棱柱

步骤四：修剪俯左视图。

如图 3-44 所示。

步骤五：绘制截交线

1）求折线六个交点

在辅助线图层，确定折线交点的投影，做到"长对正，高平齐"，如图 3-45 所示。

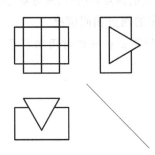

图 3-44　整理俯左视图

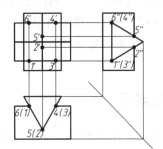

图 3-45　确定折线交点投影

2）绘制截交线

① 判断各线的可见性；

② 选择粗实线图层，执行直线命令；

③ 依次连接主视图中 $1'$、$2'$、$3'$、$4'$、$5'$、$6'$各点；

④ 输入 C 按 Enter 键完成绘制；

⑤ 选择虚线图层，执行直线命令；

⑥ 分别连接 $3'4'$、$6'1'$ 图线。

如图 3-46 所示。

步骤六：整理视图

① 关闭辅助线图层；

② 将主视图左右两侧棱线不可见部分 AB、CD 修剪；

③ 绘制虚线连接 AB、CD；

如图 3-47 所示。

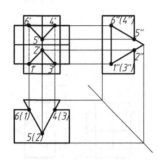

图 3-46　绘制截交线

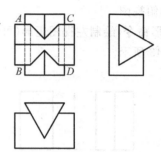

图 3-47　平面立体相贯线

步骤七：保存文件

选择"文件"|"保存"命令。

3. 步骤点评

对于步骤六：AB、CD 部分图线，可以单击"修改"工具栏上的"打断于点"按钮 ▣ ，再选择 AB 所属直线，按 Enter 键后，捕捉 A 点，则将此线段以 A 点为分界点，变成两段直线；同样方式执行"打断于点"命令 4 次，将 AB、CD 变成单独线段，再转换图层即可。

"打断于点"命令属于"打断"命令一种特殊情况。

选择"修改"工具栏上的"打断"按钮 ▣ ，执行打断命令，将一个对象打断为两个对象，对象之间可以具有间隙，将对象上指定两点之间的部分删除；当指定的两点相同时，两对象之间没有间隙。

"打断于点" ▣ 命令，就相当于执行打断命令时，指定的两点相同情况。

提示：完整的圆不能执行打断于点命令，没有 360°的圆弧；同样封闭的样条曲线也不能打断于点。

3.5.3　随堂练习

完成如图 3-48 所示平面立体被相贯后的三视图。

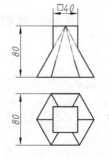
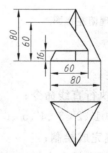

图 3-48　平面立体相贯线

3.6　平面立体和曲面立体相贯

本节知识点：

(1) 相贯线形状的分析。

(2) 缩放命令的使用。

(3) 延伸命令的使用。

3.6.1　平面与曲面立体相贯

平面立体与曲面立体相交,其相贯线一般是封闭的空间折线,其中有若干个边平面曲线或直线。每一部分平面曲线,可以看作是曲面立体表面被某一表面所截的交线。两部分曲线交点,称为结合点,是平面立体的棱线对曲面立体表面的贯穿点。因此,求平面立体和曲面立体的相贯线,可归结为求截交线和贯穿点的问题。

3.6.2　绘制平面立体和曲面立体相贯实例

完成正三棱柱与圆球相贯后的三面投影,如图 3-49 所示。

1. 绘图分析

(1) 三棱柱与圆球相贯,其相贯线为 3 段圆弧线,由于三棱柱 3 个侧面与投影面的位置不同,投影可能是圆弧、椭圆弧、直线,形成 3 段圆弧 AB、BC、AC,如图 3-50 所示;

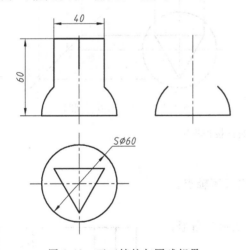

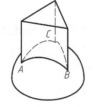

图 3-49　正三棱柱与圆球相贯　　　　　图 3-50　三棱柱与圆球相贯分析

(2) AB、BC 所在侧面为铅垂面,在主视图和左视图投影为椭圆弧,在俯视图投影为直线;

(3) AC 所在的侧面为正平面,在主视图投影为圆弧,其他视图投影为直线段;

(4) 在绘制投影为椭圆弧时,要找出长短轴上的点以及椭圆弧起迄点;判断轮廓线的投影。

2. 操作步骤

步骤一：新建文件

利用建立的 A4 样板文件新建图形,保存为"三棱柱与圆球相贯"。

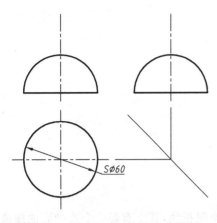

图 3-51 绘制 45°斜线及半球视图

根据"长对正，高平齐，宽相等"，利用对象追踪和 45°斜线；
如图 3-52(b)所示。

步骤二：绘制 45°斜线及立体视图

(1) 绘制中心线和 45°斜线；

(2) 绘制半圆球的三视图；

如图 3-51 所示。

(3) 绘制俯视图正三角形；

① 执行多边形命令，将中心点选为圆心，绘制一个任意大小三角形，如图 3-52(a)所示；

② 单击"修改"工具栏"缩放"按钮 □，选择三角形后按 Enter 键，捕捉圆心为基点，输入 R 后按 Enter 键，分别捕捉三角形的 a、c 点，输入数值 40 后，按 Enter 键，完成三角形绘制；

(4) 绘制三棱柱主左视图；

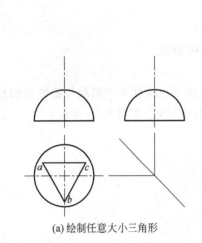

(a) 绘制任意大小三角形

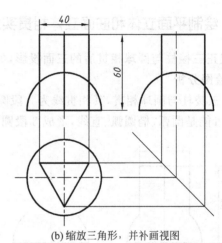

(b) 缩放三角形，并补画视图

图 3-52 绘制三棱柱视图

步骤三：绘制左侧面相贯线

相贯线在主左视图的投影为椭圆，需要找出长短轴点。

(1) 分解三角形

单击"修改"工具栏"分解"按钮 □，选中俯视图三角形，按 Enter 键，将三角形分解为 3 段线段；

(2) 找出长短轴点

① 单击"修改"工具栏"延伸"按钮 ⫫，选中俯视图圆，按 Enter 键；

② 依次单击 ab 点段两端，则直线延伸到圆上于 1、2 点，为一个轴的两端点俯视图投影；

③ 同时找出 12 线段中点 3 点，为另一轴的端点；

如图 3-53 所示。

④ 利用表面求点的方法，求出 A、B、Ⅰ、Ⅱ、Ⅲ点的三

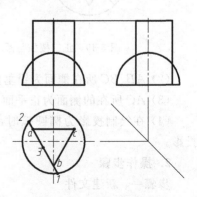

图 3-53 椭圆弧的长短轴点

面投影,如图 3-54 所示。

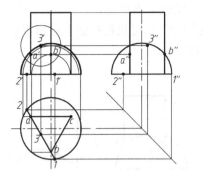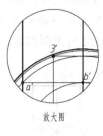

图 3-54   椭圆弧各点投影

3) 绘制椭圆弧

① 执行椭圆弧命令;

② 顺序捕捉 1′、2′、3′点,确定长短轴半径;

③ 顺序捕捉 b′、a′,确定椭圆弧起始和终止点;

④ 同样方式绘制左视图椭圆弧 b″a″。

如图 3-55 所示。

步骤四:绘制右侧面相贯线

由图形知:左右侧面相贯线主视图投影完全对称,可采用镜像方式完成;左视图投影重合,不用绘制。

① 单击"修改"工具栏"镜像"按钮 ；

② 选择椭圆弧 b′3′a′,按 Enter 键;

图 3-55   绘制椭圆弧

③ 捕捉三棱柱主视图中间直线端点,按 Enter 键完成。

如图 3-56 所示。

步骤五:绘制后侧面相贯线

此圆弧在主视图投影为圆弧,且不可见。

① 选择虚线图层,执行"圆心,起点,端点"圆弧命令,依次捕捉主视图半圆的圆心、c′、a′各点,完成绘制;

② 左视图投影为直线,和棱柱侧面重合。

如图 3-57 所示。

图 3-56   确定右侧面相贯线   图 3-57   绘制后侧面相贯线

步骤六:整理视图

(1) 主左视图 A、B、C 点投影下方的无棱线;

（2）主视图 4′、5′点间无圆球轮廓线；

（3）主视图棱柱两侧棱线在圆球轮廓线以下不可见；

（4）两椭圆弧 4′左侧 5′右侧不可见，为虚线，可执行打断于点命令后，转换图层；

（5）左视图中棱线之间无圆球轮廓线；

如图 3-58 所示。

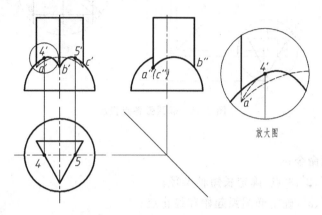

图 3-58　三棱柱与圆球相贯线

步骤七：保存文件

选择"文件"|"保存"命令。

3. 步骤点评

1）对于步骤二：关于缩放命令的应用

AutoCAD 提供的缩放命令，可以完成比例缩放操作。比例缩放分为两种：比例因子缩放和参照缩放。

缩放命令的方式有如下几种。

- 菜单命令："修改"|"缩放"。
- "修改"工具栏："缩放"按钮 ▤。
- 命令行输入：scale。

其步骤为：

① 执行命令。

② 选择缩放的对象，按 Enter 键。

③ 指定基点。

④ 输入比例因子数值或指定选项[复制（C）/参照（R）]。

缩放选项：

（1）比例缩放。

执行缩放命令后，在指定基点后，输入比例因子数值，按 Enter 键，即可完成。

提示：其数值可以是小数，也可以输入分数，如 2/3。

（2）参照缩放。

执行参照选项时，是指其原长度按指定的新长度缩放所选对象，如图 3-59 所示。

（3）复制缩放。

创建要缩放的对象的副本（复制），如图 3-60 所示。

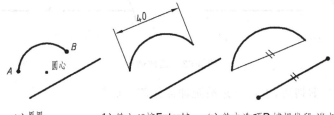

图 3-59　参照缩放

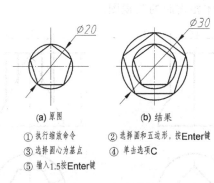

图 3-60　复制缩放

2）对于步骤三：关于分解命令

分解命令的方式有如下几种。

- 菜单命令："修改"|"分解"。
- "修改"工具栏："分解"按钮 ￼。
- 命令行输入：explode。

其步骤为：

① 执行命令。

② 选择分解的对象，按 Enter 键。

分解命令用于分解组合对象。例如多段线、多线、标注、块、面域、多面网格、多边形网格、三维网格以及三维实体等。分解的结果取决于组合对象的类型。可以将正多边形（一个对象）分解为几个边而成为几个直线对象。如图 3-61 所示。

3）对于步骤三：关于延伸命令

延伸命令的方式有如下几种。

- 菜单命令："修改"|"延伸"。
- "修改"工具栏："延伸"按钮 ￼。
- 命令行输入：extend。

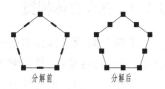

图 3-61　分解五边形比较

其步骤与修剪命令的操作方法相同。

延伸命令使对象精确地延伸至由其他对象定义的边界边，如图 3-62 所示。

执行延伸命令，选择对象按 Enter 键后，按住 Shift 键，即可变为修剪命令；反之使用修剪命令，选择对象按 Enter 键后，按住 Shift 键，即可变为延伸命令；延伸和修剪命令的边界对象

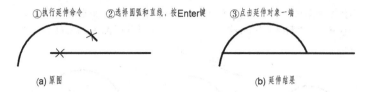

图 3-62　延伸命令

既可以作为延伸边或剪切边，也可以是被延伸或修剪的对象。

3.6.3　随堂练习

完成如图 3-63 所示两立体相贯后的三视图。

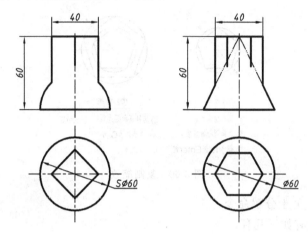

图 3-63　两立体相贯

3.7　曲面立体相贯

本节知识点：

(1) 相贯线形状的分析。

(2) 打断于点命令的使用。

(3) 延伸命令的使用。

3.7.1　曲面立体相贯

求两个曲面立体相贯线的实质就是求它们表面的共有点。作图时，依次求出特殊点和一般点，判别其可见性，然后将各点光滑连接起来，即得相贯线。

其相贯线的作图方法常用的有：

积聚性法：如果两回转体相交，其中有一个是轴线垂直于投影面的圆柱，则相贯线在该投影面上的投影积聚在圆柱面投影的圆上，具有积聚性，其他面投影可利用表面取点的方法可以作出相贯线的其余投影。

辅助平面法：作一辅助平面 P，使它与回转体都相交，求出 P 平面与两回转体的截交线，作出两回转体表面截交线的交点，即为两回转体表面的共有点，亦即相贯线上的点。使辅助平面与两回转体表面的截交线的投影简单易画,例如直线或圆;一般选择投影面平行面。

两个曲面体相交,一般情况下相贯线为空间曲线,但是在某些特殊情况下,也可能是平面曲线或者直线。

(1) 当两个回转体的轴线相交,轴线面平行于某一投影面,两个回转面公切于一个圆球面,则这两个曲面体的相贯线可以分解为两条平面曲线(椭圆),如图 3-64 所示。

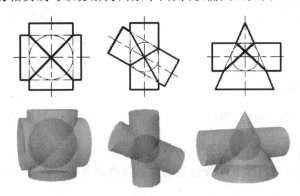

图 3-64　相贯线特殊情况(一)

(2) 当两个同轴回转体(轴线在同一直线上的两个回转体)的相贯线,是垂直于轴线的圆。当轴线平行于投影面时,交线圆在该投影面上的投影积聚为一条直线;当轴线垂直于投影面时,交线圆在该投影面上的投影为圆,如图 3-65 所示。

(3) 两个共同锥顶的圆锥面的相贯线是一对直线;两个轴线平行的圆柱面的相贯线为一对平行直线,如图 3-66 所示。

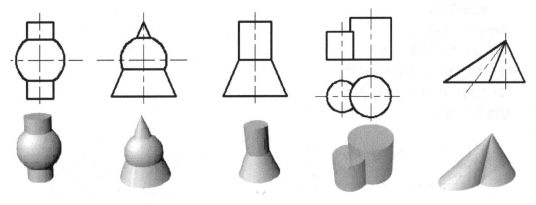

图 3-65　相贯线特殊情况(二)　　　　图 3-66　相贯线特殊情况(三)

3.7.2　绘制曲面立体相贯实例

完成圆柱与圆球相贯后的三面投影,如图 3-67 所示。

1. 绘图分析

(1) 由已给图形可知,是一个水平放置圆柱,与半圆球相贯。

(2) 水平圆柱与半球的公共对称面平行于 V 面,其相贯线是一条前后对称的空间曲线。

(3) 相贯线的左视图投影积聚在圆柱的表面上,要绘制相贯线的正面和水平面的投影。

(4) 先确定轮廓线和中心线上的点,即左视图小圆的 4 个象限点,称为特殊点,如图 3-68

所示 A、B、C、D 四点。

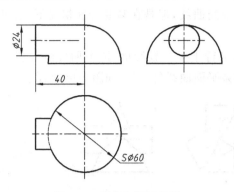
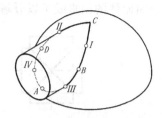

图 3-67 圆柱与圆球相贯   图 3-68 圆柱与圆球相贯分析

(5) 找出相贯线上一般点,尽量选取对称点,如图 3-64 所示的对称点 Ⅰ、Ⅱ、Ⅲ、Ⅳ。

(6) 利用求出的点,采用样条曲线连接起来。注意判断可见性及轮廓线的投影。

2. 操作步骤

步骤一:新建文件

利用建立的 A4 样板文件新建图形,保存为"圆柱与圆球相贯"。

步骤二:绘制 45°斜线及立体视图

(1) 绘制中心线和 45°斜线;

(2) 绘制半圆球与圆柱的三视图;

(3) 绘制圆柱的三视图;

(4) 整理图形;

如图 3-69 所示。

步骤三:找出特殊点投影

(1) 确定 ABCD 点的侧面投影;

(2) 找出正面和水平面的投影;

如图 3-70 所示。

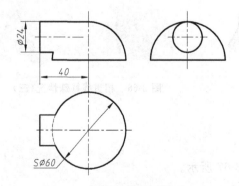
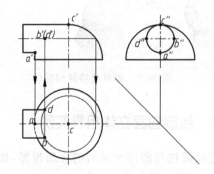

图 3-69 绘制 45°斜线及视图   图 3-70 特殊点投影

步骤四:找出一般点投影

(1) 在左视图对称找出 Ⅰ、Ⅱ、Ⅲ、Ⅳ点投影 1″、2″、3″、4″;

(2) 过 Ⅰ、Ⅱ点做水平截平面,在俯视图作出圆球截交线圆和圆柱的截交线平行线;

（3）圆与平行线交点为Ⅰ、Ⅱ点水平投影 1、2，利用投影规律，找出主视图投影 1′(2′)；

（4）同样方式求出Ⅲ、Ⅳ点投影；

如图 3-71 所示。

步骤五：绘制相贯线

（1）执行样条曲线命令，在主视图依次连接 c′、1′(2′)、b′(d′)、3′(4′)、a′ 点，按 Enter 键，完成主视图相贯线的绘制；

（2）执行样条曲线命令，在俯视图自 c 点开始按逆时针或顺时针顺序连接各点投影，最后再次捕捉 c 点，按 Enter 键，完成俯视图相贯线的绘制；如图 3-72 所示。

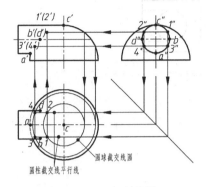

图 3-71 一般点投影

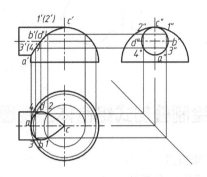

图 3-72 绘制相贯线

步骤六：整理视图

（1）俯视图相贯线 bd 左侧为不可见，执行打断于点命令，分别在图 3-72 俯视图相贯线的 b、d 点处打断，将此样条曲线变成 3 个对象；

（2）将 bd 左侧曲线转换为虚线图层；

（3）并判断各视图轮廓线的重合和可见性；关闭辅助线图层。

如图 3-73 所示。

步骤七：保存文件

选择"文件"|"保存"命令。

3. 步骤点评

1）对于步骤三：特殊点、一般点

在相贯线上决定相贯线的极值范围，反映相贯线变化趋势的点叫特殊点；比如，最高点、最低点、最前点、最后点、最左点、最右点、可见与不可见的分界点等都是特殊点。除特殊点以外的相贯线上的其他点叫一般点；特殊点与一般点相比，特殊点是少数，但决定相贯线的范围和形状。

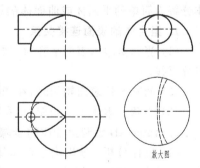

图 3-73 柱球相贯线

2）对于步骤五：关于闭合样条曲线

样条曲线最后一点要捕捉，而不要用闭合方式，因为 C 点为交点，而不是圆滑连接，而用闭合方式为圆滑连接的。

3）对于步骤六：关于打断样条曲线

打断于点命令对于闭合的样条曲线不能使用打断于点命令，而此样条曲线没有采用闭合方式，所以打断后为 3 个对象。

3.7.3　随堂练习

完成如图 3-74 所示两立体相贯后的三视图。

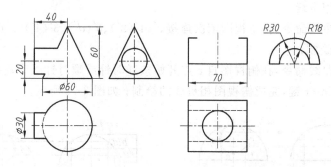

图 3-74　两立体相贯

3.8　绘制叠加式组合体三视图

本节知识点：
(1) 用形体分析法。
(2) 叠加式组合体表面过渡关系。
(3) 叠加式组合体的绘制。
(4) 多段线的使用。

3.8.1　叠加式组合体绘制

任何复杂的机械零件，从形体的角度看，都是由一些简单的平面体和曲面体通过一定的组合形式构成的，将这些类似机械零件的物体称为组合体；而把这种从形体的角度将复杂的形体分解为简单的平面体或曲面体的思维过程称为形体分析。

1. 组合体的表面连接关系

(1) 当两基本体表面平齐时，结合处不画分界线。当两基本体表面不平齐时，结合处应画出分界线。

(2) 两基本体表面相切时，在相切处不画分界线。

(3) 当两基本体表面相交时，在相交处应画出分界线。

2. AutoCAD 绘制组合体的步骤

(1) 形体分析：分析该组合体是由哪些基本体所组成的，了解它们之间的相对位置、组合形式以及表面间的连接关系及其分界线的特点。

(2) 选择主视图：表达组合体形状的一组视图中，主视图是最主要的视图。主视图的选择一般根据形体特征原则来考虑，即以最能反映组合体形体特征的那个视图作为主视图，同时兼顾其他两个视图表达的清晰性。选择时还应考虑物体的安放位置，尽量使其主要平面和轴线与投影面平行或垂直，以便使投影能得到实形。

(3) 布置视图位置：布置视图时，应根据已确定的各视图每个方向的最大尺寸，并考虑到尺寸标注和标题栏等所需的空间，匀称地将各视图布置在图幅上。

(4) 绘制图形。

3. 绘制组合体注意事项

(1) 不应画完组合体一个完整视图后再画另一个视图,而应几个视图联系起来同时进行。

(2) 画每一个形体时,应先画反映该形体形状特征的视图,然后再画其他视图。

(3) 一个平面在各视图上的投影,除了有积聚性的投影为直线外,其余的投影都应该表现为一个封闭线框。每个封闭线框的形状应当与该面的实形类似。

3.8.2　绘制叠加式组合体三视图实例

绘制轴承座三视图,如图 3-75 所示。

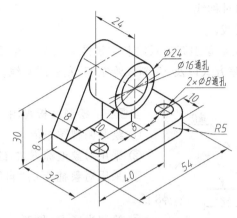

图 3-75　轴承座轴测图

1. 绘图分析

(1) 利用形体分析法将其分解为四部分,与轴相配的圆筒Ⅰ,用来支承圆筒的支承板Ⅱ和肋板Ⅲ,安装用的底板Ⅳ,如图 3-76(b)所示。

(2) 根据形状特征原则,选择底板水平放置,圆筒放在正垂位置作为主视图,如图 3-76(a)所示形体箭头指的方向。

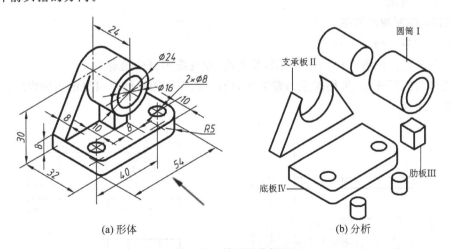

(a) 形体　　　　　　　　　　　　　(b) 分析

图 3-76　轴承座分析

绘图步骤如下:

① 布置视图,绘制各视图的基线、对称线以及主要形体的轴线和中心线。

② 绘制各部分视图,绘制顺序为"底板Ⅳ→圆筒Ⅰ→支承板Ⅱ→肋板Ⅲ"。注意各部分之间相对位置以及相交的情况,确定交线。

③ 检查修改,完成绘制。

2. 操作步骤

步骤一：新建文件

利用建立的 A4 样板文件新建图形,保存为"轴承座"。

步骤二：布置视图

布置视图,绘制 45°斜线。

① 绘制中心线、轴线和对称线。

② 绘制 45°斜线和辅助线。

③ 绘制基线；可以利用对象追踪方式绘制主视图基线的一半 27mm,再用夹点方式拉伸直线成为 54mm,用对象追踪方式以及 45°斜线绘制俯、左视图基线。

如图 3-77 所示。

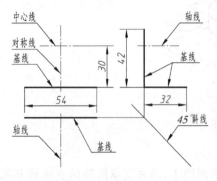

图 3-77 绘制基准线

步骤三：绘制底板视图

① 绘制俯视图矩形。

② 采用对象追踪方式,绘制主、左视图底板矩形。

③ 采用对象捕捉的"自"方式绘制俯视图的 2 个 φ8 圆。

④ 绘制半径 R5 圆弧。

⑤ 绘制俯视图圆的中心线。

⑥ 绘制主、左视图圆孔的轴线,其中左视图轴线用 45°斜线和对象追踪方式绘制。

⑦ 采用对象追踪方式绘制主视图孔的不可见轮廓线,左视图孔的不可见轮廓线用 45°斜线和对象追踪方式绘制。

如图 3-78 所示。

步骤四：绘制圆筒视图

① 绘制主视图圆。

② 采用对象追踪方式以及 45°斜线,绘制俯、左视图圆筒外轮廓线。

③ 选择"虚线"图层,采用对象追踪方式,绘制俯、左视图圆筒不可见的内轮廓线。

如图 3-79 所示。

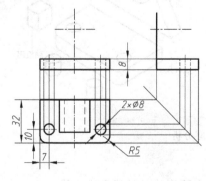

图 3-78 绘制底板三视图

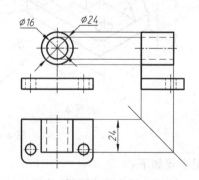

图 3-79 绘制圆筒三视图

步骤五：绘制支承板视图

① 绘制主视图切线。

② 用对象追踪方式，绘制左视图图线，注意 AB 点的投影平齐。

③ 采用对象追踪方式，绘制俯视图两端可见轮廓线。

④ 绘制俯视图中间虚线，注意 AB 点的投影对正。

⑤ 修剪俯、左视图内多余的图线。

如图 3-80 所示。

步骤六：绘制肋板视图

① 绘制肋板主视图线段。

② 采用对象追踪方式，绘制左视图肋板与圆筒交线及轮廓线。

③ 用对象追踪方式，绘制俯视图中肋的虚线，且修剪多余的图线。

如图 3-81 所示。

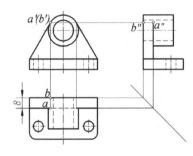
图 3-80　绘制支承板三视图

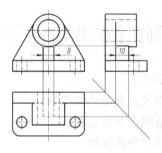
图 3-81　绘制肋板三视图

步骤七：检查修改

检查修改，完成绘制，关闭辅助线图层。

步骤八：保存文件

选择"文件"|"保存"命令。

3. 步骤点评

对于步骤五：修剪俯、左视图内多余的图线

支承板与圆筒在组合过程中，相互之间连接成为一体，因而圆筒的俯、左视图在上一步骤绘制的轮廓线，就不存在了，因而将修剪掉。

对于绘制叠加组合体视图，应先进行形体分析，然后绘制每个基本形体的视图。在绘制图形的过程中，从反映每一形体特征的视图开始绘制；注意按照"三等"规律绘制完一个形体后，再开始绘制另一形体。

需要注意的是，在绘制另外形体视图过程中，要考虑已经绘制形体的视图因为叠加而不存在的图线。

画图的一般顺序是：先画主要部分，后画次要部分；先画大形体，后画小形体；先画整体形状，后画细节形状；画图过程中，要三个视图联系起来画，不要一次绘制一个视图，再绘制另一视图。

3.8.3　随堂练习

完成如图 3-82 所示两立体的三视图。

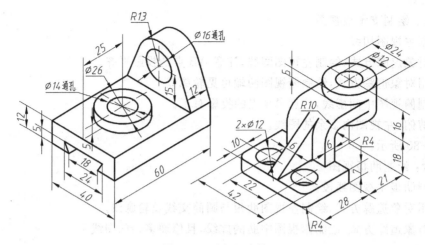

图 3-82　叠加组合体

3.9　绘制切割式组合体三视图

本节知识点：

(1) 切割式组合形体的绘制。

(2) 构造线命令的使用。

(3) 射线命令的使用。

3.9.1　切割式组合体的绘制

当形体分析为切割式组合体时,应从整体出发,把原来的形体看成长方体或圆柱体等基本形体,先画出基本形体的三面投影,然后按分析的切割顺序,画出切去部分的三面投影,最后画出组合体整体的投影。

3.9.2　绘制切割式组合体三视图实例

绘制如图 3-83 所示的导块三视图。

1. 绘图分析

(1) 导块是长方体Ⅰ;

(2) 切去Ⅱ,Ⅲ,Ⅳ;

(3) 钻孔Ⅴ而成,如图 3-84 所示。

2. 操作步骤

步骤一:新建文件

利用建立的 A4 样板文件新建图形,保存为"导块"。

步骤二:绘制基本形体

布置视图,绘制 45°斜线。

① 用矩形命令绘制 48×48 正方形,作为主视图。

② 执行复制命令,利用对象追踪方式,作出正方

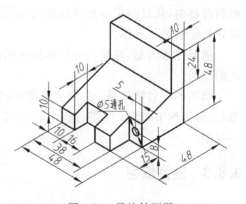

图 3-83　导块轴测图

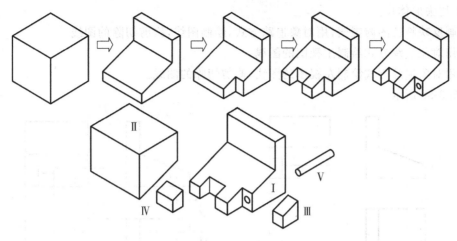

图 3-84　导块形体分析

体另外两视图。

③ 采用对象追踪方式绘制俯、左视图对应辅助线和45°斜线。

如图 3-85 所示

步骤三：切去形体

(1) 切去形体Ⅱ。

① 画反映特征的主视图,用对象追踪方式,先绘制 24mm 长竖线。

② 从主视图左侧找出 10mm 高的点,绘制斜线,修剪切除的轮廓线。

③ 用对象追踪方式绘制俯、左视图的图线。

如图 3-86 所示。

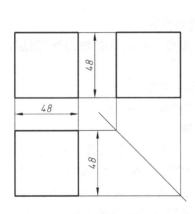

图 3-85　画正方体Ⅰ的三视图

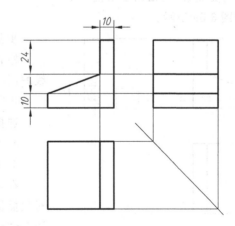

图 3-86　切去形体Ⅱ

(2) 切去形体Ⅲ。

① 画反映特征的俯视图,用对象追踪方式,绘制图线,修剪切除的图线。

② 选择"虚线"层,用对象追踪方式绘制主视图的图线。

③ 选择"粗实线"图层,用对象追踪方式绘制左视图的图线,修剪切除的图线。

如图 3-87 所示。

（3）切去形体Ⅳ。

① 画反映特征的俯视图，用对象追踪方式，绘制图线，修剪切除的图线。

② 用对象追踪方式绘制主视图的图线。

③ 用对象追踪方式绘制左视图的图线，修剪切除的图线。

如图 3-88 所示。

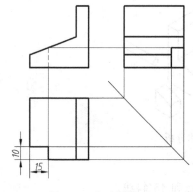

图 3-87　切去形体Ⅲ

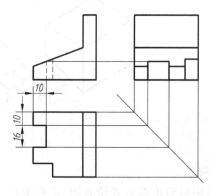

图 3-88　切去形体Ⅳ

步骤四：钻孔

① 画反映特征的左视图，用"捕捉自"方式，绘制圆，转换"中心线"图层，绘制中心线。

② 分别选择"中心线"和"虚线"层，用对象追踪方式绘制主视图圆孔的轴线和不可见轮廓线。

③ 先绘制辅助线，确定圆孔在俯视图的位置，然后执行复制命令，选择主视图的圆孔的轴线和不可见轮廓线，粘贴于俯视图中。

如图 3-89 所示。

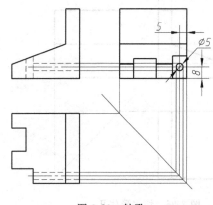

图 3-89　钻孔

步骤五：检查修改

检查修改，完成绘制，关闭"辅助线"图层，则辅助线图层不显示。

步骤六：保存文件

选择"文件"|"保存"命令。

3. 步骤点评

对于步骤二：关于长对正、高平齐

在实际绘制图形过程中，"长对正、高平齐"一般用对象捕捉追踪的方式来实现；也可以执行菜单的"绘图"→"构造线"或"射线"命令来完成。

构造线起始于指定点并且在两个方向上延伸无限延伸的直线。构造线工具按钮为 ⬜，创建直线的方法：指定两点，第一个点是构造线概念上的中点，第二点定义方向；可以连续绘制多条同心线。

可以绘制水平、垂直的直线，作为"长对正、高平齐"的基准。还可以绘制指定角度的斜线以及角的平分线；如图 3-90 所示。

射线在一个方向上延伸，创建直线的方法：指定两点，第一个点是起点，第二点定义方向；可以绘制水平和垂直的直线，作为"长对正、高平齐"的基准；可以连续绘制多条同心线；如

图 3-91 所示。

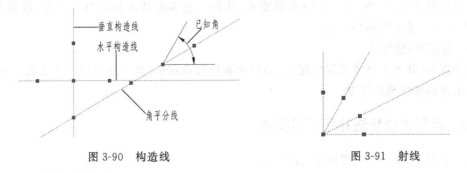

图 3-90　构造线　　　　　　　　　　　图 3-91　射线

3.9.3　随堂练习

完成如图 3-92 所示切割组合体的三视图。

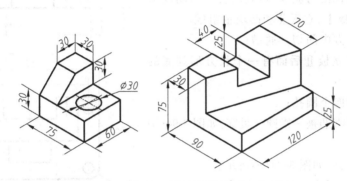

图 3-92　切割组合体

3.10　用形体分析法补画视图

本节知识点：
(1) 组合体的形体分析方法。
(2) 使用对象追踪。

3.10.1　形体分析法看图

根据已知组合体的两视图补画第三视图，是看图和画图的综合训练。一般的方法和步骤为：根据已知视图，用形体分析法和必要的线面分析法分析和想象组合体的形状，在弄清组合体形状的基础上，按投影关系补画出所缺的视图。

补画视图时，应根据各组成部分逐步进行。对叠加型组合体，先画每一基本形体，最后完成整体。

形体分析法看图是从"体"出发，在视图上分线框，其看图步骤如下：

(1) 划线框，分形体。

先看特征视图，并将特征视图划分成几个线框，想象该组合体可分为几部分。

(2) 对投影,想形状。

按照长对正、高平齐、宽相等的投影关系,从每一基本形体的特征视图开始,找出另外投影,想象出每一基本形体的形状。

(3) 合起来,想整体。

每个部分(基本形体或其简单组合)的形状和位置确定后,整个组合的形式也就确定了,从而想象出支承架的整体形状。

3.10.2 用形体分析法补画视图实例

画出如图 3-93 所示支座视图,并补画其左视图。

1. 绘图分析

(1) 将支座的主视图可分成三个封闭线框,如图 3-94(a)所示;

(2) 找出其俯视图对应投影,确定各个封闭线框的形状,分别为底板Ⅰ、立板Ⅱ和凸块Ⅲ组成;

(3) 底板Ⅰ下方中间切一通槽;

(4) 底板Ⅰ和立板Ⅱ后面有一个长方形到底的缺口;

(5) 底板Ⅰ有四个圆孔;

(6) 立板Ⅱ和凸块Ⅲ被一横圆孔贯穿,如图 3-94(b)所示;

(7) 组合各部分,如图 3-94(c)所示。

此图可以利用叠加、切割的综合方式绘制其视图。

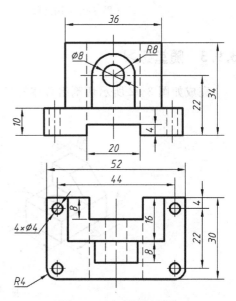

图 3-93 支座的两视图

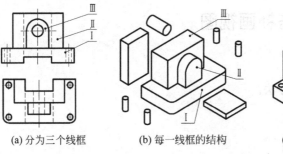

(a) 分为三个线框   (b) 每一线框的结构   (c) 组合后形体

图 3-94 支座的形体分析

2. 操作步骤

步骤一:新建文件

利用建立的 A4 样板文件新建图形,保存为"支座"。

步骤二:绘制基本形体

(1) 绘制基准线和绘制 45°斜线。

① 抄画支座主视图和俯视图;

② 绘制 45°斜线以及基线;

如图 3-95 所示。

（2）绘制底板Ⅰ左视图，如图 3-96 所示。

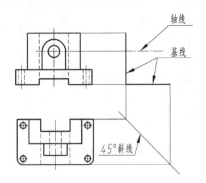

图 3-95 绘制支座基准线

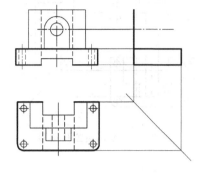

图 3-96 绘制底板Ⅰ左视图

（3）绘制立板Ⅱ左视图，如图 3-97 所示。

（4）绘制凸块Ⅲ左视图，如图 3-98 所示。

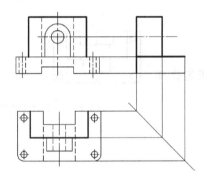

图 3-97 绘制立板Ⅱ左视图

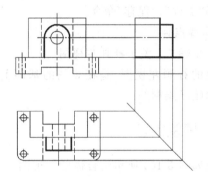

图 3-98 绘制凸块Ⅲ左视图

步骤三：绘制切槽

（1）绘制底面结构视图，如图 3-99 所示。

（2）绘制后面切槽结构视图，如图 3-100 所示。

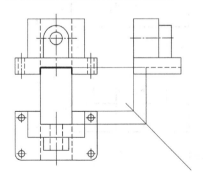

图 3-99 绘制底面切槽图形

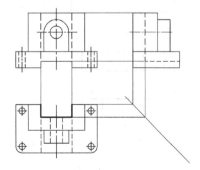

图 3-100 绘制后面切槽图形

步骤四：绘制穿孔

（1）绘制立板Ⅱ和凸块Ⅲ的横圆孔结构视图，如图 3-101 所示。

（2）绘制底板Ⅰ四个圆孔结构视图，如图 3-102 所示。

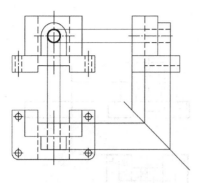

图 3-101　绘制横圆孔图形

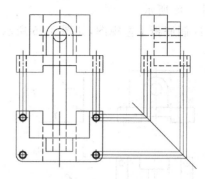

图 3-102　绘制底板圆孔图形

步骤五：检查修改

检查修改，完成绘制，关闭"辅助线"图层，则辅助线图层不显示，如图 3-103 所示。

步骤六：保存文件

选择"文件"|"保存"命令。

3. 步骤点评

对于步骤二：关于补画左视图

支座的补画左视图，是在读图的基础上，按照先叠加后切割的顺序绘制的。

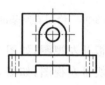

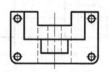

图 3-103　支座三视图

3.10.3　随堂练习

完成如图 3-104 所示组合体的左视图。

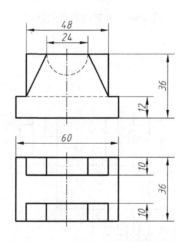
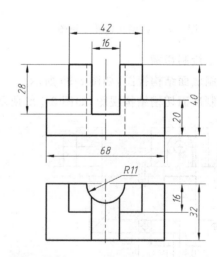

图 3-104　补画左视图

3.11　用线面分析法补画视图

本节知识点：

(1) 组合体的线面分析方法。

（2）使用对象追踪。

3.11.1　形体分析法看图

组合体可以看成是由若干个面（平面或曲面）围成，面与面间常存在交线，线面分析法就是把组合体分析为若干个面围成，逐个根据面的投影特性确定其空间形状和相对位置，并判别其相线之间各交线的空间形状和相对位置，相辅相成，从而想象出组合体的形状。要善于利用面及其交线投影的性质（真实性、积聚性、类似性）看图。

线面分析法看图是从"面"出发，在视图上分线框，其看图步骤如下：

（1）分线框，识面形。

分好线框后，根据投影关系，在另外两个视图上找出与其对应的线框，确定线框所表示的面的空间形状和对投影面的相对位置。

从面的角度分线框，对投影是为了识别面的形状及其对投影面的相对位置。

（2）识交线，想形位。

从分析面与面相交的交线入手，也有助于识别各个面的空间形状和空间位置，相辅相成。

（3）形位明，想整体。

将以上对各个面及其交线的空间形状和空间位置分析的结果，综合起来，便可以想象出切割型的组合体的整体形状。

3.11.2　用线面分析法补画视图实例

画出撞块视图，并补画其左视图，如图 3-105 所示。

1. 绘图分析

（1）将撞块的主视图可分成两个封闭线框，如图 3-106(a)所示；

（2）找出其俯视图对应投影，确定各个封闭线框的形状，分别为形体Ⅰ和形体Ⅱ组成，形体Ⅰ左下角被切除，形体Ⅱ放在形体Ⅰ的上面，后面和右侧平齐，如图 3-106(b)所示。

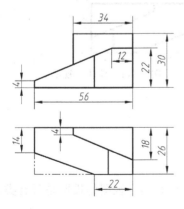

图 3-105　撞块的两视图

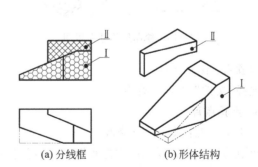

(a) 分线框　　　　　(b) 形体结构

图 3-106　撞块的形体分析

2. 操作步骤

步骤一：新建文件

利用建立的 A4 样板文件新建图形，保存为"撞块"。

步骤二：绘制基本形体

绘制基准线和绘制 45°斜线。

① 抄画撞块主视图和俯视图；

② 绘制 45°斜线以及基线；

如图 3-107 所示。

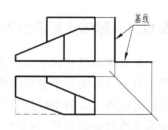

图 3-107　绘制撞块基线

步骤三：绘制形体 I

(1) 绘制形体 I 左视图，如图 3-108 所示。

(2) 绘制形体 I 切角的左视图，如图 3-109 所示。

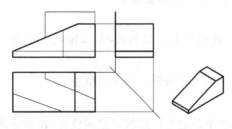

图 3-108　绘制形体 I 左视图

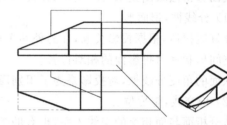

图 3-109　绘制形体 I 切角左视图

利用主、左视图高平齐，采用对象追踪方式绘制左视图图线。注意俯、左视图的宽相等。

步骤四：绘制形体 II

绘制形体 II 的左视图，如图 3-110 所示。

步骤五：检查修改

检查 2 个铅锤面和 1 个正垂面的投影，完成绘制，关闭"辅助线"图层，如图 3-111 所示。

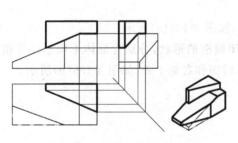

图 3-110　绘制形体 II 左视图

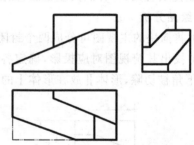

图 3-111　撞块三视图

步骤六：保存文件

选择"文件"|"保存"命令。

3. 步骤点评

对于步骤五：关于检查修改

重点检查 2 个铅锤面的主左视图是否有类似形，正垂面在俯左视图的投影是否有类似形。

3.11.3　随堂练习

完成如图 3-112 所示组合体的左视图。

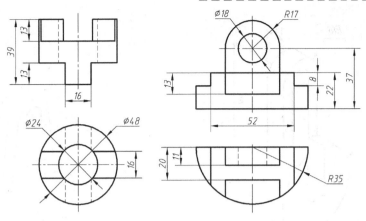

图 3-112　补画左视图

3.12　上机练习

1. 选择建立的合适样板文件,利用学过的命令绘制下列轴测图的三视图,且标注尺寸。

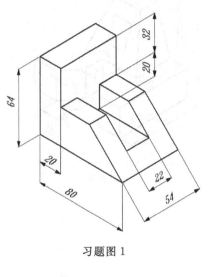

习题图 1

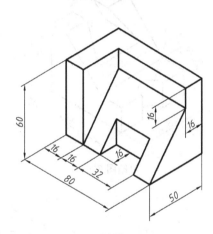

习题图 2

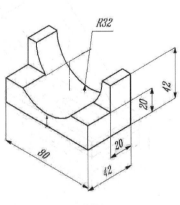

习题图 3

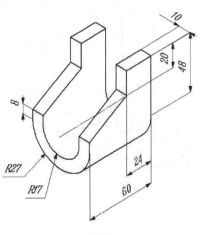

习题图 4

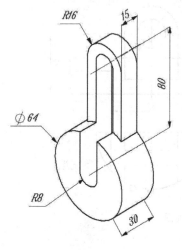

习题图 5

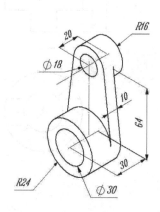

习题图 6

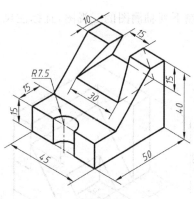

习题图 7

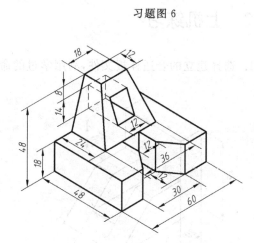

习题图 8

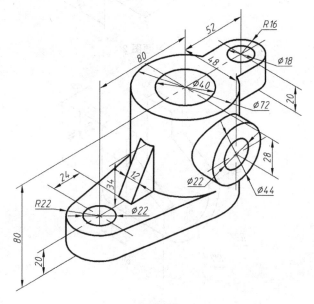

习题图 9

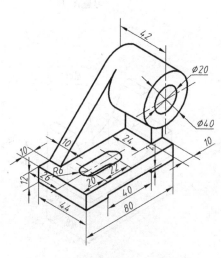

习题图 10

2. 选择建立的合适样板文件,利用学过的命令绘制下列形体的视图,补画第三视图并标注尺寸。

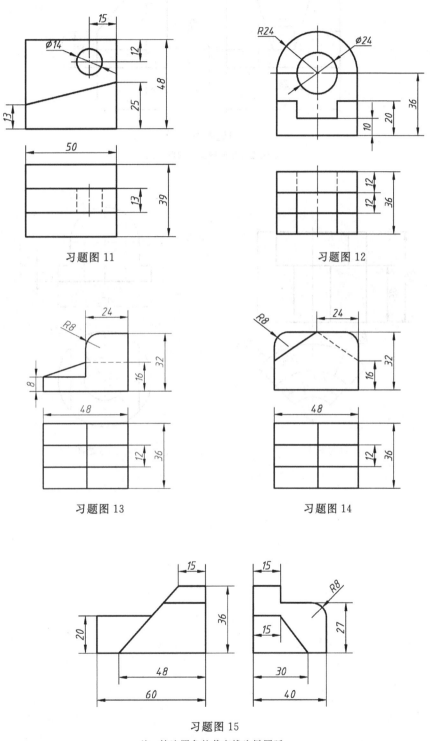

习题图 11　　　　　　　　习题图 12

习题图 13　　　　　　　　习题图 14

习题图 15
注:棱边圆角的截交线为椭圆弧。

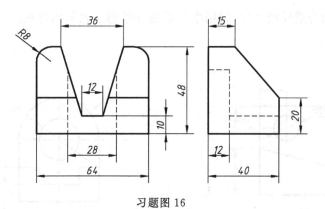

习题图 16

注：棱边圆角的截交线为椭圆弧。

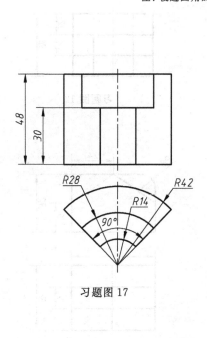

习题图 17

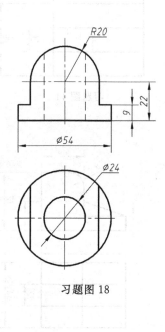

习题图 18

第4章

AutoCAD 尺寸标注

在图形设计中,尺寸标注是绘图设计工作中的一项重要内容,因为绘制图形的根本目的是反映对象的形状,而图形中各个对象的真实大小和相互位置只有经过尺寸标注后才能确定。

AutoCAD 包含了一套完整的尺寸标注命令和实用程序,可以轻松完成图纸中要求的尺寸标注。例如,使用 AutoCAD 中的"线性"、"直径"、"半径"、"角度"、"公差"等标注命令,可以对长度、直径、半径、角度及圆心位置等进行标注。

4.1 建立具有文字样式的样本文件

本节知识点:

(1) 文字样式机械制图国标规定。

(2) 文字样式 CAD 工程制图国标规定。

(3) 文字样式设置方法。

4.1.1 字体

1. 机械制图国标字体(GB/T 14691-1993)规定

字体指的是图中汉字、字母、数字的书写形式,图样中的字体书写必须做到字体工整、笔画清楚、间隔均匀、排列整齐。

1) 字号

表示字体高度,代号为 h。系列有 $1.8,2.5,3.5,5,7,10,14,20$,单位 mm。

2) 汉字

汉字应写成长仿宋字体,汉字高度 h 不应小于 3.5mm,其字宽一般为 $h/\sqrt{2}$。

3) 数字和字母

可以写成斜体和直体,斜体字字头向右倾斜,与水平基准线约成 75°;用作指数、分数、极限偏差、注脚等的数字及字母,一般应采用小一号字体。

2.《机械工程 CAD 制图规则》(GB/T14665—1998)规定

工程图的字体高度 h 与图纸幅面之间的大小关系,如表 4-1 所示。

表 4-1　工程图的字体与图纸幅面之间的大小关系

图幅 文字	A0	A1	A2	A3	A4
字母数字 h	5			3.5	
汉字 h					

$h=$汉字、字母和数字的高度,单位 mm

一般计算机的字库内没有长仿宋体的字体,可以找到长仿宋体字库,加载进去的。如果没有长仿宋体字库,可选用计算机字体库中的字体,推荐如下。

使用大字体,字体样式中中文大字体选择 gbcbig. shx。其字体名可以设置中文字体的字体为 gbenor. shx、字母和数字的斜体为 bgeitc. shx。

如不选用大字体,设置中文字体的字体可选用长仿宋字体或仿宋 GB_2312,字母和数字的斜体选用 isocp. shx 或 romanc. shx。

根据国标规定以及 AutoCAD 提供的文字样式,一般推荐在样板文件中建立使用大字体和不使用大字体两种文字样式,具体文字样式见表 4-2。

表 4-2　文字样式的推荐设置

样　式　名		字体名	文字宽度系数	文字倾斜角度
不使用大字体	数字	isocp. shx 或 romanc. shx	0.7	15
	汉字	仿宋 GB_2312 或仿宋	0.7	0
		长仿宋字	1	
使用大字体 gbcbig. shx	数字(大)	Gbeitc. shx	1	0
	汉字(大)	Gbenor. shx	1	0

4.1.2　建立具有文字样式的样本文件实例

1. 要求

设置文字样式(使用大字体 gbcbig. shx)

(1) 样式名:数字;字体名:Gbeitc. shx;文字宽的系数:1;文字倾斜角度:0

(2) 样式名:汉字;字体名:Gbenor. shx;文字宽的系数:1;文字倾斜角度:0

2. 操作步骤

步骤一:打开样板文件

(1) 单击"打开"按钮 📂 ,出现"选择样板"对话框,文件的类型选择"AutoCAD 图形样板(* . dwt)",将建立的 A3 样板文件打开。

(2) 选择"格式"|"文字样式"命令或单击"格式"工具栏"文字样式管理器"按钮 📝 ,出现"文字样式"对话框,如图 4-1 所示。

步骤二:建立数字文字样式

① 在"样式"列表中选定 standard 文字样式,单击"新建"按钮,出现"新建文字样式"对话框,输入样式名称"数字",如图 4-1 所示,单击"确定"按钮,返回"文字样式"对话框。

② 在"字体"组,从"字体"列表选择"gbeitc. shx"选项。

③ 选中"使用大字体"复选框。

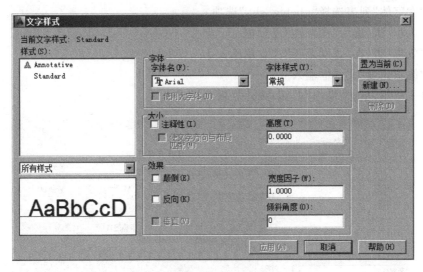

图 4-1　添加新样式

④ 从"大字体"列表选择"gbcbig. shx"选项。

⑤ 在"大小"组,选中"注释性"复选框。

⑥ 在"效果"组,在"宽度因子"文本框输入 1。

⑦ 在"倾斜角度"文本框输入 0。

如图 4-2 所示,单击"应用"按钮,则建立数字样式。

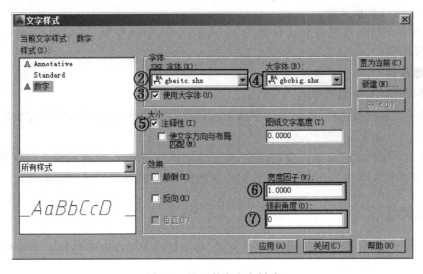

图 4-2　设置数字文字样式

说明:字体高度不设置;设置完毕。

步骤三:建立汉字文字样式

① 单击"新建"按钮,出现"新建文字样式"对话框,输入样式名称:汉字,单击"确定"按钮,返回"文字样式"对话框。

② 在"字体"组,从"字体"列表选择 gbenor. shx 选项。

③ 选中"使用大字体"复选框。

④ 从"大字体"列表选择"gbcbig. shx"选项。

⑤ 在"大小"组,选中"注释性"复选框。

⑥ 在"效果"组,在"宽度因子"文本框输入 1。

⑦ 在"倾斜角度"文本框输入 0。

如图 4-3 所示,单击"应用"按钮,则建立数字样式。

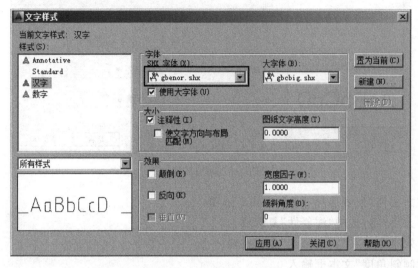

图 4-3　设置汉字文字样式

步骤四:保存样板文件

单击"保存"按钮,选择保存文件类型为"AutoCAD 图形样板(* . dwt)",保存文件名为"A3"的样板文件。

3. 步骤点评

对于步骤四:关于文字样式

(1) 对于文字样式选择,若所选的字体前面带符号"@"时,标注的文字向左旋转 90°,即字头向左。

(2) 对于字体样式中字体高度的设定,若设定字体的高度时,此样式的任何字都确定了高度,不再询问要输入字体的高度;若不设定字体的高度,则询问要输入字体的高度。

4.1.3　随堂练习

将建立的其他样板文件都增加文字的样式,包括使用大字体和不使用大字体两种。

4.2　建立具有标注样式的样本文件

本节知识点:

(1) 尺寸标注的规定。

(2) 尺寸标注的设置方法。

(3) 各类尺寸的设置要求。

4.2.1　尺寸标注应用

1. 角度标注

标注角度的数字,一律写成水平方向,一般应水平填写在尺寸线的中断处,如图 4-4(a)所示;必要时可以写在尺寸线的上方或外面,也可以引线标注,如图 4-4(b)所示。

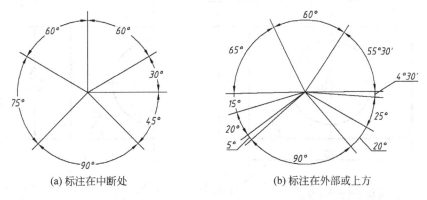

(a) 标注在中断处　　　　　　　　　(b) 标注在外部或上方

图 4-4　角度标注

2. 非圆直径标注

对于机械图样,圆柱、圆锥等回转体的直径一般标注在非圆视图上,也就是标注在投影为直线的视图上,如图 4-5 所示。

3. 对称机件的标注:

对称机件的图形只画出一半或略大于一半时,尺寸线应略超过对称中心线或断裂处的边界线,此时仅在尺寸线的一端画出箭头,尺寸数字要标注全长尺寸,如图 4-6 所示。

图 4-5　非圆直径标注

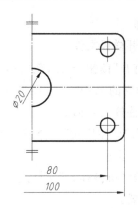

图 4-6　对称机件的标注

4.2.2　建立具有标注样式的样实例

1. 要求

建立如下的尺寸标注样式,其标注形式如图 4-7 所示。

(1)“机械样式”父样式。

(2)“机械样式→角度标注”的子样式。

(3)“机械样式→直径标注”的子样式。

（4）"非圆直径"父样式。

（5）"引线标注"父样式。

（6）"部分标注"父样式。

（7）"2∶1 比例标注"父样式。

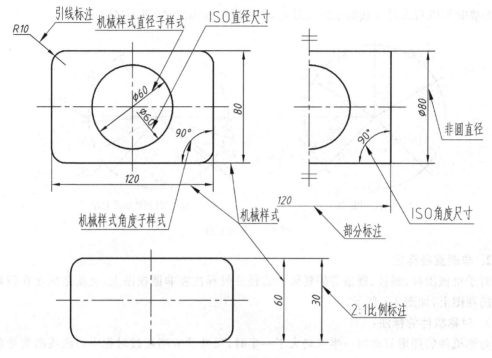

图 4-7 尺寸样式的标注形式

2. 操作步骤

步骤一：打开样板文件

（1）单击"打开"按钮 📂，出现"选择样板"对话框，文件的类型选择"AutoCAD 图形样板（*.dwt）"，将建立的 A3 样板文件打开。

（2）打开标注样式对话框

选择"格式"|"标注样式"命令或单击"样式"工具栏上"标注样式管理器"按钮 ◢，出现"标注样式管理器"对话框。

步骤二：创建"机械样式"父样式

（1）新建样式。

① 单击"新建"按钮，出现"创建新标注样式"对话框；

② 在"新样式名"文本框输入"机械样式"；

③ 从"基础样式"列表选择 ISO-25 选项；

④ 选中"注释性"复选框；

⑤ 从"用于"列表选择"所有标注"选项。

如图 4-8 所示，单击"继续"按钮，出现"新建标注样式：机械样式"对话框。

（2）设置尺寸线。

① 打开"线"选项卡，在"尺寸线"组，在"基线间距"文本框输入 7；

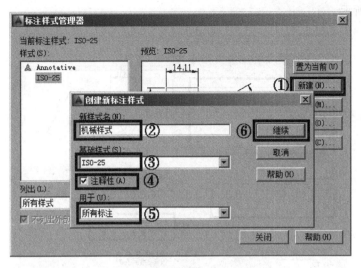

图 4-8 "创建新标注样式"对话框

② 在"尺寸界线"组,在"超出尺寸线"文本框输入 2.5;

③ 在"起点偏移量"文本框输入 0;

如图 4-9 所示。

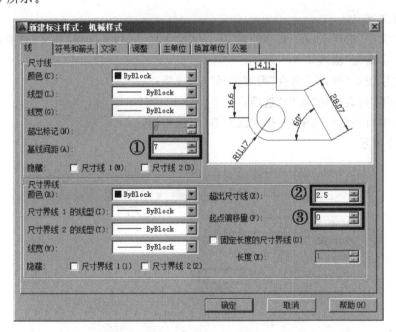

图 4-9 "新建标注样式:机械样式"对话框—"线"选项卡

(3) 设置符号和箭头。

① 打开"符号和箭头"选项卡,在"箭头"组,所有箭头均从列表选择"实心闭合"选项;

② 在"箭头大小"文本框输入 3;

③ 在"圆心标记"组,选中"标记"单选按钮,在文本框输入 2.5;

④ 在"弧长符号"组,选中"标注文字的前缀"单选按钮;

⑤ 在"半径折弯标注"组,将折弯角度文本框输入 45;

如图 4-10 所示。

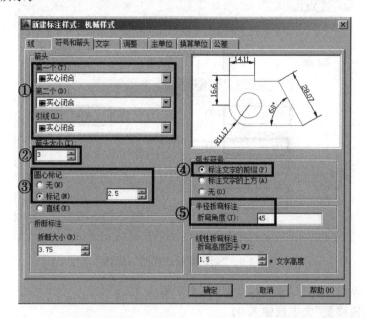

图 4-10　"新建标注样式：机械样式"对话框—"符号和箭头"选项卡

（4）设置文字

① 打开"文字"选项卡，在"文字外观"组，从"文字样式"列表选择"数字"选项；

② 在"文字高度"输入 3.5；

③ 在"文字位置"组，从"垂直"列表选择"上"选项；

④ 从"水平"列表选择"居中"选项；

⑤ 在"文字对齐"组，选中"与尺寸线对齐"单选按钮；

如图 4-11 所示。

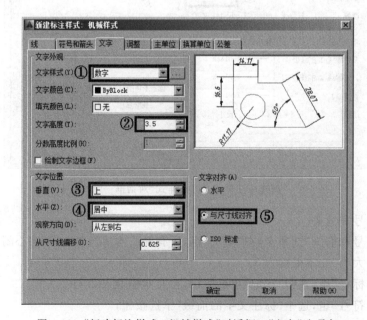

图 4-11　"新建标注样式：机械样式"对话框—"文字"选项卡

(5) 设置调整。

① 打开"调整"选项卡,在"调整选项"组,选中"文字或箭头"单选按钮;

② 在"文字位置"组,选中"尺寸线旁边"单选按钮;

③ 在"标注特征比例"组,选中"注释性"复选框;

④ 在"优化"组,选中"在尺寸界线之间绘制尺寸线"复选框;

如图 4-12 所示。

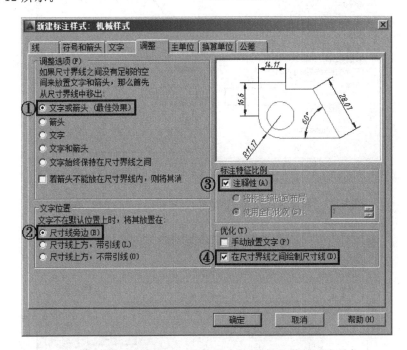

图 4-12　"新建标注样式:机械样式"对话框—"调整"选项卡

(6) 设置主单位。

① 打开"主单位"选项卡,在"线性标注"组,从"精度"列表选择"0.00"选项;

② 从"小数分隔符"列表选择"".""(句点)"选项;

③ "消零"选中"后续"复选框;

④ 在"角度标注"组选择默认选项;

如图 4-13 所示。

(7) 单击"确定"按钮。

步骤三:创建"机械样式"父样式的"角度"标注子样式

(1) 新建样式。

① 单击"新建"按钮,出现"创建新标注样式"对话框;

② 从"基础样式"列表选择"机械样式"选项;

③ 选中"注释性"复选框;

④ 从"用于"列表选择"角度标注"选项。

如图 4-14 所示,单击"继续"按钮,出现"新建标注样式:机械样式:角度"对话框。

(2) 设置文字。

① 打开"文字"选项卡,在"文字位置"组,从"垂直"列表选择"居中"选项;

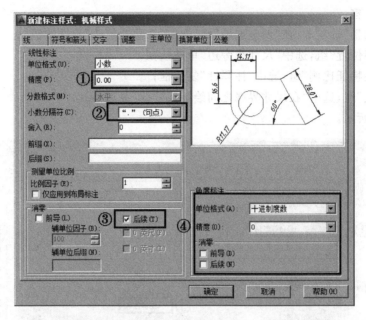

图 4-13 "新建标注样式：机械样式"对话框—"主单位"选项卡

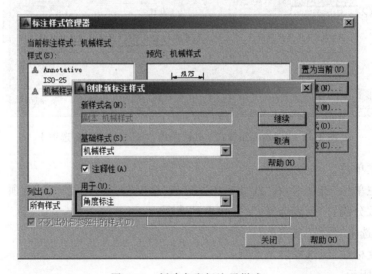

图 4-14 创建角度标注子样式

② 在"文字对齐"组，选择"水平"单选按钮；

如图 4-15 所示。

（3）其他选项卡不变，单击"确定"按钮，完成"角度"子样式设置。

步骤四：创建"机械样式"父样式的"直径"标注子样式

（1）新建样式。

① 单击"新建"按钮，出现"创建新标注样式"对话框；

② 从"基础样式"列表选择"机械样式"选项；

③ 选中"注释性"复选框；

④ 从"用于"列表选择"直径标注"选项。

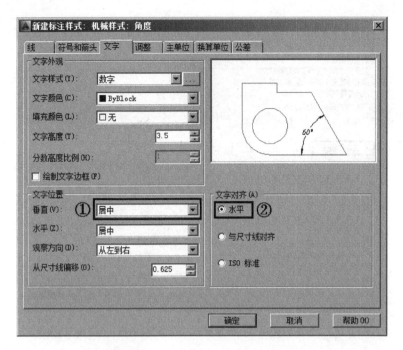

图 4-15 "新建标注样式：机械样式：角度"对话框—"文字"选项卡

如图 4-16 所示，单击"继续"按钮，出现"新建标注样式：机械样式：直径"对话框。

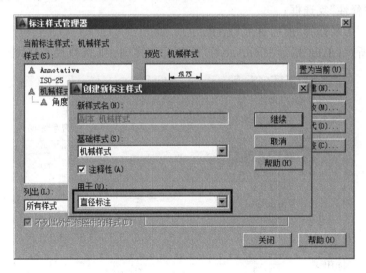

图 4-16 创建直径标注子样式

（2）设置调整。

打开"调整"选项卡，在"文字"组，在"调整选项"组，选中"文字和箭头"单选按钮，如图 4-17 所示。

（3）其他选项卡不变，单击"确定"按钮，完成"直径"子样式设置。

步骤五：创建"非圆直径"父样式

（1）新建样式。

① 单击"新建"按钮，出现"创建新标注样式"对话框；

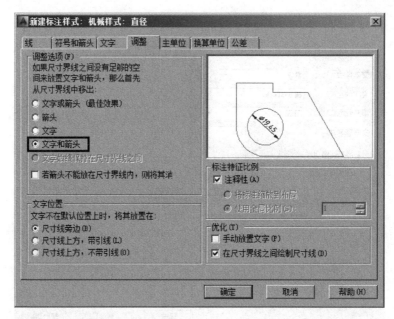

图 4-17 "新建标注样式：机械样式：直径"对话框—"调整"选项卡

② 在"新样式名"文本框输入"非圆直径"；

③ 从"基础样式"列表选择"机械样式"选项；

④ 选中"注释性"复选框；

⑤ 从"用于"列表选择"所有标注"选项。

如图 4-18 所示，单击"继续"按钮，出现"新建标注样式：非圆直径"对话框。

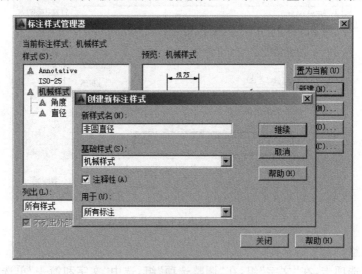

图 4-18 创建"非圆直径"的父样式

（2）设置主单位。

打开"主单位"选项卡，在"线性标注"组，在"前缀"文本框输入"％％C"，如图 4-19 所示。

（3）其他选项卡不变，单击"确定"按钮，完成"非圆直径"父样式设置。

步骤六：创建"引线标注"父样式

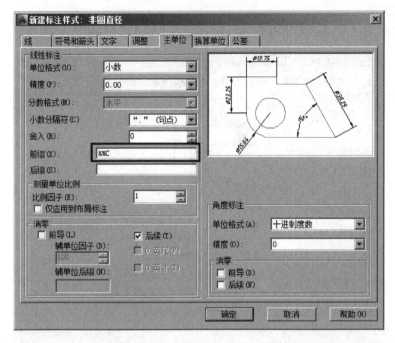

图 4-19　"新建标注样式：非圆直径"对话框—"主单位"选项卡

（1）新建样式。

① 单击"新建"按钮，出现"创建新标注样式"对话框；

② 在"新样式名"文本框输入"引线标注"；

③ 从"基础样式"列表选择"机械样式"选项；

④ 选中"注释性"复选框；

⑤ 从"用于"列表选择"所有标注"选项。

如图 4-20 所示，单击"继续"按钮，出现"新建标注样式：引线标注"对话框。

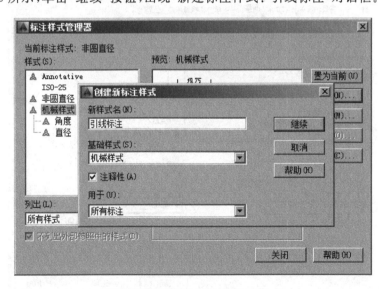

图 4-20　创建"引线标注"的父样式

（2）设置文字。

打开"文字"选项卡，在"文字对齐"组，选中"水平"单选按钮，如图 4-21 所示。

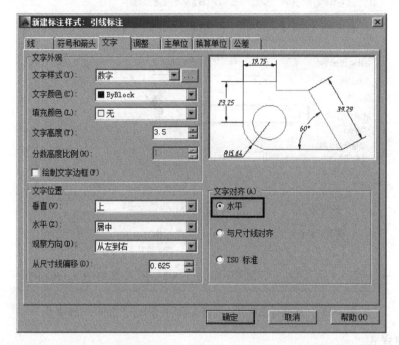

图 4-21　"新建标注样式：引线标注"对话框—"文字"选项卡

（3）设置调整。

① 打开"调整"选项卡，在"文字位置"组，选择"尺寸线上方，带引线"单选按钮；

② 在"优化"组，选中"手动放置文字"复选框，如图 4-22 所示。

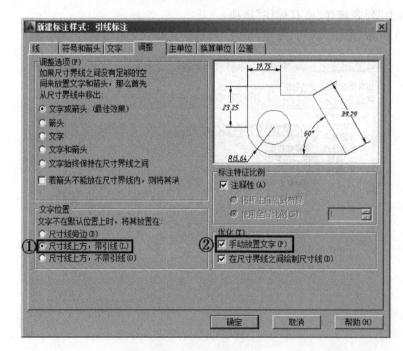

图 4-22　"新建标注样式：引线标注"对话框—"调整"选项卡

（4）其他选项卡不变，单击"确定"按钮，完成"引线标注"父样式设置。

步骤七：创建"部分标注"父样式

此尺寸样式一般用于标注对称机件或部分剖视及半剖视图的尺寸标注。

（1）新建样式。

① 单击"新建"按钮，出现"创建新标注样式"对话框；

② 在"新样式名"文本框输入"部分标注"；

③ 从"基础样式"列表选择"机械样式"选项；

④ 选中"注释性"复选框；

⑤ 从"用于"列表选择"所有标注"选项。

如图 4-23 所示，单击"继续"按钮，出现"新建标注样式：部分标注"对话框。

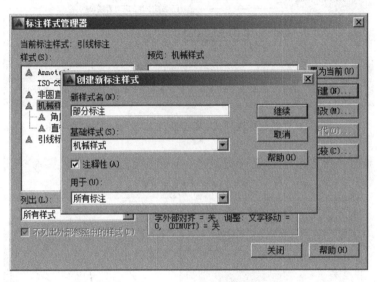

图 4-23　创建"部分标注"的父样式

（2）设置线。

① 打开"线"选项卡，在"尺寸线"组，选中"尺寸线 2"单选按钮；

② 在"尺寸界线"组，选中"尺寸界线 2"单选按钮，如图 4-24 所示。

（3）设置调整。

打开"调整"选项卡中，在"优化"组，选择"手动放置文字"单选按钮，可以根据需要放置尺寸数字的位置，如图 4-25 所示。

（4）其他选项卡不变，单击"确定"按钮，完成"部分标注"父样式设置。

步骤八：创建"2∶1 比例标注"父样式

（1）新建样式。

① 单击"新建"按钮，出现"创建新标注样式"对话框；

② 在"新样式名"文本框输入"2∶1 比例标注"；

③ 从"基础样式"列表选择"机械样式"选项；

④ 选中"注释性"复选框；

⑤ 从"用于"列表选择"所有标注"选项。

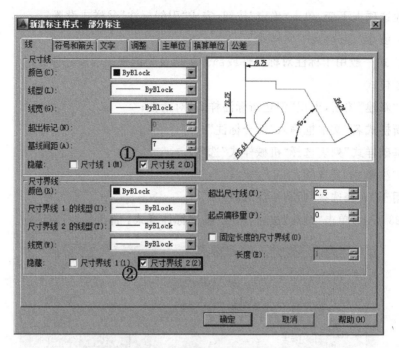

图 4-24 "新建标注样式：部分标注"对话框—"线"选项卡

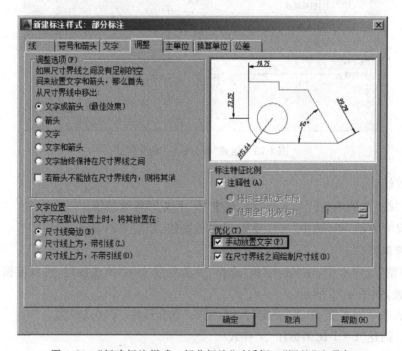

图 4-25 "新建标注样式：部分标注"对话框—"调整"选项卡

如图 4-26 所示,单击"继续"按钮,出现"新建标注样式：2∶1 比例标注"对话框。

(2) 设置主单位。

打开"主单位"选项卡中,在"测量单位比例"组,在"比例因子"文本框输入 0.5,如图 4-27 所示。

(3) 其他选项卡不变,单击"确定"按钮,完成"2∶1 比例标注"父样式设置。

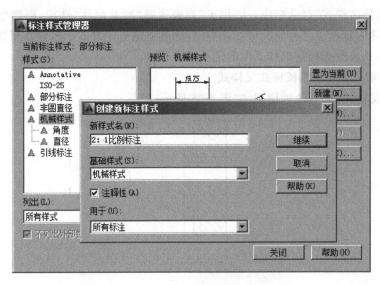

图 4-26 创建"2：1 比例标注"的父样式

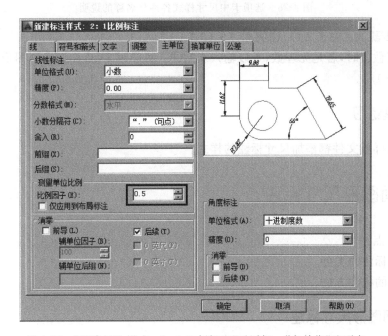

图 4-27 "新建标注样式：2：1比例标注"对话框—"主单位"选项卡

步骤九：保存样板文件

单击"保存"按钮,选择保存文件类型为"AutoCAD 图形样板(＊.dwt)",保存文件名为"A3"的样板文件。

3. 步骤点评

1) 对于步骤二：关于创建父样式与子样式的概念

在 AutoCAD 中,可根据不同用途设置多个尺寸标注父样式,配以不同的样式名。每个父样式又可分别针对不同类型的尺寸(半径、直径、线型、角度)进行进一步设置,即子样式。当采用某一父样式进行标注时,系统会根据不同的情况进行标注。

在"创建新标注样式"对话框中,从"用于"列表选择"所有标注"选项,则建立一个父样式;如果选择用于除所有标注之外的其他标注类型,则建立的是子样式。若建立子样式,则不需要确定样式名称,只修改选择基础样式中的某一标注样式。

2)对于步骤二:关于机械样式父样式

机械样式父样式,设置位置说明,如图 4-28 所示。

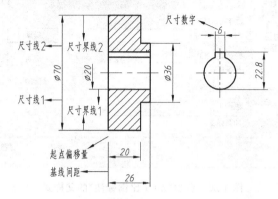

图 4-28　选项卡中尺寸样式各部分名称的说明

3)对于步骤八:关于 2∶1 比例标注父样式

输入比例数值时,若是无理数,可以输入表达式;如采用 3∶1 比例绘制图形时,其输入的比例数值可为 1/3。

4.2.3　随堂练习

将建立的样板文件都添加尺寸标注的样式。

4.3　平面图形尺寸标注

本节知识点:
(1)尺寸标注的类型。
(2)尺寸的标注方法。

4.3.1　平面图形尺寸标注

平面图形中标注的尺寸,要求做到正确、完整。正确是指严格按照国标规定注写;完整是指尺寸不多余、不遗漏。

标注尺寸的方法有如下两种:

(1)图形分解法。将图形分解为一个基本图形和几个子图形,其次确定基本图形的基准,标注定形尺寸,最后依次确定各子图形的基准,标注定位、定形尺寸。

(2)图线标注法。先确定基准,然后根据图线分类,标注已知线段的定形尺寸和两个方向定位尺寸;再标注中间线段的定形尺寸和一个方向定位尺寸;最后标注连接线段的定形尺寸,注意无定位尺寸。

4.3.2　AutoCAD 尺寸标注

1. AutoCAD 尺寸标注类型

AutoCAD 提供了几种基本的标注类型：线性标注、径向（半径、直径和折弯）标注、角度标注、坐标标注、弧长标注等，如图 4-29 所示。

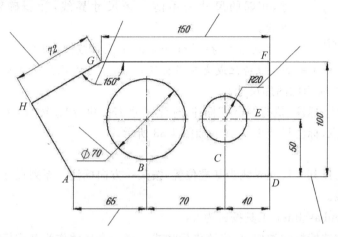

图 4-29　主要的尺寸标注类型

2. AutoCAD 尺寸标注命令工具栏

标注命令工具栏如图 4-30 所示。

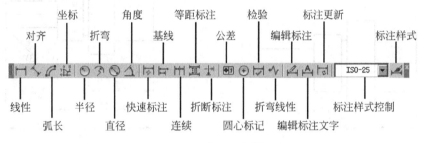

图 4-30　标注工具栏

1）线性标注

线性尺寸标注，是指标注对象在水平或垂直方向的尺寸。

其命令为：dimlinear；工具按钮为 ⊟ 。

标注如图 4-31 所示的图形尺寸。

（1）选择"非圆直径"样式，执行"线性"标注，按 Enter 键或空格键后单击选择矩形右侧垂直线，单击放置尺寸的位置，则标注 $\phi30$。

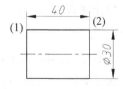

图 4-31　线性标注

（2）选择"机械样式"样式，执行"线性"标注，分别单击捕捉线段端点(1)和(2)，单击放置尺寸的位置，则标注 40。

2）对齐标注

对齐尺寸标注，是指标注对象在倾斜方向的尺寸。

其命令为：dimaligned；工具按钮为 ⬉ 。

标注如图 4-32 所示的图形尺寸。

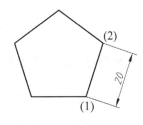

图 4-32   对齐标注

选择"机械样式"标注，执行"对齐"标注，分别单击捕捉线段端点(1)和(2)，单击放置尺寸的位置，则标注 20。

3) 连续标注

连续标注是指从某一个尺寸界线开始，按顺序标注一系列尺寸，相邻的尺寸采用前一条尺寸界线，和新确定点的位置尺寸界线。

其命令为：dimcontinue；工具按钮为 ⊞。

提示：必须先标注一个线性标注或者对齐标注之后，才可以执行此命令。

标注如图 4-33 所示的图形尺寸。

选择"机械样式"标注，执行"线性"标注，标注尺寸 15；执行"连续"标注，连续单击图 4-33 中的(1)、(2)、(3)点，标注尺寸 10、2、10，如图 4-33 所示。

4) 基线标注

基线标注是指以某一尺寸界线为基准位置，按某一方向标注一系列尺寸，所有尺寸共用第一条基准尺寸界线。

其命令为：dimbaseline；工具按钮为 ⊟。

方法和步骤与连续标注类似，也应该先标注或选择一个尺寸作为基准标注。

标注如图 4-34 所示的图形尺寸。

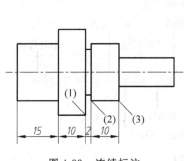

图 4-33   连续标注

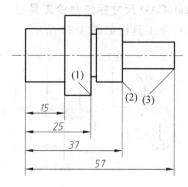

图 4-34   基线标注

选择"机械样式"标注，执行"线性"标注，标注尺寸 15；执行"基线"标注，连续单击图 4-34 中的(1)、(2)、(3)点，标注尺寸 25、37、57，如图 4-34 所示。

5) 直径标注

标注圆直径，一般选择标注样式为机械样式，若需要标注引出线的圆直径，则选择引线标注样式。

其命令为：dimdiameter；工具按钮为 ⊘。

标注如图 4-35 所示的图形尺寸。

选择机械样式标注，执行"直径"标注，标注 ϕ40；选择引线样式标注，执行"直径"标注，标注 ϕ60。

6) 半径标注

标注圆和圆弧半径，一般选择标注样式的机械样式，若需要

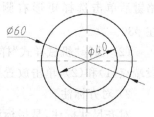

图 4-35   直径标注

引出线标注小圆弧半径,则选择引线标注样式。

其命令为:dimradius;工具按钮为 ⊙。

7)角度标注

角度标注测量两条直线或三个点之间的角度。

其命令为:dimangular;工具按钮为 △。

(1)选择机械样式标注,执行"角度"标注,选择图形的两个直线段,移动鼠标,确定角度尺寸的位置,单击鼠标左键完成标注;如图 4-36 所示。

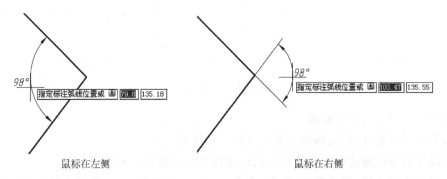

图 4-36 小于 180°角度标注

(2)选择机械样式标注,执行"角度"标注,直接按 Enter 键选择"指定顶点",选择直线的交点,然后选择直线段的两个端点,移动鼠标,确定角度尺寸的位置,单击鼠标左键完成标注;如图 4-37 所示。

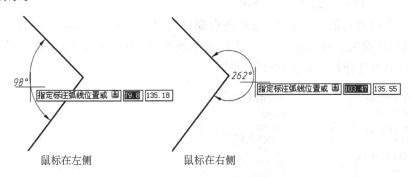

图 4-37 大于 180°角度标注

8)快速标注

在进行尺寸标注的时候,经常遇到同类型的系列尺寸标注,可以使用"快速标注"命令快速创建或编辑一系列标注。

其命令为:qdim;工具按钮为 ⬚。

执行"快速标注"命令,在绘图区域选择要标注的对象,并按 Enter 键,可以完成"连续(C)/并列(S)/基线(B)/坐标(O)/半径(R)/直径(D)/基准点(P)/编辑(E)/设置(T)"等标注,如图 4-38 所示。

4.3.3 编辑尺寸标注

尺寸标注之后,可以使用尺寸编辑命令来改变尺寸线的位置、尺寸数字的大小等。包括样

①执行快速标注命令，选择中心线下方的水平线为对象，按Enter键。　②在命令行输入选项

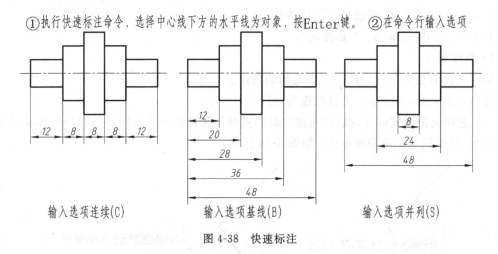

输入选项连续(C)　　　　输入选项基线(B)　　　　输入选项并列(S)

图 4-38　快速标注

式的修改和单个尺寸对象的修改。

通过修改尺寸样式，可以修改全部用该样式标注的尺寸。

单个尺寸对象的修改则主要使用编辑标注命令和编辑标注文字命令。

每个尺寸中尺寸线、尺寸界线、箭头、文本、颜色、比例等特性，一般可在特性选项板中修改尺寸标注内容以及各种特性。

编辑单个尺寸对象，选择尺寸对象后，右击，在弹出的快捷菜单中，选择需要更改的菜单，进行编辑。

可快速更改标注样式，如图 4-39 所示。

将光标悬空放置在箭头处夹点，则此夹点变红，弹出快捷菜单，如图 4-40(a)所示，可选择其选项，如翻转箭头。将光标悬空放置在文字处夹点，则此夹点变红，弹出快捷菜单，如图 4-40(b)所示，可选择尺寸文字的放置方式。

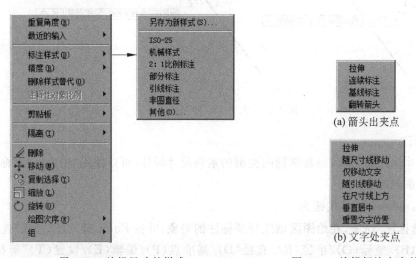

图 4-39　编辑尺寸的样式　　　　图 4-40　编辑标注文字的位置

选择翻转箭头选项，可以将箭头的方向（由内向外、由外向内）之间的转换，如图 4-41所示。

例如：标注文字位置选择"随引线移动"时，其结果如图 4-42 所示。

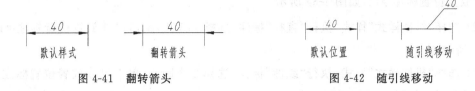

图 4-41　翻转箭头　　　　　　　　　图 4-42　随引线移动

4.3.4　平面图形尺寸标注标注实例

绘制并标注扳手的平面图形,如图 4-43 所示。

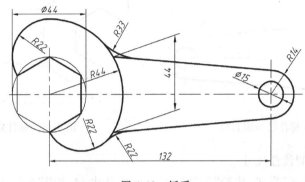

图 4-43　扳手

1. 标注分析

1）确定基准

长度基准为左侧竖直中心线,宽度基准为水平中心线,如图 4-44 所示。

2）标注尺寸

(1) 标注已知线段尺寸。

① 标注左侧定形尺寸 φ44 和 R44;由于半径很多,R44 和其他半径最后采用快速标注命令。

② 标注右侧定形尺寸 φ15 和 R14 和定位尺寸 132,R14 采用快速标注命令。

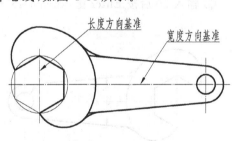

图 4-44　确定基准

(2) 标注中间线段尺寸。

标注线性尺寸 44,要使用倾斜命令。

(3) 标注连接线段尺寸。

标注三个 R22 和一个 R33 尺寸。

将此尺寸和前面的 R44 和 R14,一起执行快速标注命令标注。

2. 操作步骤

步骤一:新建文件

(1) 打开第 2 章随堂练习建立的"扳手"文件。

(2) 选择"标注"图层。

步骤二:标注已知线段尺寸

(1) 选择"非圆直径"样式,执行"线性"标注,选择细实线圆与水平中心线的 2 个交点,单击尺寸放置位置标注 $\phi44$,如图 4-31 所示。

　　(2) 选择"机械样式"样式,执行"直径"标注,选择 $\phi15$ 圆,单击尺寸放置位置标注 $\phi15$,如图 4-45 所示。

　　(3) 选择"机械样式"样式,执行"线性"标注,选择 2 个圆心,单击尺寸放置位置标注 132,标注定位尺寸;如图 4-46 所示。

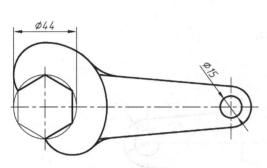

图 4-45　标注已知圆直径

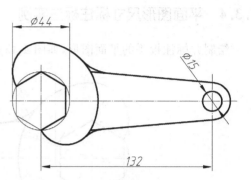

图 4-46　标注定位尺寸

步骤三:标注中间线段尺寸

(1) 选择"机械样式"样式,执行"线性"标注,标注尺寸 44,如图 4-47 所示。

(2) 倾斜标注。

① 执行"标注"|"倾斜"命令。

② 选择标注线性尺寸 44,按 Enter 键。

③ 输入 20 后按 Enter 键,如图 4-48 所示。

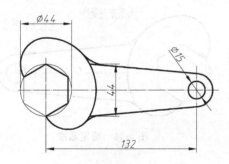

图 4-47　标注中间线段尺寸

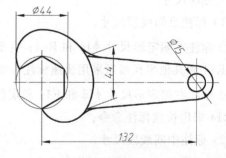

图 4-48　倾斜尺寸 44

步骤四:标注连接线段尺寸(和 R44、R14)

① 选择"机械样式"。

② 执行"标注"|"快速标注"命令。

③ 选择全部圆弧后按 Enter 键。

④ 输入"R"后按 Enter 键。

⑤ 在图中指定尺寸线的位置,得到圆弧的半径标注,如图 4-49 所示。

步骤五:整理线段尺寸

单击每个标注半径,单击尺寸数字的蓝色夹点,使其变红,拖动到合适位置,调整各个半径尺寸的位置,完成标注;如图 4-50 所示。

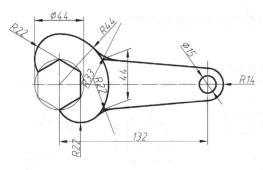

图 4-49　快速标注半径

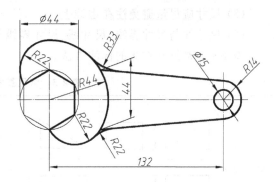

图 4-50　整理后标注

3.　步骤点评

对于步骤四：关于快速标注

快速标注，可以将相同类型的尺寸一次标注，因此在标注图形过程中，可不必完全按照平面图形尺寸标注方式进行。

一般可在按照制图的方式的基础上，将 CAD 的命令与绘制图形及标注尺寸相结合。

4.3.5　随堂练习

将第 2 章随堂练习绘制的平面图形，都标注尺寸。

4.4　轴承座视图尺寸标注

本节知识点：

（1）三视图尺寸标注。

（2）尺寸的标注方法。

4.4.1　组合体尺寸标注

1. 采用形体分析法将尺寸标注完整

首先确定基准，然后按形体分析法将组合体分解为若干基本体，再标注各个基本形体大小的尺寸（定形尺寸）以及确定这些基本形体之间相对位置的尺寸（定位尺寸）；再进行尺寸标注综合调整，为了表示组合体外形的总长、总宽、总高，一般应标注出相应的总体尺寸；尺寸虽然已经标注完整，但考虑总体尺寸后，为了避免重复，还应作适当调整。

2. 尺寸安排清晰

为了便于看图，使图面清晰，还应将某些尺寸的安排进行适当的调整。安排尺寸时应考虑以下几点：

（1）尺寸应尽量标注在表示形体特征最明显的视图上。

（2）同一形体的尺寸应尽量集中标注在一个视图上。

（3）尺寸应尽量标注在视图的外部，以保持图形清晰。为了避免尺寸标注零乱，同一方向连续的几个尺寸尽量放在一条线上，使尺寸标注显得较为整齐。

（4）同轴回转体的直径尺寸尽量注在反映轴线的视图上。

（5）尺寸应尽量避免注在虚线上。

（6）尺寸线与尺寸界线，尺寸线、尺寸界线与轮廓线应尽量避免相交。

表 4-3 为常见基本体的标注方法。

表 4-3　常见基本体的标注方法

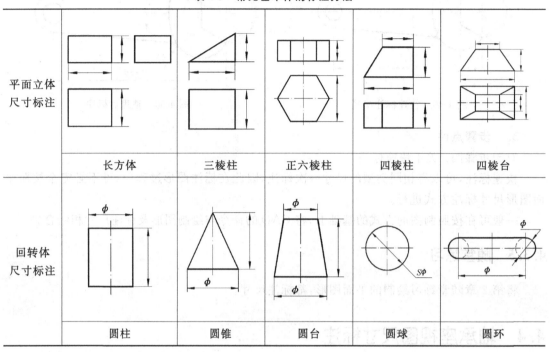

| 平面立体尺寸标注 | 长方体 | 三棱柱 | 正六棱柱 | 四棱柱 | 四棱台 |
| 回转体尺寸标注 | 圆柱 | 圆锥 | 圆台 | 圆球 | 圆环 |

表 4-4 为机件常见结构的尺寸标注。

表 4-4　机件常见结构的尺寸标注

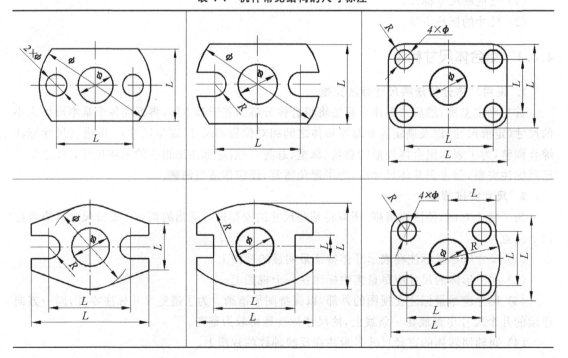

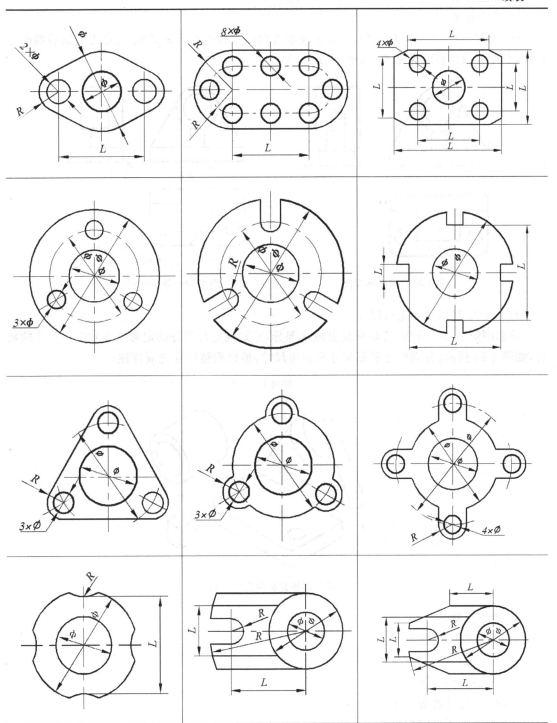

4.4.2 轴承座视图尺寸标注实例

绘制轴承座的三视图,进行尺寸标注,如图 4-51 所示。

1. 标注分析

1）确定基准

确定图形的尺寸基准有 3 个，分别为长度方向以对称中心面为基准，宽度方向以后端面为基准，高度方向以底面为基准，如图 4-52 所示。

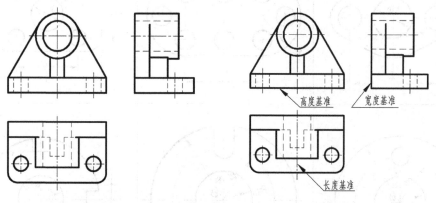

图 4-51　轴承座视图　　　　　　　　图 4-52　轴承座尺寸基准

2）分析定形尺寸和定位尺寸

根据图形的形体分析，将轴承座分成 4 部分，分别确定每部分的定形尺寸和定位尺寸的数目，如图 4-53 所示，分别标注定形尺寸和定位尺寸，最后调整尺寸完成标注。

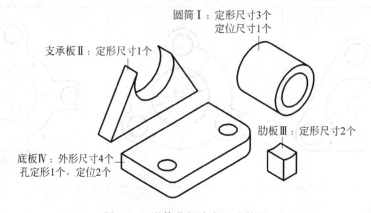

图 4-53　形体分析确定尺寸数目

2. 操作步骤

步骤一：打开文件。

（1）打开轴承座的三视图；

（2）选择"标注"图层。

步骤二：标注底板尺寸

（1）标注底板的定形尺寸。

① 选择"机械样式"样式，在俯视图标注底板的长 54mm 和宽 32mm，在主视图标注底板的高 8mm。

② 选择"引线标注"样式，在俯视图标注小圆孔直径，选择圆输入字母"T"后按 Enter 键，然后输入"2＊＜＞"（不包括引号，中间无空格），按 Enter 键，在合适的位置放置 2×φ8 直径

尺寸。

③ 执行半径标注,标注圆弧半径 R5。

如图 4-54 所示。

(2) 标注底板的定位尺寸。

选择"机械样式"样式,在俯视图标注小孔定位尺寸 40 和 22,如图 4-55 所示。

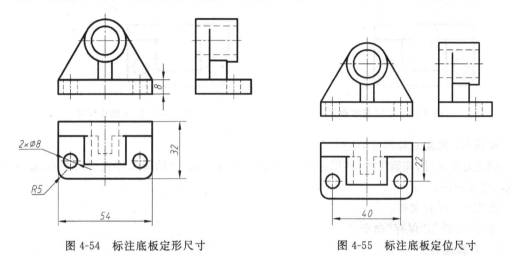

图 4-54　标注底板定形尺寸　　　　　　　　图 4-55　标注底板定位尺寸

步骤三:标注圆筒尺寸

(1) 标注圆筒的定形尺寸。

① 选择"引线标注"样式,在主视图标注直径 $\phi16$ 和 $\phi24$。

② 选择"机械样式"样式,在左视图标注圆筒长度 24mm。

如图 4-56 所示。

(2) 标注圆筒的定位尺寸。

选择"机械样式"样式,在主视图标注圆筒轴线到底面距离 30,如图 4-57 所示。

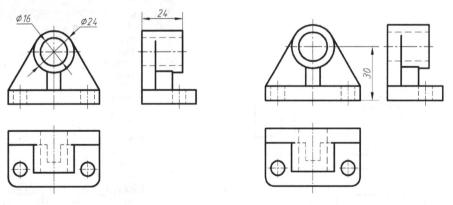

图 4-56　标注圆筒定形尺寸　　　　　　　　图 4-57　标注圆筒定位尺寸

步骤四:标注支承板尺寸

选择"机械样式"样式,在左视图标注支承板的宽度 8,如图 4-58 所示。

步骤五:标注肋板尺寸

选择"机械样式"样式,主、左视图标注肋板的长度 8 和宽度 10,如图 4-59 所示。

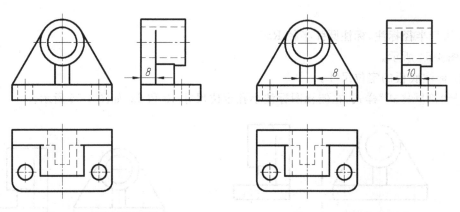

图 4-58　标注支承板尺寸　　　　　　图 4-59　标注肋板尺寸

步骤六：确定总体尺寸，调整尺寸

确定总体尺寸，调整尺寸，利用特性，将左视图尺寸 8 和 10 的箭头样式变为圆点，如图 4-60 所示，完成标注。

步骤七：保存文件

选择"文件"|"保存"命令。

3. 步骤点评

1）对于步骤二：关于文字替代

输入"2＊＜＞"（不包括引号，中间无空格），是输入文字替代的，即输入什么文字就显示什么文字，而其中的"＜＞（中间无空格）"是显示实际测量尺寸。

2）对于步骤六：关于左视图尺寸 8 和 10 的样式箭头变为圆点

可以双击此尺寸，弹出"特性"窗格，如图 4-61 所示，在这里可以根据需要进行修改其特性，例如：换图层、标注样式、箭头 1 样式、箭头 2 样式等特性。

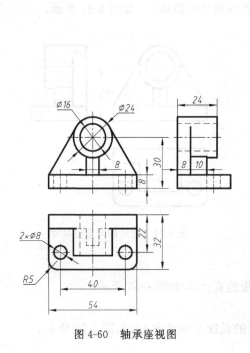

图 4-60　轴承座视图

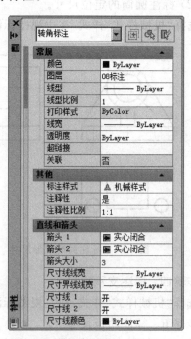

图 4-61　"特性"窗格

4.4.3　随堂练习

将第 3 章绘制的组合体视图标注尺寸。

4.5　上机练习

将第 3 章的上机练习绘制的图形标注尺寸。

第5章

AutoCAD 绘制机械图样表达

机件的形状各式各样,其内外部的形状都比较复杂,仅仅绘制三视图不能清晰地表达其形状和结构;且在表达机件时,应考虑看图方便,在表达清楚的前提条件下,尽量简便绘图。为此国家标准《机械制图》、《技术制图》规定了机件的图样画法,包括视图、剖视图、断面图、局部放大图、简化画法和其他规定画法等。AutoCAD 绘制机械图样就是依据国家标准《机械制图》、《技术制图》规定的机件图样画法,来绘制表达机件的图样。

5.1 物体外形的表达——基本视图

本节知识点:

(1) 基本视图的形成。

(2) 基本视图绘制。

(3) 文字命令的使用。

(4) 移动命令的使用。

(5) 多段线命令的使用。

5.1.1 基本视图

视图是机件向投影面投影所得的图形机件的可见部分,必要时才画出其不可见部分。所以,视图主要用来表达机件的外部结构形状。

国家标准规定:用一个正六面体的六个平面作为基本投影面,机件的图形按正投影法绘制并采用第一角投影法这六个投影面组成一个正六面体,机件向基本投影面投射所得的视图称为基本视图。

这六个视图分别为:

主视图——从前往后投射得到的视图。

俯视图——从上往下投射得到的视图。

左视图——从左往右投射得到的视图。

右视图——从右向左投射所得的视图。

后视图——从后向前投射所得的视图。

仰视图——从下向上投射所得的视图。

投射后,规定主视图,把其他视图展开到与主视图成同一个平面,如图 5-1 所示。

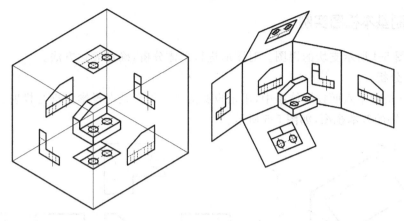

图 5-1　基本视图形成

经过展开后,基本视图配置如图 5-2 所示,六个基本视图之间仍符合"长对正、高平齐、宽相等"的投影规律。绘图时,根据机件的形状和结构特点,选用必要的几个基本视图。

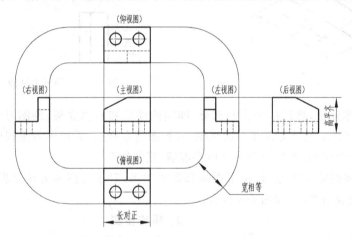

图 5-2　基本视图的配置及投影规律

向视图:未按投影关系配置的视图,即可自由配置的基本视图。

当某视图不能按投影关系配置时,可按向视图绘制;向视图必须标注,如图 5-3 所示,标注方式有如下要求:

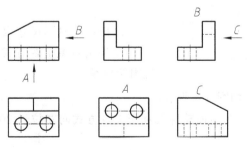

图 5-3　向视图标注

（1）在向视图的上方标出视图的名称"×"（"×"一般为大写拉丁字母）。

（2）在相应视图附近用箭头指明投影方向，并注上同样字母。

5.1.2 绘制基本视图实例

绘制如图 5-4 所示支块的视图。对图形进行形体分析，确定表达方法。

1. 绘图分析

（1）将支块置于六面投影体系中，用正投影法将物体分别向投影面进行投射，将其投影展开，即得到支块的基本视图，如图 5-5 所示。

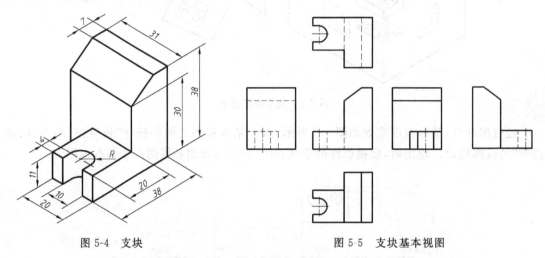

图 5-4 支块   图 5-5 支块基本视图

（2）进行形体分析，将形体分为两部分，即左侧横板和右侧立板，绘图时先依据三视图方法绘制主、俯、左视图；另外仰视图与俯视图、右视图与左视图、后视图与主视图的图线两两对称，可执行镜像命令得到，然后根据可见性将虚线、粗实线转换。

（3）此视图按规定位置放置，由于图幅和布局关系，对于视图不能按投影关系配置时，可以移动视图，绘制成向视图，如图 5-6 所示。

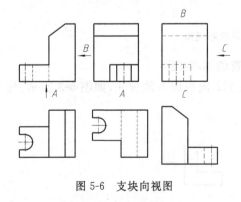

图 5-6 支块向视图

（2）绘制横板三视图，如图 5-8 所示。

① 绘制俯视图，将俯视图前面轮廓线利用夹点方式向左拉长 20mm，选择"粗实线"图层，绘制外廓线。

② 选择合适图层，采用对象追踪方式以及 45°斜线，绘制左视图轮廓线以及中心线。

2. 操作步骤

步骤一：新建文件

利用建立的 A4 样板文件新建图形，保存为"支块"。

步骤二：绘制基本视图

（1）布置视图，先绘制右侧立板三视图，如图 5-7 所示。

① 根据轴测图尺寸，绘制主视图。

② 采用对象追踪方式以及 45°斜线，绘制俯、左视图轮廓线。

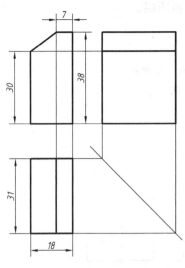

图 5-7 绘制立板三视图   图 5-8 绘制横板三视图

③ 将主视图下面轮廓线利用夹点方式向左拉长 20mm,选择合适图层,采用对象追踪方式,绘制主视图的轮廓线、虚线和中心线,且将立板的竖线执行打断于点命令,分成两段,将下面图线转换为虚线图层。

(3) 绘制仰视图,如图 5-9 所示。

① 选择俯视图,执行镜像命令,将镜像的第一点设置为主视图立板右侧竖线中点,第二点为水平向左任意一点,得到仰视图轮廓。

② 将立板的左侧竖线执行打断于点命令,分成两段,将前面图线和另一图线转换为虚线图层。

(4) 绘制后、右视图,如图 5-10 所示。

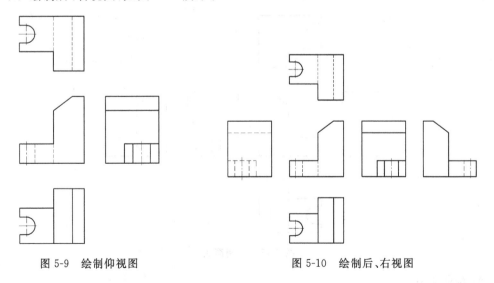

图 5-9 绘制仰视图   图 5-10 绘制后、右视图

① 选择主视图,执行镜像命令,将镜像的第一点设置为左视图立板上面横线中点,第二点为竖直向下任意一点,得到后视图轮廓,将其有变化的图线转换图层。

② 选择左视图,执行镜像命令,将镜像的第一点设置为主视图下面横线中点,第二点为竖

直向上任意一点,得到右视图轮廓,将其有变化的图线转换图层。

步骤三:绘制向视图

(1) 绘制箭头(按 1∶1 比例绘制)。

① 单击"绘图"工具栏"多段线"按钮 ⤵ ,执行"多段线"命令;

② 在主视图下方中间位置单击确定起点,如图 5-11 所示;

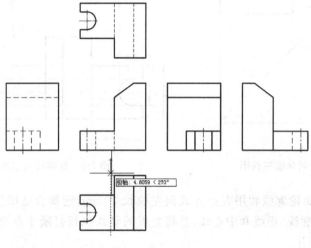

图 5-11 确定起点

③ 输入"W"按 Enter 键,输入"0"后按 Enter 键,输入"1"后按 Enter 键;

④ 竖直向下移动光标,输入"5"后按 Enter 键;

⑤ 输入"W"按 Enter 键,输入"0"后按 Enter 键,输入"0"后按 Enter 键;

⑥ 竖直向下移动光标,输入"5"后按 Enter 键;

⑦ 同样方式绘制另外两个箭头,如图 5-12 所示。

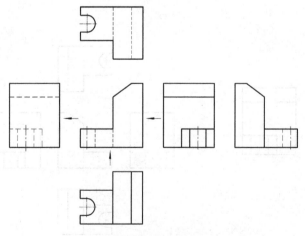

图 5-12 绘制箭头

(2) 标注字母。

① 单击"绘图"工具栏"多行文字"按钮 Ⓐ ,执行"多行文字"命令。

② 在主视图下方箭头右侧指定两点确定一个矩形,出现"文字格式"对话框。

③ 在对话框中选择字体格式为"数字",文字的高度为"5"。

④ 注写字母"A"后,如图 5-13 所示,单击"确定"按钮。

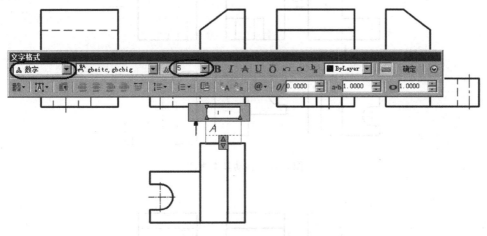

图 5-13　"文字格式"对话框

⑤ 以同样方式标注字母"B"和"C",如图 5-14 所示。

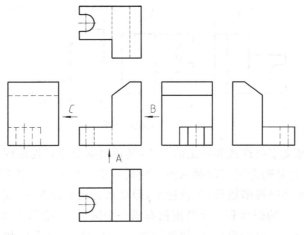

图 5-14　标注字母

(3)移动视图。

① 单击"修改"工具栏"移动"命令按钮 ✛,执行移动命令,采用"窗选"或"叉选"方式,选择仰视图所有对象,指定移动基点,将仰视图移动到左视图下方;

② 将后视图向下移动;

③ 右视图及其箭头符号移动图示位置,如图 5-15 所示。

(4)标注视图中的字母标记,可以将字母用复制方式完成,如图 5-16 所示。

步骤四:保存文件

选择"文件"|"保存"命令。

3. 步骤点评

1)对于步骤三:文字命令,AutoCAD 根据不同需要提供了单行文字和多行文字输入方式

选择菜单"绘图"|"文字"|"单行文字"或命令行输入 dt 后按 Enter 键执行"单行文字"命

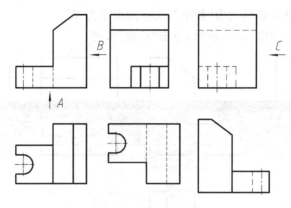

图 5-15　移动基本视图

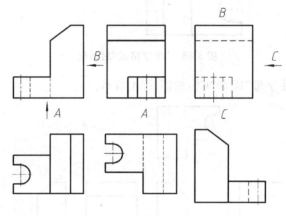

图 5-16　支块向视图

令,可以在命令行选择文字的样式和对正的方式,其他根据命令行提示即可完成。

而对正方式其实就是确定文字的插入点;特别对于"对齐(A)"选项,字符的大小根据确定距离按比例调整,文字字符串越长,字符越小,即高宽之比不改变,改变文字的大小;而对于"调整(F)"字符大小确定的距离和一个高度值布满一个区域,只适用于水平方向的文字。

输入文字时,对于一些特殊符号,可使用标准 AutoCAD 文字字体和 Adobe PostScript 字体的控制代码:%%nnn,其具体符号和代码示例如表 5-1 所示。

表 5-1　文字控制代码

输 入 符 号	控 制 代 码	键盘输入示例	显 示 样 式
上划线	%%O	%%OAutoCAD%%O2014	AutoCAD2014
		%%OAutoCAD2014	AutoCAD2014
下划线	%%U	%%UAutoCAD%%U2014	AutoCAD2014
		%%UAutoCAD2014	AutoCAD2014
上下划线	%%O%%U	%%O%%UAutoCAD2014	AutoCAD2014
角度符号(°)	%%D	60%%D	60°
直径符号(φ)	%%C	%%C100	φ100
公差符号(±)	%%P	%%P0.012	±0.012

而选择菜单"绘图"|"文字"|"多行文字"或 mt 后按 Enter 键执行命令后,指定两点确定文字位置,弹出"文字格式"对话框,如图 5-17 所示。

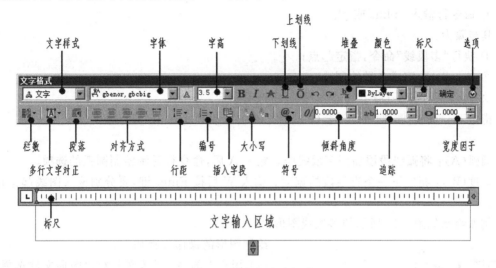

图 5-17　多行文字编辑器

可以输入符号、编号等,还可以进行各种编辑;若在文字输入区域右击,出现快捷菜单,选择"输入文字"选项,在弹出"选择文件"对话框中,找到已编辑好的记事本文件(∗.txt),单击"打开"按钮,即可将记事本文件内容输入到"多行文本编辑器"里面。

2) 对于步骤三:移动命令是指源对象以指定的角度和方向移动指定距离或者移动到指定到位置

移动对象命令的执行方式有如下几种:

- 菜单命令:"修改"|"移动"。
- "修改"工具栏:"移动"按钮 ✛ 。
- 命令行输入:move。

其步骤为:

① 执行"移动"命令,选择要复制的对象结束后,按 Enter 键完成选择。

② 单击指定要移动对象的基点。

③ 移动鼠标单击要放置移动对象的位置,完成移动。

除了使用移动命令之外,我们也可以使用其他方法,实现图形的移动。

(1)夹点编辑。

这种方法适用于单个的直线、圆、圆弧和椭圆。将要移动对象先选中,然后激活对象的中心夹点(圆、圆弧、椭圆)或直线中间夹点,在合适的位置单击,即可将对象移动到该处。

(2)右键拖曳。

该方法适用于所有图形,可以选择多个对象,然后按住鼠标右键不放,拖动鼠标,然后松开右键,屏幕将弹出如图 5-18 所示的选项,可以选择"移动到此处"选项。

```
移动到此处(M)
复制到此处(C)
粘贴为块(P)
取消(A)
```

3) 对于步骤三:关于多段线

多段线命令的执行方式有如下几种:

图 5-18　右键拖曳移动对象

- 菜单命令："绘图"|"多段线"。
- "绘图"工具栏："多段线"按钮 ⌐⌐
- 命令行输入：pline 或 pl。

其步骤为：

① 执行"多段线"命令，指定起点；

② 执行选项，完成各种绘制。

执行多段线(pline)命令后，在命令行的选项如下。

指定下一点或[圆弧(A)/闭合(C)/半宽(H)/长度(L)/放弃(U)/宽度(W)]：

圆弧(A)：将弧线段添加到多段线中。输入 A 后，命令行显示绘制圆弧的选项。

宽度(W)：指定下一条直线段的宽度。输入 W 后按 Enter 键，要分别输入图线起讫点宽度值。

例如绘制如图 5-19 所示的多段线图形。

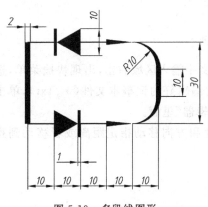

图 5-19　多段线图形

绘制图形的操作步骤如下：

(1) 用建立的 A4 样板文件新建图形文件选择"粗实线"图层执行多段线命令，输入选项"W"，选择起点和端点宽度为 0，绘制长 10 的水平线。

(2) 选择选项"W"，选择起点宽度为 10，端点宽度为 0，绘制长 9 的水平线。

(3) 选择选项"W"，选择起点和端点宽度为 10，绘制长 1 的水平线。

(4) 选择选项"W"，选择起点和端点宽度为 0，绘制长 10 的水平线。

(5) 选择选项"W"，选择起点宽度为 2，端点宽度为 0，绘制长 10 的水平线。

(6) 选择选项"A"，绘制圆弧，选择起点宽度为 0，端点宽度为 2，角度为 90°，半径 R 为 10，圆弧的弦方向为 45°。

(7) 选择选项"L"，绘制直线，此时线宽为 2，绘制长 10 的竖直向上的直线。

(8) 选择选项"A"，绘制圆弧，选择起点宽度为 2，端点宽度为 0，角度为 90°，半径 R 为 10，圆弧的弦方向为 135°。

(9) 选择选项"L"，绘制直线，选择起点宽度为 0，端点宽度为 2，绘制长 10 的水平向左直线。

(10) 选择选项"W"，选择起点和端点宽度为 0，绘制长 10 的水平向左直线。

(11) 选择选项"W"，选择起点宽度为 10，端点宽度为 0，绘制长 9 的水平向左直线。

(12) 选择选项"W"，选择起点和端点宽度为 10，绘制长 1 的水平向左直线。

(13) 选择选项"W"，选择起点和端点宽度为 0，绘制长 10 的水平向左直线。

(14) 选择选项"W"，选择起点和端点宽度为 2，选择选项"C"，绘制长 30 的竖直向下闭合直线。

5.1.3 随堂练习

在 A3 幅面绘制如图 5-20 所示立体的基本视图,在 A4 幅面绘制向视图。

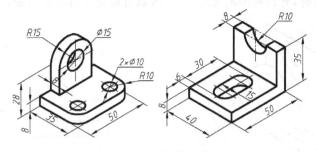

图 5-20 绘制视图

5.2 物体外形的表达——局部视图、斜视图

本节知识点:

(1) 局部视图绘制。

(2) 斜视图绘制。

(3) 极轴角设置以及极轴追踪。

5.2.1 局部视图

局部视图:将机件的某一部分向基本投影面投射所得的视图。

当机件仅有某一部分形状尚没有表达清楚时,没有必要画出完整的基本视图,可采用局部视图,即只把尚未表达清楚部分的结构向基本投影面投射即可。

由于局部视图所表达的只是机件某一部分的形状,故需要画出断裂边界。局部视图的断裂边界用波浪线(或双折线)表示;若表示的局部结构是完整且外形轮廓线封闭时,波浪线可省略不画。

注意:波浪线画在机件实体部分,不应超出机件,也不应穿空而过;波浪线也不应与轮廓线重合或在轮廓线的延长线上。

绘制局部视图时,一般在局部视图的上方标出视图的名称"×"("×"一般为大写拉丁字母),在相应的视图附近用箭头指明投射方向,并注出相同的字母;当局部视图按基本视图配置,中间又无其他图形隔开时可省略标注。

5.2.2 斜视图

斜视图:将机件向不平行于基本投影面的平面(投影面垂直面)投射所得的视图。

当机件具有倾斜结构时,在基本视图上不能反映该部分的实形,同时也不便标注尺寸,此时可设置一个平行于倾斜结构的投影面垂直面作为新投影面,将倾斜结构部分向新投影面投射得到反映倾斜结构实形的视图,如图 5-21(a)所示。

斜视图主要是用来表达机件倾斜部分实形,故其余部分不必全部画出,断裂边界用波浪线

（或双折线）表示；如果表示的倾斜结构是完整且外形轮廓线封闭时，波浪线可省略不画。

绘图时，必须在斜视图的上方标出视图的名称"×"，在相应的视图附近用箭头指明投射方向，并注上同样的大写拉丁字母。通常斜视图按投影关系配置，必要时也可画在其他适当的位置；在不致引起误解时，允许将图形旋转，"×"应靠近旋转字符的箭头端；如图 5-21(b)所示。

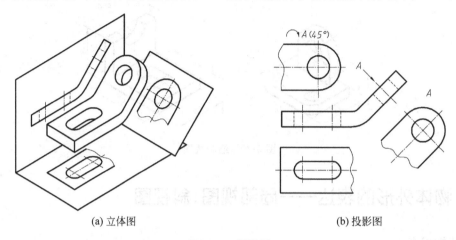

(a) 立体图   (b) 投影图

图 5-21 斜视图

5.2.3 绘制局部视图、斜视图实例

根据如图 5-22 所示形体的形体图，进行形体分析，绘制表达图样。

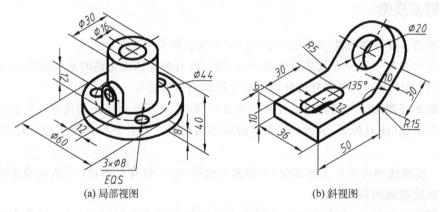

(a) 局部视图   (b) 斜视图

图 5-22 形体图

1. 绘图分析

(1) 对于如图 5-22(a)所示形体，用两个基本视图（主、俯视图）已能将零件的大部分形状表达清楚，只有圆筒左侧的凸缘部分没有表达清楚，因此采用局部视图只画出凸缘部分的形状，如图 5-23(a)所示。

(2) 对于如图 5-22(b)所示形体，右侧具有倾斜结构，俯视图不能反映该部分的实形，同时也不便标注尺寸，因此采用斜视图方式画出倾斜结构实形的视图，如图 5-23(b)所示。

2. 操作步骤

步骤一：新建文件

利用建立的 A3 样板文件新建图形，保存为"局部视图斜视图"。在图幅左侧绘制局部视

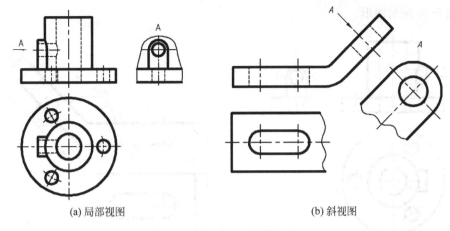

(a) 局部视图　　　　　　　　　　　　(b) 斜视图

图 5-23　局部视图、斜视图

图,右侧绘制斜视图。

步骤二：绘制局部视图

(1) 布置视图,绘制底板视图,左视图绘制部分,如图 5-24 所示。

(2) 绘制圆筒视图,如图 5-25 所示。

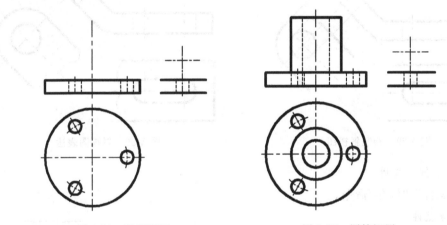

图 5-24　底板视图　　　　　　　　图 5-25　圆筒视图

(3) 绘制凸缘视图,先绘制左视图,再绘制俯视图,然后依据投影关系绘制主视图,如图 5-26 所示。

(4) 利用多段线绘制箭头,用文字注写字母,采用样条曲线绘制波浪线,然后可根据需要移动局部视图,如图 5-27 所示。

步骤三：绘制斜视图

(1) 根据尺寸绘制主视图,按照"长对正"绘制部分俯视图,如图 5-28 所示。

(2) 绘制倾斜 45°的中心线,然后按照图 5-29 所示对齐方式绘制斜视图。

(3) 利用多段线绘制箭头,用文字注写字母,采用样条曲线绘制波浪线;执行圆角命令绘制 R5、R15 圆弧;最后

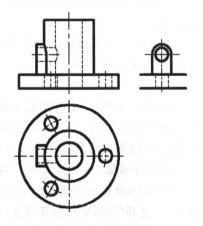

图 5-26　凸缘视图

得到如图 5-30 所示图形。

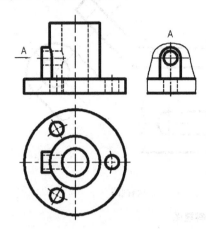

图 5-27 局部视图表达

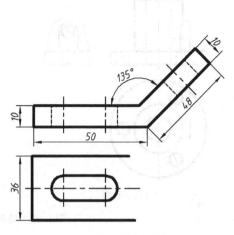

图 5-28 基本视图

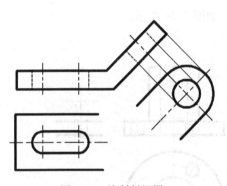

图 5-29 绘制斜视图

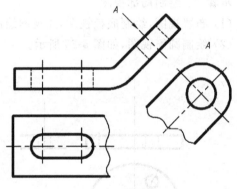

图 5-30 斜视图表达

步骤四：保存文件

选择"文件"|"保存"命令。

3. 步骤点评

1）对于步骤二：关于绘制主视图的相贯线

① 不可见的相贯线可找出 3 个特殊位置点，然后用样条曲线连接；

② 而对于可见相贯线上部曲线部分，可找出 a 点的对称点 b，用样条曲线连接 3 个点，然后将多余部分剪除，如图 5-31 所示。

2）对于步骤三：关于绘制主视图

从轮廓的左上角点 a 开始逆时针绘制，而其上部斜线与水平线交点，可以采用对象追踪方式绘制，如图 5-32 所示。

3）对于步骤三：关于绘制斜视图

在"草图设置"对话框的"极轴追踪"选项卡中将"增量角"设置为 15，选择"用所有极轴角设置追踪"单选按钮；在绘制圆弧或圆时，可追踪主视图上点，如图 5-33 所示。

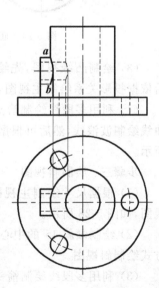

图 5-31 绘制相贯线

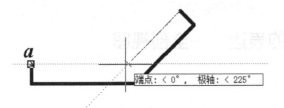

图 5-32 对象追踪

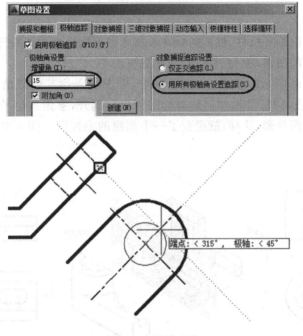

图 5-33 极轴追踪

5.2.4 随堂练习

选择合适图幅绘制如图 5-34 所示弯头的 A 向斜视图和 B 向局部视图。

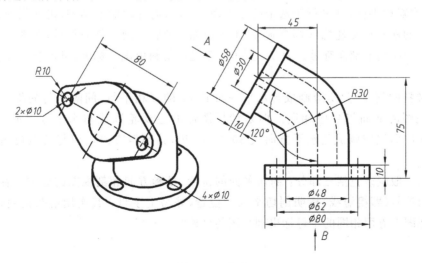

图 5-34 弯头

5.3　物体内形的表达——全剖视图

本节知识点：
(1) 剖视图绘制。
(2) 图案填充命令的使用。

5.3.1　剖视图

假想用一剖切平面剖开机件，然后将处在观察者和剖切平面之间的部分移去，而将其余部分向投影面投影所得的图形，称为剖视图（简称剖视）。

例如，如图 5-35(a) 所示的机件，在主视图中，用虚线表达其内部结构，不够清晰。按照图 5-35(b) 所示的方法，假想沿机件前后对称平面把它剖开，拿走剖切平面前面的部分后，将后面部分再向正投影面投影，这样，就得到了一个剖视的主视图。图 5-35(c) 表示机件剖视图的画法。

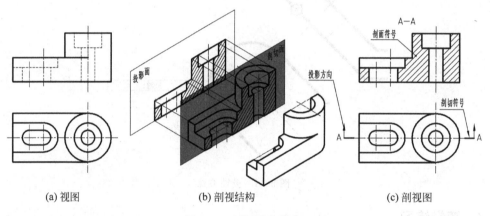

(a) 视图	(b) 剖视结构	(c) 剖视图

图 5-35　剖视图的形成

画剖视图时，首先要选择适当的剖切位置，使剖切平面尽量通过较多的内部结构（孔、槽等）的轴线或对称平面，并平行于选定的投影面；其次，内外轮廓要画齐，机件剖开后，处在剖切平面之后的所有可见轮廓线都应画齐，不得遗漏；最后要画上剖面符号，在剖视图中，凡是被剖切的部分应画上剖面符号。表 5-2 列出了常见的材料由国家标准《机械制图》规定的剖面符号。

金属材料的剖面符号，应画成与水平方向成 45°的互相平行、间隔均匀的细实线。同一机件各个视图的剖面符号应相同。但是如果图形的主要轮廓线与水平方向成 45°或接近 45°时，该图剖面线应画成与水平方向成 30°或 60°角，其倾斜方向仍应与其他视图的剖面线一致。

剖视图一般应该包括三部分：剖切平面的位置、投影方向和剖视图的名称。首先在剖视图中用剖切符号（即粗短线）标明剖切平面的位置，并写上字母；其次用箭头指明投影方向；最后在剖视图上方用相同的字母标出剖视图的名称"×—×"。

表 5-2　部分特定的剖面符号（GB/T 17453—1998、GB/T 4457.5—1984）

金属材料/普通砖		线圈绕组元件		混凝土		
非金属材料（除普通砖外）		转子、电枢、变压器和电抗器等的迭钢片		钢筋混凝土		
木材	纵剖面	型砂、填砂、粉末冶金、砂轮、陶瓷刀片、硬质合金刀片等		固体材料		
	横剖面	液体		基础周围的泥土		
玻璃及供观察用的其他透明材料		木质胶合板（不分层数）		格网（筛网、过滤网等）		

5.3.2　全剖视图绘制实例

绘制形体俯视图和左视图，补画剖视主视图，如图 5-36 所示。

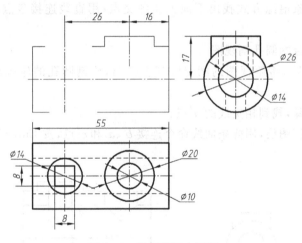

图 5-36　补画剖视主视图

1. 绘图分析

（1）进行形体分析，将形体分为两部分，底部圆筒和上右侧圆柱凸台；

（2）圆筒左侧上面是圆孔，下面为方孔；

（3）上右侧的圆柱凸台有一个孔，到圆筒中心，如图 5-37 所示。

2. 操作步骤

步骤一：新建文件

利用建立的 A4 样板文件新建图形，保存为"全剖视图"。

步骤二：绘制原视图

根据给定尺寸及图形，绘制原图。

步骤三：绘制圆筒和凸台的剖视图，如图 5-38 所示。

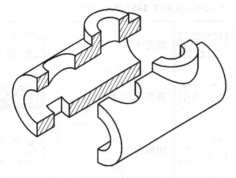

图 5-37　视图形体分析

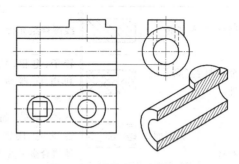

图 5-38　圆筒和凸台剖视图

步骤四：绘制圆筒左侧的圆孔和方孔剖视图

(1) 绘制圆孔剖视图。

① 利用对象追踪，绘制主视图圆孔轮廓线Ⅰ和Ⅱ，找到 b' 和 c' 点；

② 绘制圆筒空腔的相贯线斜直线；

③ 利用对象追踪，找到相贯线的 a' 点；

④ 选择"粗实线"图层，用样条曲线命令连接 b' 点、a' 点和 c' 点，按 Enter 键得到相贯线。

(2) 同样利用对象追踪方式找出下面方孔各交点，用直线连接各点，绘制出相贯线。如图 5-39 所示。

步骤五：绘制凸台的圆孔剖视图

(1) 利用对象追踪，将俯视图的圆追踪到主视图，绘制圆孔的轮廓线Ⅰ和Ⅱ，找到 b' 和 c' 点；

(2) 利用对象追踪，找到相贯线的 a' 点；

(3) 选择"粗实线"图层，用样条曲线命令连接 b'、a' 和 c' 点，按 Enter 键，得到相贯线；

如图 5-40 所示。

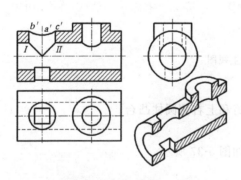

图 5-39　绘制圆筒左侧的圆孔和方孔剖视图

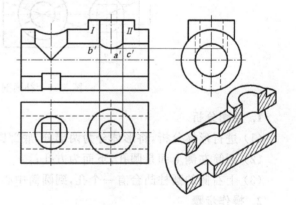

图 5-40　绘制凸台的圆孔剖视图

步骤六：填充剖面线

(1) 选择"剖面线"图层，单击"绘图"工具栏"图案填充"按钮 ；

(2) 在"图案填充和渐变色"对话框，在"图案"选定 ANSI31，如图 5-41(a)所示；

(3) 选择角度为 0 和比例为 0.5，如图 5-41(a)所示；

(4) 单击"添加拾取点"按钮 ，如图 5-41(a)所示，在绘图区域拾取要填充剖面线区域，按 Enter 键；

（5）单击"确定"按钮，完成绘制，如图 5-41(b)所示。

(a) 对话框设置

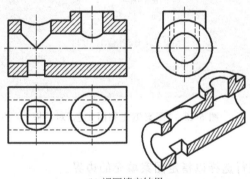

(b) 视图填充结果

图 5-41　填充剖面线

步骤七：保存文件

选择"文件"|"保存"命令。

3. 步骤点评

对于步骤六：关于填充

填充在工程设计中，常常要把某种图案(如机械设计中的剖面线、建筑设计中的建筑材料符号)填入某一指定的区域，这属于图案填充。

执行图案填充命令后，出现"图案填充和渐变色"对话框，如图 5-42 所示，在此可以设置要确定的三项内容：填充的图案、填充的区域、图案填充的方式。

（1）类型和图案：AutoCAD 提供了实体填充及多种行业标准填充图案，可选所需的图案。

（2）角度和比例。

- 角度：指定填充图案的角度。机械制图规定剖面线倾角为 45°或 135°，若选用图案 ANSI31，应设置该值为 0。
- 比例：放大或缩小预定义图案，以设置图案图线的间距，以保证不同零件剖面线的不同。

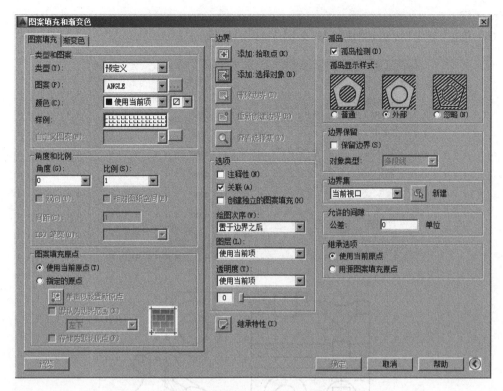

图 5-42 "图案填充和渐变色"对话框

(3) 边界。

可以从多个方法中进行选择以指定图案填充的边界。

- 添加：拾取点 ⊞：指定对象封闭的区域中的点。单击该按钮，系统临时关闭对话框，可以直接单击要填充的区域，这种方式默认确定填充边界要求图形必须是封闭的。
- 添加：选择对象 ⊞：选择封闭区域的对象。根据构成封闭区域的选定对象确定边界。单击该按钮，系统临时关闭对话框，可根据需要选择对象，构成填充边界。

(4) 选项。

- 注释性：可以在打印中或者在屏幕上显示不同的比例的填充图案。
- 关联：控制图案填充或填充的关联。关联的图案填充若修改其边界时，图案将随边界更新而更新。
- 创建独立的图案填充：当同时确定几个独立的闭合边界时，图案是一个对象。通过创建独立的图案填充将图案变为各自独立的对象，相当于分别填充，得到各自的对象。

(5) 孤岛。

位于填充区域内部的封闭区域称为孤岛。孤岛内的封闭区域也是孤岛，孤岛可以相互嵌套。孤岛的显示样式有：普通、外部、忽略。

图案填充后，有时需要修改图案填充或图案填充的边界，可以选择填充图案，右击，在弹出的快捷菜单中选择"编辑图案填充"命令，将弹出"图案填充编辑"对话框，可以进行删除边界和重新创建边界，进行编辑。

提示：同一视图可采用一次性填充，且关联；不同视图其设置要一样，但要分别填充。

5.3.3　随堂练习

选择合适图幅将图 5-43 所示视图改画为全剖视图。

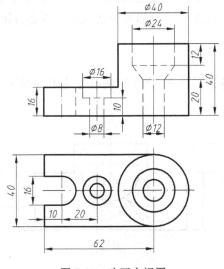

图 5-43　改画主视图

5.4　物体内外形的表达——半剖视图

本节知识点：
（1）半剖视图绘制。
（2）特性匹配命令的使用。

5.4.1　半剖视图

当机件具有对称平面时，在垂直于对称平面的投影面上投影得到的视图，可以以对称中心线为界，一半画成剖视图，一半画成视图，这样的图形称为半剖视图。

半剖视图既充分地表达了机件的内部结构，又保留了机件的外部形状，因此它具有内外兼顾的特点。但半剖视图只适宜于表达对称的或基本对称的机件，如图 5-44 所示。

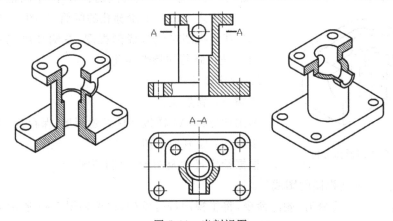

图 5-44　半剖视图

半剖视图的标注方法与全剖视图相同。

绘制半剖视图需注意几点,首先对于具有对称平面的机件,在平行于对称平面的投影面上绘制半剖视图,若机件的形状接近于对称,而不对称部分已另有视图表达时,也可以采用半剖视;其次,剖视部分和视图部分必须以细点画线为界;若作为分界线的细点画线刚好和轮廓线重合,则应避免使用;半剖视图中的内部轮廓在视图中不必再用虚线表示。

5.4.2　半剖视图绘制实例

绘制如图 5-45 所示形体的两视图,将主视图改画为半剖视图。

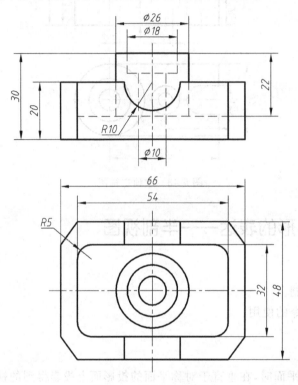

图 5-45　改画半剖视图

1. 绘图分析

(1)进行形体分析,将形体分为两部分,底部为一切去棱角的长方体,中间挖一个凹槽;

(2)凹槽之中放一个阶梯孔的圆筒,如图 5-46 所示;

(3)其主视图左侧画成剖视图,右侧画出视图,可以利用原有图形进行修剪和特性匹配。

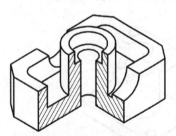

图 5-46　半剖视图形体分析

2. 操作步骤

步骤一:新建文件

利用建立的 A4 样板文件新建图形,保存为"半剖视图"。

步骤二:绘制原视图

根据给定尺寸及图形,绘制原图。

步骤三:修剪半剖视图的图线

根据表达方案,执行修剪、删除命令,将主视图进行整理,得到如图 5-47 所示的结果。

步骤四：整理半剖视图的图线

(1) 合并对象。

① 执行合并命令；

② 选择图 5-48 所示的竖线：粗实线Ⅰ和虚线Ⅱ,合并为粗实线。

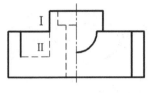

图 5-47　整理主视图

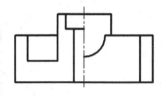

图 5-48　特性匹配

(2) 特性匹配。

① 单击"标准"工具栏"特性匹配"按钮；

② 选择任一粗实线图层对象；

③ 选择要变为粗实线的图线,则选择对象都变为粗实线；

如图 5-48 所示。

步骤五：填充剖面线

① 选择"剖面线"图层,单击"绘图"工具栏"图案填充"按钮；

② 在"图案填充和渐变色"对话框,在"图案"选定 ANSI31；

③ 选择角度为 0 和比例为 1；

④ 单击"添加拾取点"按钮图,在绘图区域拾取要填充剖面线区域,按 Enter 键；

⑤ 单击"确定"按钮,完成绘制。

如图 5-49 所示。

步骤六：保存文件

选择"文件"|"保存"命令。

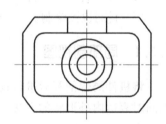

图 5-49　填充剖面线

3. 步骤点评

对于步骤四：关于使用"特性匹配"

使用"特性匹配",可以将一个对象的某些或所有特性复制到其他对象。如同 Office 中的"格式刷"命令一样。

可以复制的特性类型包括颜色、图层、线型、线型比例、线宽、打印样式和三维厚度等。

默认情况下,所有可应用的特性都自动地从选定的第一个对象复制到其他对象。

将特性从一个对象匹配到其他对象的步骤如下：

(1) 单击"标准"工具栏的"特性匹配"按钮。

(2) 选择要复制其特性的对象。

(3) 如果要控制传递某些特性,则输入字母 s(设置),在打开的"特性设置"对话框中,清除不希望复制的项目(默认情况下所有项目都打开),设置完毕后,单击"确定"按钮。

(4) 选择对其应用选定特性的对象并按 Enter 键。选择对象时,可以采用窗选、叉选、点选等各种选择办法。

5.4.3 随堂练习

选择合适图幅将图 5-50 所示底座的主左视图画为半剖视图。

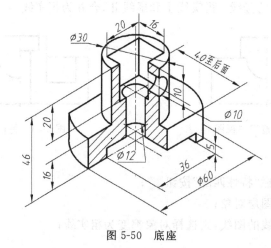

图 5-50 底座

5.5 物体内外形的表达——局部剖视图、斜剖视图

本节知识点：
(1) 局部剖视图绘制。
(2) 斜剖视图绘制。

5.5.1 局部剖视图

将机件局部剖开后进行投影得到的剖视图称为局部剖视图。局部剖视图也是在同一视图上同时表达内外形状的方法，并且用波浪线作为剖视图与视图的界线，如图 5-51 所示。

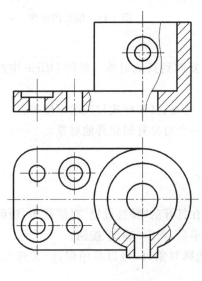

图 5-51 局部剖视图

局部剖视是一种比较灵活的表达方法，剖切范围根据实际需要决定。但使用时要考虑到看图方便，剖切不要过于零碎。它常用于机件只有局部内形要表达，而又不必或不宜采用全剖视图的情况，以及不对称机件需要同时表达其内、外形状的情况。

表示视图与剖视范围的波浪线，可看作机件断裂痕迹的投影，因此波浪线不能超出图形轮廓线，因孔是空的，且不能穿孔而过，如遇到孔、槽等结构时，波浪线必须断开；且波浪线不能与图形中任何图线重合，也不能用其他线代替或画在其他线的延长线上；当被剖切部位的局部结构为回转体时，允许将该结构的中心线作为局部剖视图部分与视图部分的分界线。

局部剖视图的标注方法和全剖视图相同。但如局部剖视图的剖切位置非常明显，则可以不标注。

5.5.2　斜剖视图

用不平行于任何基本投影面的剖切平面剖开机件的方法也称为斜剖,所画出的剖视图,称为斜剖视图。斜剖视适用于机件的倾斜部分需要剖开以表达内部实形的时候,并且内部实形的投影是用辅助投影面法求得的。

画斜剖视图最好与基本视图保持直接的投影联系,必要时(如为了合理布置图幅)可以将斜剖视画到图纸的其他地方,但要保持原来的倾斜度,也可以转平后画出,但必须加注旋转符号。斜剖视主要用于表达倾斜部分的结构。机件上凡在斜剖视图中失真的投影,一般应避免表示。斜剖视图必须标注,有箭头、字母和剖切符号,字母一律水平方向放置。

5.5.3　局部剖视图、斜剖视图绘制实例

对如图 5-52 所示连接弯头,确定表达方案,绘制视图。

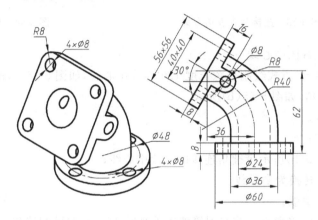

图 5-52　连接弯头

1. 绘图分析

(1) 进行形体分析,将形体分为 4 部分:底板、上连接板、中间弯曲圆筒、上部前后耳块;

(2) 主视图采取两处局部剖视图,既反映底板、圆筒的内形,又反映耳块的外形;

(3) 底板采用全剖俯视图表达形状,连接板采用斜剖视图,反映其结构形状;

(4) 采用斜剖视图,反映了上连接板的形状和上部前后耳块内部结构;

如图 5-53 所示。

2. 操作步骤

步骤一:新建文件

利用建立的 A4 样板文件新建图形,保存为"连接弯头"。

步骤二:绘制底板

(1) 绘制底板俯视图。

(2) 绘制底板主视图(直接绘出局部剖视,不绘制剖面线,中间孔不绘制)。

如图 5-54 所示。

步骤三:绘制弯曲圆筒视图

(1) 绘制圆筒剖切俯视图圆。

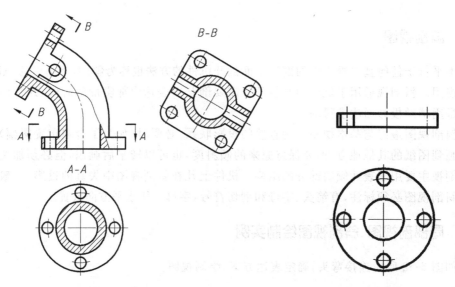

图 5-53   连接弯头表达方案   图 5-54   底板视图

(2) 绘制圆筒主视图中心线。

① 可利用"捕捉自"方式绘制任意长度 120°斜线中心线,如图 5-55(a)所示。

② 作出 R30 圆角,如图 5-55(b)所示。

(3) 合并多段线。

① 执行"合并"命令;

② 选择如图 5-55(b)所示带圆角连接的三段中心线;

③ 按 Enter 键,转换为多段线。

(4) 绘制圆筒轮廓线。

① 执行偏移命令,将中心线按照圆筒的内外半径 12、18,向两侧偏移。

② 转换图层,修剪整理,如图 5-55(c)所示。

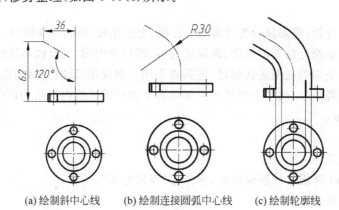

(a) 绘制斜中心线   (b) 绘制连接圆弧中心线   (c) 绘制轮廓线

图 5-55   绘制圆筒

步骤四:绘制连接板视图

(1) 绘制连接板外轮廓

① 绘制主视图矩形和斜视图矩形。

② 绘制斜视图矩形倒圆角 R8。

如图 5-56(a)所示。

(2) 绘制连接板圆孔。

① 在斜视图绘制圆孔中心线,绘制 φ8 圆。

② 在主视图绘制圆孔剖视图。

如图 5-56(b)所示。

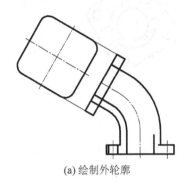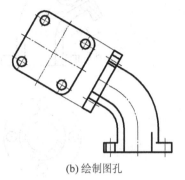

(a) 绘制外轮廓　　　　　　　　　　　(b) 绘制图孔

图 5-56　绘制连接板

步骤五:绘制耳块视图

(1) 绘制耳块主视图。

(2) 绘制耳块斜剖视图。

如图 5-57 所示。

步骤六:修剪视图

(1) 绘制波浪线。

(2) 修剪多余图线。

如图 5-58 所示。

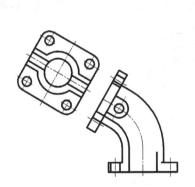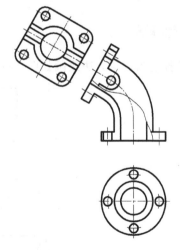

图 5-57　绘制耳块　　　　　　　图 5-58　整理视图

步骤七:整理视图,绘制剖面线

(1) 移动斜剖视图,到合适位置。

(2) 执行填充命令,绘制剖面线。

（3）绘制剖切符号，注写剖视图名称。

如图 5-59 所示。

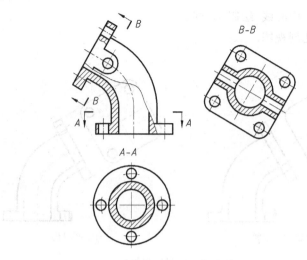

图 5-59　完成视图

步骤八：保存文件

选择"文件"|"保存"命令。

3. 步骤点评

对于步骤三：绘制圆筒视图，绘制轮廓线，采用了偏移命令，因为其图线之间相互平行。

所以将相互连接的图线需要转换为多段线，变成一个对象；而在偏移过程中圆弧半径也自动随着变化的。

注意偏移后图形默认保留源对象属性，可在偏移的过程中，确定需要的图层，也可偏移后采用"特性匹配"改换。

5.5.4　随堂练习

读图，选择适当表达方法改画如图 5-60 所示的支架主视图，尺寸由图上量取，取整数。

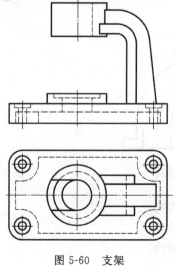

图 5-60　支架

5.6 物体内形的表达——旋转剖视图

本节知识点：
(1) 旋转剖视图绘制。
(2) 机件加工工艺。

5.6.1 旋转剖视图

用两个相交的剖切平面(交线垂直于某一基本投影面)剖开机件的方法称为旋转剖,所画出的剖视图,称为旋转剖视图。适用于有明显回转轴线的机件,而轴线恰好是两剖切平面的交线,并且两剖切平面一个为投影面平行面,一个为投影面垂直面,采用这种剖切方法画剖视图时,先假想按剖切位置剖开机件,然后将被剖切的结构及其有关部分绕剖切平面的交线旋转到与选定投影面平行后再投射,如图 5-61 所示。

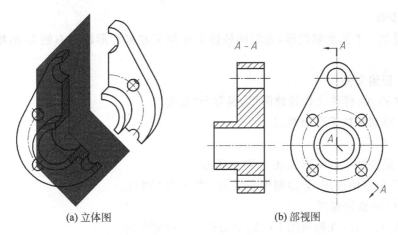

(a) 立体图   (b) 部视图

图 5-61 旋转剖视图

画旋转剖视图时应注意两点：首先倾斜的平面必须旋转到与选定的基本投影面平行,以使投影能够表达实形,但剖切平面后面的结构,一般应按原来的位置画出它的投影；其次旋转剖视图必须标注,在剖切平面迹线的起始、转折和终止的地方,用剖切符号(即粗短线)表示它的位置,并写上相同的字母；在剖切符号两端用箭头表示投影方向(如果剖视图按投影关系配置,中间又无其他图形隔开时,可省略箭头)；在剖视图上方用相同的字母标出名称"X—X",如图 5-60(b)所示。

5.6.2 旋转剖切视图绘制实例

对于如图 5-62 所示盘座图形,将主视图改画为旋转剖切视图。

1. 绘图分析

进行形体分析,将一圆柱形体毛胚,在左侧中间挖一个环形槽,右侧切去同样深度的 U 形槽,在直径为 42mm 处钻三个圆孔,中间钻一个圆孔,具体结构如图 5-63 所示；要表达清楚内部结构,需将形体沿图示分界面剖开,做旋转剖视图。

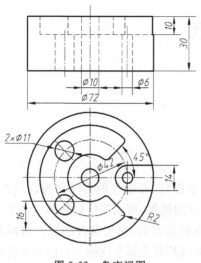

图 5-62　盘座视图

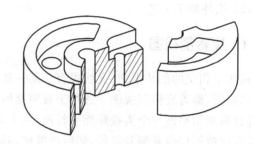

图 5-63　盘座形体分析

2. 操作步骤

此图按照加工工艺绘制图形,先将圆柱体毛胚加工左侧环形槽和右侧 U 形槽,然后进行钻孔。

步骤一:新建文件

利用建立的 A4 样板文件新建图形,保存为"盘座"。

步骤二:绘制圆柱毛胚两视图

如图 5-64 所示。

步骤三:绘制加工的环形槽和 U 形槽图形

① 绘制环形槽俯视图(需绘制中心线圆),绘制 R2 圆角。

② 绘制 U 形槽俯视图。

③ 根据钻孔位置,在俯视图上绘制剖切符号和投射方向。

④ 绘制环形槽主视图轮廓线。

⑤ 绘制 U 形槽主视图轮廓线。

如图 5-65 所示。

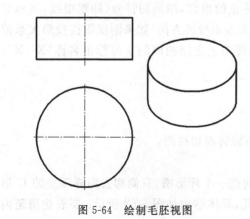

图 5-64　绘制毛胚视图

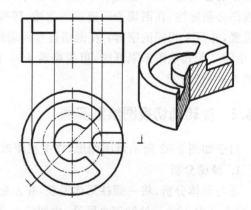

图 5-65　绘制环形槽和 U 形槽

步骤四：绘制钻孔图形,如图 5-66 所示

① 绘制俯视图绘制钻孔的 4 个圆。

② 在俯视图将剖切的 φ11 孔旋转至水平中心线处,绘制旋转剖切圆孔的主视图轮廓线。

步骤五：填充剖面线,注写字母,如图 5-67 所示

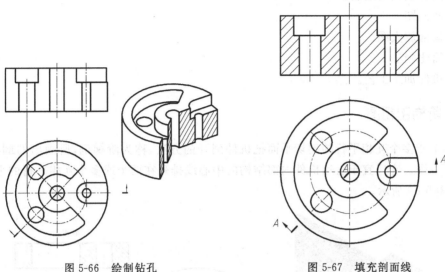

图 5-66　绘制钻孔　　　　　　　　　图 5-67　填充剖面线

步骤六：保存文件

选择"文件"|"保存"命令。

3. 步骤点评

对于步骤三：关于环形槽俯视图绘制可采用的方法

(1) 先绘制中心线圆,然后偏移。

(2) 绘制圆弧方法。

(3) 计算圆半径绘制圆。

5.6.3　随堂练习

读图,选择适当表达方法改画如图 5-68 所示圆盘的主视图,尺寸由图上量取,取整数。

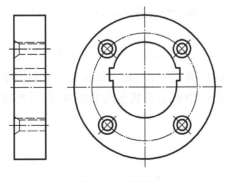

图 5-68　圆盘

5.7 物体内形的表达——其他剖视图

本节知识点：
(1) 阶梯剖视图绘制。
(2) 断面图。
(3) 局部放大图。
(4) 简化画法。
(5) 机件加工工艺。

5.7.1 阶梯剖视图

用两个或多个互相平行的剖切平面把机件剖开的方法，称为阶梯剖，所画出的剖视图，称为阶梯剖视图。它适宜于表达机件内部结构的中心线排列在两个或多个互相平行的平面内的情况，如图 5-69 所示。

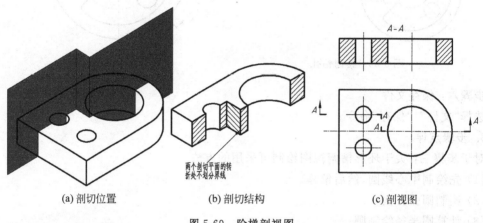

两个剖切平面的转折处不划分界线

(a) 剖切位置　　　　(b) 剖切结构　　　　(c) 剖视图

图 5-69　阶梯剖视图

画阶梯剖视时应注意几点，为了表达孔、槽等内部结构的实形，几个剖切平面应同时平行于同一个基本投影面，如图 5-69(a) 所示；两个剖切平面的转折处，不能划分界线，如图 5-69(b) 所示，因此，要选择一个恰当的位置，使之在剖视图上不致出现孔、槽等结构的不完整投影；当它们在剖视图上有共同的对称中心线和轴线时，也可以各画一半，这时细点画线就是分界线。

阶梯剖视的标注方法如图 5-69(c) 所示。在剖切平面迹线的起始、转折和终止的地方，用剖切符号(即粗短线)表示它的位置，并写上相同的字母；在剖切符号两端用箭头表示投影方向(如果剖视图按投影关系配置，中间又无其他图形隔开时，可省略箭头)；在剖视图上方用相同的字母标出名称"X—X"。

5.7.2 断面图

假想用剖切平面将机件在某处切断，只画出切断面形状的投影并画上规定的剖面符号的图形，称为断面图，简称为断面。国家标准 GB/T17452—1998 和 GB/T4458.6—2002 规定了断面图画法。

断面图与剖视图的区别在于：断面图仅画出机件断面的图形，而剖视图则要画出剖切平面以后的所有部分的投影。

断面图分为移出断面图和重合断面图两种。

1. 移出断面图

画在视图轮廓之外的断面图称为移出断面图。如图 5-70 所示断面即为移出断面。

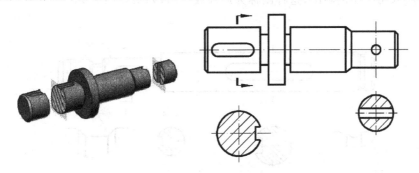

图 5-70　移出断面图

移出断面的画法：

(1) 移出断面的轮廓线用粗实线画出，断面上画出剖面符号。移出断面应尽量配置在剖切平面的延长线上，必要时也可以画在图纸的适当位置。

(2) 当剖切平面通过由回转面形成的圆孔、圆锥坑等结构的轴线时，这些结构应按剖视画出，如图 5-71 所示。

(3) 当剖切平面通过非回转面，会导致出现完全分离的断面时，这样的结构也应按剖视画出，如图 5-72 所示。

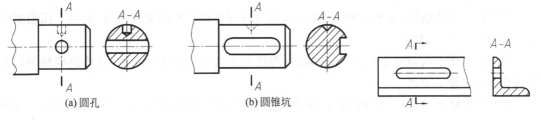

图 5-71　通过圆孔等回转面的轴线时断面图的画法　　　　图 5-72　断面分离时的画法

2. 重合断面图

画在视图轮廓之内的断面图称为重合断面图。如图 5-73 所示的断面即为重合断面。

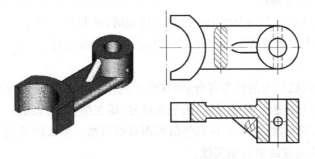

图 5-73　重合断面图

为了使图形清晰,避免与视图中的线条混淆,重合断面的轮廓线用细实线画出。当重合断面的轮廓线与视图的轮廓线重合时,仍按视图的轮廓线画出,不应中断。

5.7.3　局部放大图

机件上某些细小结构在视图中表达得还不够清楚,或不便于标注尺寸时,可将这些部分用大于原图形所采用的比例画出,这种图称为局部放大图,如图 5-74 所示。

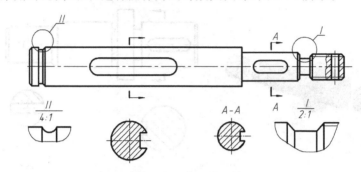

图 5-74　局部放大图

局部放大图的标注方法:在视图上画一细实线圆,标明放大部位,在放大图的上方注明所用的比例,即图形大小与实物大小之比(与原图上的比例无关),如果放大图不止一个时,还要用罗马数字编号以示区别。

注意:局部放大图可画成视图、剖视图、断面图,它与被放大部位的表达方法无关。局部放大图应尽量配置在被放大部位的附近。

5.7.4　简化画法

(1) 机件上的肋板、轮辐及薄壁等结构,如纵向剖切都不要画剖面符号,而且要用粗实线将它们与其相邻结构分开。

(2) 回转体上均匀分布的肋板、轮辐、孔等结构不处于剖切平面上时,可将这些结构假想旋转到剖切平面上画出。

(3) 当机件上具有若干相同结构(齿、槽、孔等),并按一定规律分布时,只需画出几个完整结构,其余用细实线相连或标明中心位置,并注明总数。

(4) 较长的机件(轴、杆、型材等),沿长度方向的形状一致或按一定规律变化时,可断开缩短绘制,但必须按原来实长标注尺寸。

(5) 较小结构的简化画法

机件上较小的结构,如在一个图形中已表示清楚时,在其他图形中可以简化或省略;在不致引起误解时,图形中的相贯线允许简化,例如用圆弧或直线代替非圆曲线。

(6) 某些结构的示意画法

网状物、编织物或机件上的滚花部分,可在轮廓线附近用细实线示意画出,并标明其具体要求;当图形不能充分表达平面时,可以用平面符号(相交细实线)表示。

(7) 在不致引起误解时,对于对称机件的视图可以只画一半或四分之一,并在对称中心线的两端画出两条与其垂直的平行细实线。

（8）允许省略剖面符号的移出断面。

在不致引起误解时，零件图中的移出断面，允许省略剖面符号，但剖切位置和断面图的标注，必须按规定的方法标出。

5.7.5　阶梯剖视图绘制实例

采用适当表达方法，绘制如图 5-75 所示垫板视图。

1. 绘图分析

进行形体分析，将台阶形长方体毛胚，在左侧中间挖一个阶梯孔，右侧钻三个圆通孔，具体结构如图 5-76 所示；要表达清楚内部结构，需将形体沿图示分界面剖开，做阶梯剖视图。

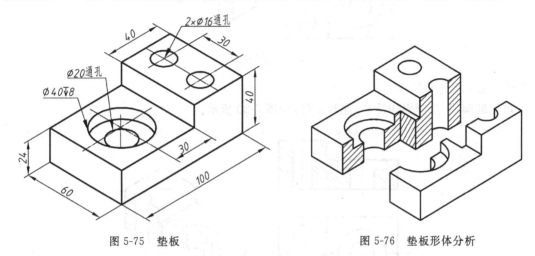

图 5-75　垫板　　　　　　　　　　图 5-76　垫板形体分析

2. 操作步骤

此图按照加工工艺绘制图形，先将毛胚加工左侧阶梯孔，然后在右侧钻两个圆通孔。

步骤一：新建文件

利用建立的 A4 样板文件新建图形，保存为"垫板"。

步骤二：绘制毛胚两视图

如图 5-77 所示。

步骤三：绘制加工左侧阶梯孔

（1）绘制阶梯孔俯视图圆（需绘制中心线）。

（2）绘制阶梯孔剖视图主视图轮廓线。

如图 5-78 所示。

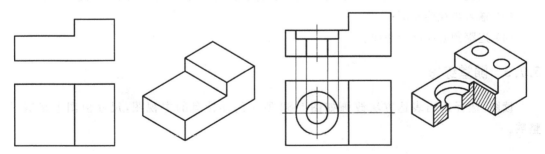

图 5-77　绘制毛坯视图　　　　　　　　图 5-78　绘制阶梯孔

步骤四：绘制右侧两个钻圆孔

(1) 绘制俯视图绘制钻孔的两个圆。

(2) 绘制钻圆孔剖视图主视图轮廓线。

如图 5-79 所示。

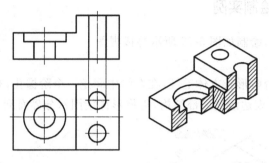

图 5-79　绘制钻孔

步骤五：填充和标注

填充剖面线，绘制剖切符号，注写字母，如图 5-80 所示。

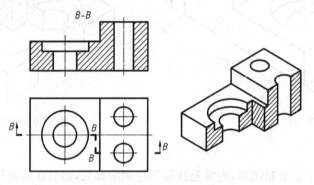

图 5-80　填充剖面线

步骤六：保存文件

选择"文件"|"保存"命令。

3. 步骤点评

对于步骤三：关于采用追踪方式绘制圆

绘制俯视图圆时，可先采用追踪方式绘制圆。

(1) 执行圆命令；

(2) 正交追踪左视图左侧宽的中点和主视图左侧面长的中点确定圆心，如图 5-81 所示；

(3) 输入半径绘制圆；

(4) 追踪圆心绘制中心线。

5.7.3　随堂练习

读图，选择适当表达方法改画如图 5-82 所示的连接盘的主视图，尺寸由图上量取，取整数。

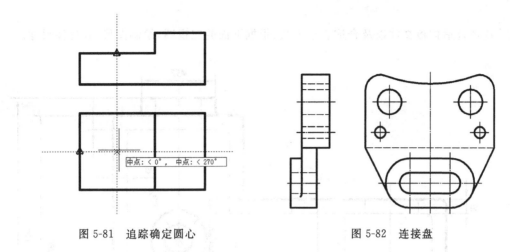

图 5-81　追踪确定圆心　　　　　　　　图 5-82　连接盘

5.8　上机练习

1. 选择合适样板文件,绘制下列轴测图的六个基本视图,按规定位置放置。

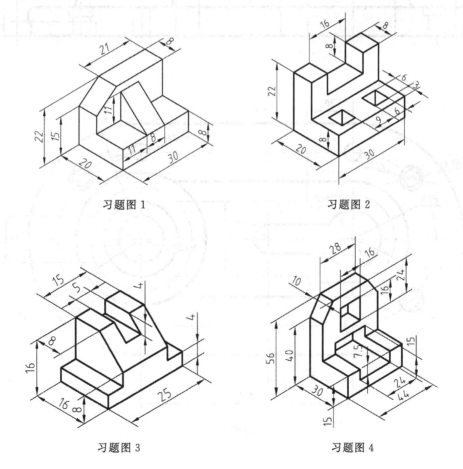

习题图 1　　　　　　　　　　习题图 2

习题图 3　　　　　　　　　　习题图 4

2. 选择合适样板文件以及合适表达方法，根据下面的三视图，绘制图形，并标注尺寸。

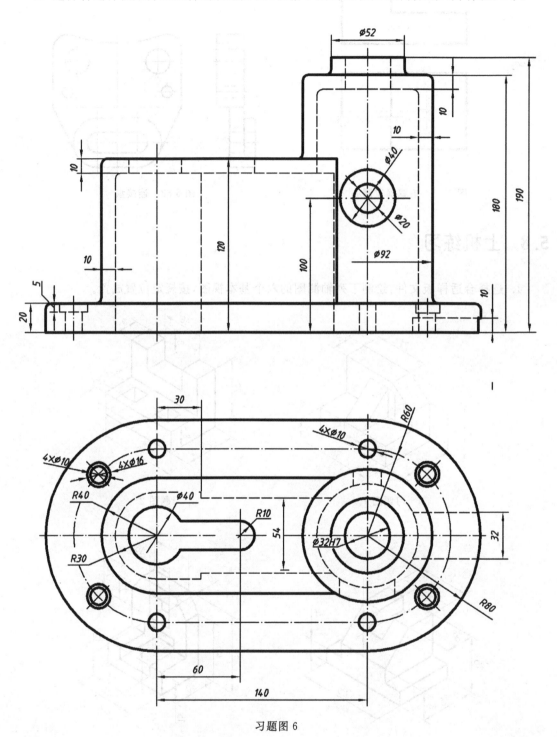

习题图 6

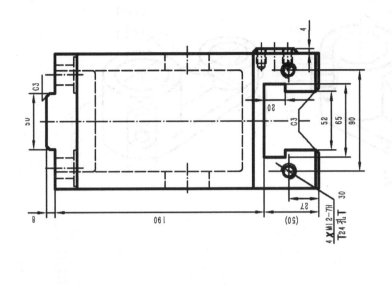

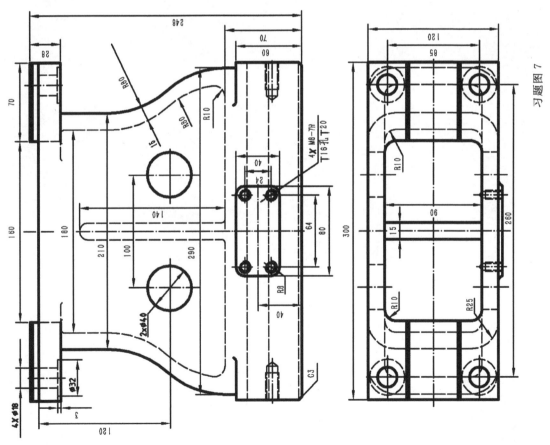

技术要求

未注圆角半径为R3。

习题图 7

3. 选择合适样板文件以及合适表达方法,根据下列轴测图绘制图形,并标注尺寸。

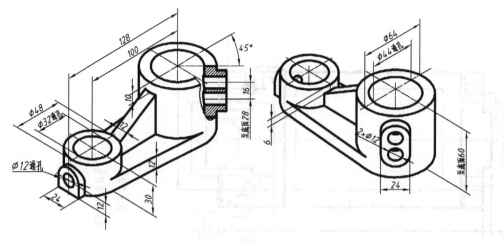

习题图 8

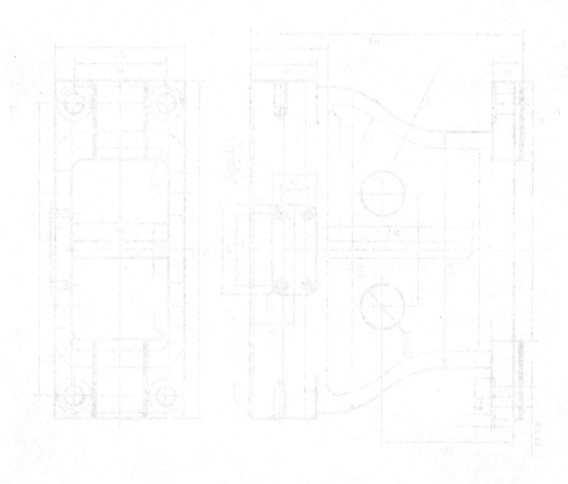

第**6**章

AutoCAD 绘制机械工程图

一部新机器、一座新建筑、一项新工程都是根据图样进行制造和建设的。设计者通过图样来描述设计对象，表达其设计意图；制造者根据图样来了解设计要求，组织制造和施工；使用者通过图样来了解使用对象的结构和性能，进行保养和维修。所以，图样被称为工程界的技术语言。

机械图样是在机械产品设计、制造、检验、安装、调试过程中使用的，以反映产品的形状、结构、尺寸、技术要求等内容的工程图样。根据其功能和表达内容不同，分为零件图和装配图。

6.1 AutoCAD 绘制零件图

本节知识点：
(1) 熟悉零件的表达方法。
(2) 掌握零件图的内容及格式。
(3) 文字命令的使用。
(4) 移动命令的使用。
(5) 多段线命令的使用。

6.1.1 零件的表达方法

根据零件的结构特点、使用频度和制造方式，将其分为三类：一是使用频度高、功能固定、结构相似的标准件；二是功能相同、结构类似的传动件；三是为满足各种功能要求而设计的结构各异的一般零件。

标准件使用广泛，其型式、规格、材料、画法等都有统一的国家标准规定，查阅有关标准，即能得到全部尺寸。使用时可从市场上买到或到标准件厂定做，不必画出零件图。

常用传动件应用在各种传动机构中，国家标准只对这类零件的功能结构部分实行标准化，并有规定画法，其余结构形状则根据使用条件的不同而有不同的设计。常用件一般要画零件图。

一般零件的形状、结构、大小都必须按部件的功能和结构要求设计。机器上的一般零件按照它们的结构特点和功能可大致分成轴套、盘盖、叉架和箱体等类型。一般零件都需画出零件图以供制造,一般零件的表达方法如下。

1. 轴套类零件的表达方法

(1) 这类零件常在车床和磨床上加工,选择主视图时,大多按加工位置将轴线水平放置。主视图的投射方向垂直于轴线。

(2) 画图时一般将小直径的一端朝右,以符合零件最终加工位置;平键键槽朝前、半圆键键槽朝上,以利于形状特征的表达。

(3) 常用断面、局部剖视、局部视图、局部放大图等图样画法表示键槽、退刀槽和其他槽、孔等结构。

2. 盘盖类零件的表达方法

(1) 圆盘形盘盖主要在车床上加工,选择主视图时一般按加工位置原则将轴线水平放置。对于加工时并不以车削为主的箱盖,可按工作位置放置。

(2) 通常采用两个视图,主视图常用剖视图表示孔槽等结构,另一视图表示外形轮廓和各组成部分如孔,轮辐等的相对位置。

3. 叉架类零件的表达方法

(1) 常以工作位置放置或将其放正,主视图常根据结构特征选择,以表达它的形状特征、主要结构和各组成部分的相互位置关系。

(2) 叉架类零件的结构形状较复杂,视图数量多在两个以上,根据其具体结构常选用移出断面、局部视图、斜视图等表达方式。

4. 箱体类零件的表达方法

(1) 常按工作位置放置,以最能反映形状特征、主要结构和各组成部分相互关系的方向作为主视图的投射方向。

(2) 根据结构的复杂程度,应遵守选用视图数量最少的原则。但通常要采用三个或三个以上视图,并适当选用剖视图、局部视图、断面等多种表达方式,每个视图都应有表达的重点内容。

6.1.2 零件图的内容

零件图:表达单个零件的图样。

一张完整的零件图应包括下列基本内容:

(1) 视图。根据有关标准和规定,用正投影法表达清楚零件内、外结构的一组图形。

(2) 尺寸。正确、完整、清晰、合理地标注出零件制造、检验时所需的全部尺寸。

(3) 技术要求。标注或说明零件制造、检验或装配过程中应达到的各项要求,如表面结构、尺寸公差、几何公差、热处理、表面处理等。

(4) 标题栏。需填写零件的名称、材料、数量、比例,以及单位名称、制图、描图、审核人员的姓名、日期等内容。

零件图格式如图 6-1 所示。

标题栏是由名称及代号、签字区、更改区和其他区组成的栏目,标题栏位于图纸的右下角,其格式和尺寸由 GB/T 10609.1 技术制图标题栏规定,该标准提供的标题栏格式如图 6-2 所示。

每张图样中均应有标题栏,它的配置位置及栏中字体(签字除外)、线型等均应符合国家标准规定。其中材料标记应填写制造图示零件所使用的材料代号,图样名称填写所绘对象名称,

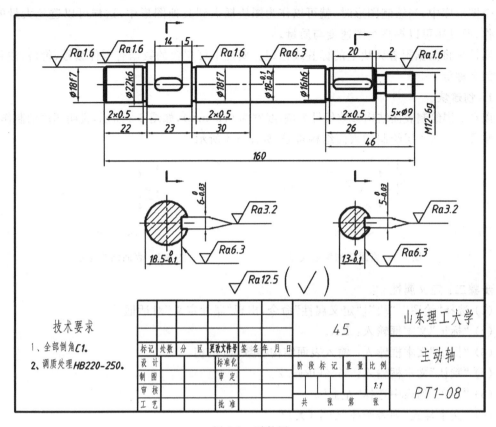

图 6-1　零件图

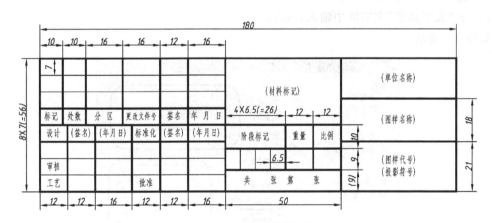

图 6-2　标题栏样式

图样代号按有关标准或规定索引方法填写。

6.1.3　图块

　　图块是一组对象的集合，是一个对象，用户可以将常用的图形定义成图块，然后在需要的时候将图块插入到当前图形的指定位置上，并且可以根据需要调整其大小比例及旋转角度。

　　符号集可作为单独的图形文件存储并编组到文件夹中。在设计时常常会遇到一些重复出现的图（如机械专业的表面结构、螺纹紧固件、键等），如果把这些经常出现的图做成图块，存放到一个图形库中,当绘制图形时,就可以作为图块插入到其他图形中,这样可以避免大量的重复工作,而且还可以提高绘图速度与质量。

属性是将数据附着到块上的标签或标记。属性中可包含的数据有零件编号、价格、注释和单位的名称等。

1. 创建块

以在 0 层绘制表面结构参数代号为例(线宽为 0.35mm),如图 6-3 所示,说明图块的制作。

步骤一:在 0 层绘制的表面结构符号,如图 6-4 所示

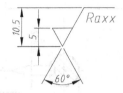

图 6-3　表面结构参数代号　　　　图 6-4　表面结构符号

步骤二:定义属性

(1) 选择"绘图"|"块"|"定义属性"命令,出现"属性定义"对话框。

(2) "标记"文本框输入:RA。

(3) "提示"文本框输入:输入表面结构参数 Ra 的值。

(4) "默认"文本框输入:%%ORa3.2。

(5) "对正"列表中选择"左上"。

(6) "文字样式"列表选择"数字(大)"。

(7) 选中"注释性"复选框。

(8) 在"文字高度"文本框中输入:3.5。

如图 6-5 所示。

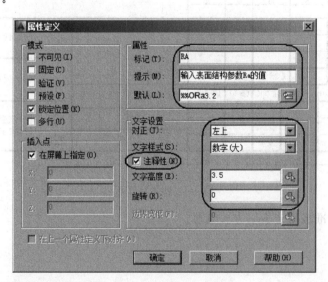

图 6-5　"属性定义"对话框

步骤三:插入定义属性

单击"确定"按钮后,采用"捕捉自"方式,捕捉表面结构符号的斜线右上端点,其偏移为:

@0.525,-0.7,确定块属性位置,如图 6-6 所示。

　　说明:其偏移的距离,为了其上划线和斜线顶点接近重合。

　　步骤四:创建块

　　(1) 单击"绘图"工具栏"创建块"按钮 ,弹出"块定义"对话框。

图 6-6　插入定义属性

　　(2) 在"名称"文本框中输入:表面结构。

　　(3) 单击"拾取点"按钮,捕捉表面结构符号底部的顶点。

　　(4) 单击"选择对象"按钮,选择绘制的表面结构符号和定义属性。

　　(5) 选中"注释性"复选框。

　　(6) 单击"确定"按钮完成。

　　(7) 弹出"编辑属性"对话框,单击"确定"按钮,完成创建。

　　如图 6-7 所示。

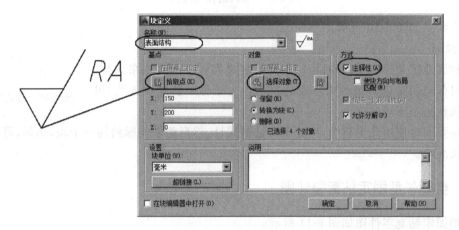

图 6-7　"块定义"对话框

　　提示:将表面结构符号块存放于样板文件中,在新建立的图形中可以直接使用。

2. 插入块

　　步骤一:执行插入块命令。

　　• 单击"绘图"工具栏"插入块"按钮 ,弹出"插入"对话框。

　　• "名称"列表中选择"表面结构",单击"确定"按钮。

　　如图 6-8 所示。

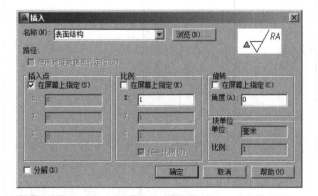

图 6-8　插入块

步骤二：在屏幕上指定插入点。

步骤三：在弹出的"编辑属性"对话框中输入：％％ORa6.3，如图 6-9 所示。

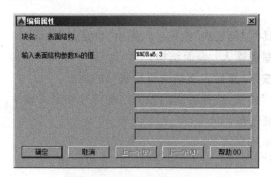

图 6-9 "编辑属性"对话框

插入结果如图 6-10 所示。

3. 说明

创建属性定义后，定义块时可以将属性定义当作一个对象来选择。插入块时都将用指定的属性文字作为提示。对于每个新的插入块，可以为其属性指定不同的值。

图 6-10　插入结果

如果要同时使用几个属性，应先定义这些属性，然后将它们赋给同一个块，例如，可以将标题栏定义为块。

6.1.4　绘制长型固定钻套零件图

长型固定钻套零件图如图 6-11 所示。

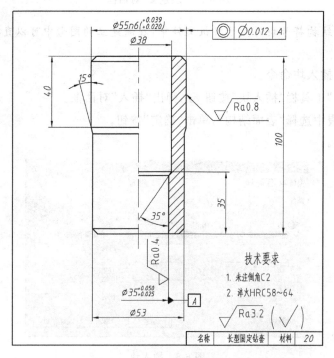

图 6-11　长型固定钻套

1. 绘图分析

此图属于钻套零件,固定钻套零件图绘制一般按工作位置放置。根据零件设计及加工的一般方法,先绘制图形,然后标注尺寸及技术要求,注写标题栏。

2. 操作步骤

步骤一:新建文件

利用建立的 A4 样板文件新建图形,保存为"长型固定钻套"。

步骤二:绘制图形

(1) 绘制基准。

执行直线命令,在图形界限内适当位置,绘制竖直中心线。

(2) 绘制轮廓线。

① 利用直线命令绘制外轮廓,其图位置与图形如图 6-12 所示。

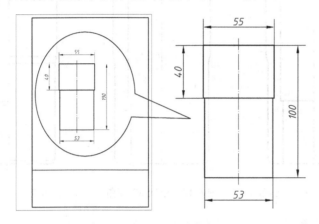

图 6-12　绘制轮廓线

② 利用直线命令绘制半剖内孔,并修剪,如图 6-13 所示。

(3) 绘制倒角。

① 绘制上下 C2 倒角。

单击"修改"工具栏"倒角"按钮 ;单击命令行选项"距离",输入 2 按 Enter 键,再次输入 2 按 Enter 键;单击命令行选项"多个",依次分别单击四个倒角的两条边线,按 Enter 键结束;结果如图 6-14 所示。

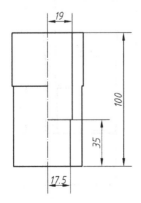

图 6-13　绘制半剖内孔

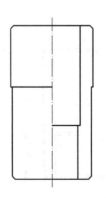

图 6-14　绘制 C2 倒角

② 绘制 15°倒角。

单击"修改"工具栏"倒角"按钮▱；单击命令行选项"角度"，输入 1 按 Enter 键，再次输入 75 按 Enter 键；单击命令行选项"多个"，然后分别单击每一倒角的两条边线（注意：先单击水平线，再单击其下方竖直线），按 Enter 键结束；结果如图 6-15 所示。

③ 绘制 35°倒角。

单击"修改"工具栏"倒角"按钮▱；单击命令行选项"角度"，输入 1.5 按 Enter 键，再次输入 55 按 Enter 键；单击倒角的两条边线（注意：先单击水平线的右侧，再单击其下面竖直线），按 Enter 键结束；结果如图 6-16 所示。

（4）绘制倒角处直线，填充剖面线，如图 6-17 所示。

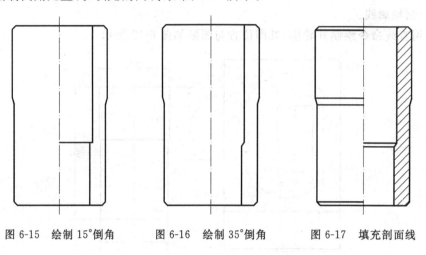

图 6-15   绘制 15°倒角   图 6-16   绘制 35°倒角   图 6-17   填充剖面线

步骤三：标注尺寸

说明：此零件尺寸不复杂，这里按照相似的标注样式进行标注。

（1）选择机械样式，标注线性尺寸，如图 6-18 所示。

（2）标注非圆直径尺寸。

① 选择非圆直径样式，标注线性直径尺寸，如图 6-19 所示。

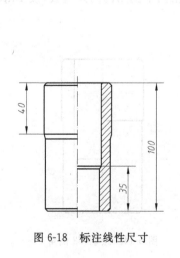

图 6-18   标注线性尺寸

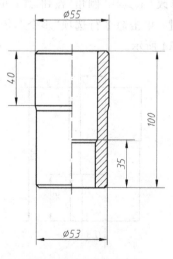

图 6-19   标注非圆直径

② 编辑 $\phi55n6\binom{+0.039}{+0.020}$。

双击 $\phi55$ 尺寸,出现"文字格式"对话框;在 $\phi55$ 后面输入:n6(+0.039^+0.020);选定输入的括号内的数字和符号,单击"堆叠"按钮,即可得到需要偏差;如图 6-20 所示,单击"确定"按钮完成。

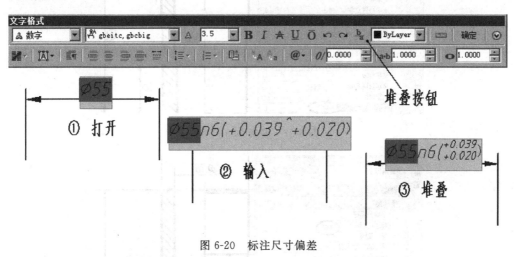

图 6-20　标注尺寸偏差

(3) 标注机件对称部分直径尺寸。

① 选择部分样式,标注线性尺寸,如图 6-21 所示。

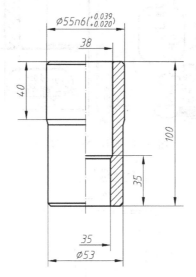

图 6-21　标注半剖内孔尺寸

② 利用特性选项板,编辑 $\Phi38$,在"文字替代"中输入"%%C<>",如图 6-22 所示。

③ 利用特性选项板,标注尺寸偏差 $\Phi35^{+0.050}_{+0.025}$,如图 6-23 所示。

(4) 标注角度尺寸。

选择机械样式,标注角度尺寸,如图 6-24 所示。

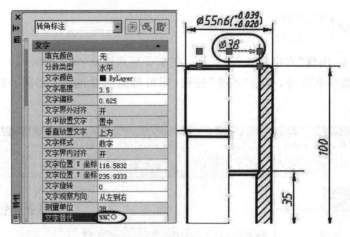

图 6-22   编辑 Φ38 尺寸

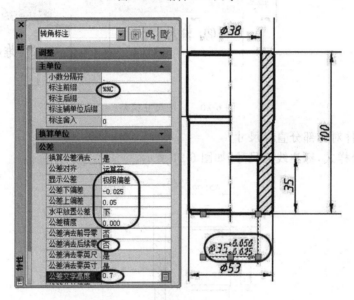

图 6-23   标注 $\Phi3^{+0.050}_{+0.025}$ 尺寸

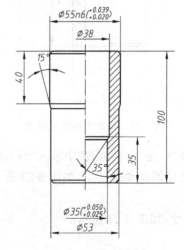

图 6-24   标注角度

步骤四：标注几何公差

（1）执行快速引线命令。

① 键盘输入"qleader"，按 Enter 键。

② 单击命令行"设置（S）"选项，弹出"引线设置"对话框。

③ 在"注释"选项卡中选择"公差"选项，如图 6-25（a）所示。

④ 在"引线和箭头"选项卡中的"点数"最大值输入 2，如图 6-25（b）所示。

⑤ 在"箭头"选择"实心闭合"，如图 6-25（b）所示。

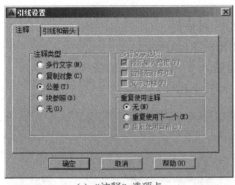
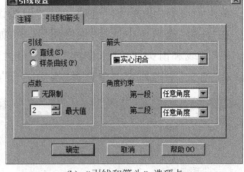

（a）"注释"选项卡　　　　　　　（b）"引线和箭头"选项卡

图 6-25　"引线设置"对话框

（2）确定引线位置。

① 单击"确定"按钮，捕捉 A 点单击。

② 在 B 点处单击，如图 6-26 所示。

（3）设置几何公差。

① 确定 B 点位置后，弹出"形位公差"对话框。

说明：新国标中，将形位公差名称改为几何公差。

② 单击"符号"下面的黑色框格，在出现"特征符号"对话

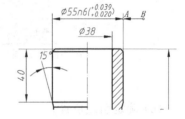

图 6-26　绘制快速引线

框选择"同轴度"特征符号。

③ 单击"公差 1"下面左边的黑色框格，则框格内显示 φ 符号。

④ 在"公差 1"下面的白色框格处输入公差数值 0.012。

⑤ 在"基准 1"下面的白色框格输入字母 A。

如图 6-27 所示，单击"确定"完成同轴度公差的标注。

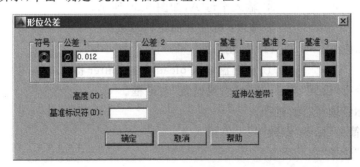

图 6-27　同轴度公差的标注

（4）创建"基准符号"图块。

① 用标注图层绘制一个 7×7 正方形。

② 创建块属性字母 A，文字对正方式为正中。

③ 字母 A 插入点为正方形中心。

④ 创建属性图块，基点为正方形中心。

如图 6-28 所示。

（5）执行快速引线命令。

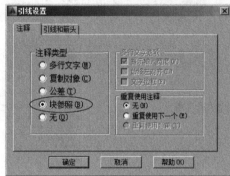

图 6-28　基准符号

① 从键盘输入 qleader，按 Enter 键。

② 单击命令行"设置(S)"选项，弹出"引线设置"对话框。

③ 在"注释"选项卡中选择"块参照"选项，如图 6-29(a)所示。

④ 在"引线和箭头"选项卡中的"点数"最大值输入 2，如图 6-29(b)所示。

⑤ 在"箭头"下拉列表框中选择"实心闭合"，如图 6-29(b)所示。

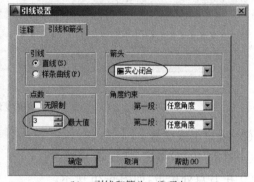

(a)　"注释"选项卡　　　　　　　　　(b)　"引线和箭头"选项卡

图 6-29　"引线设置"对话框

（6）确定引线位置。

① 单击"确定"按钮，捕捉 C 点。

② 在 D 点处单击，如图 6-29 所示。

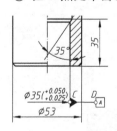

图 6-30　绘制基准符号

（7）确定"基准符号"。

① 输入"基准符号"图块名称，按 Enter 键。

② 追踪 D 点向右 3.5，确定块的位置。

③ 确定比例因子为 1，旋转角度为 0°。

④ 输入字母 A，如图 6-30 所示。

步骤六：标注表面结构参数。

（1）绘制引线

① 从键盘输入 qleader，按 Enter 键。

② 单击命令行"设置"选项，弹出"引线设置"对话框。

③ "注释"标签选择"无"选项。

④ "引线和箭头"标签"点数"最大值输入 3。

⑤ 在"箭头"选择"实心闭合"。

⑥ 单击"确定"按钮，依次捕捉 A、B、C 点，绘制引线，如图 6-31 所示。

（2）插入外轮廓"表面结构"块。

① 单击"绘图"工具栏"插入块"按钮，弹出"插入"对话框。

② 在"名称"列表中选择"表面结构"，单击"确定"按钮。

③ 在屏幕上指定插入点。

④ 在弹出的"编辑属性"对话框中输入：％％ORa0.8。

⑤ 单击"确定"按钮，完成，如图 6-32 所示。

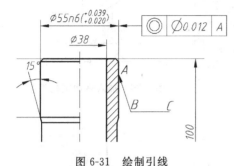

图 6-31　绘制引线　　　　　　　　　　图 6-32　插入表面结构图块

（3）插入内孔"表面结构"块。

① 单击"绘图"工具栏"插入块"按钮，弹出"插入"对话框。

② 在"名称"列表中选择"表面结构"，选中插入点和旋转下面"在屏幕上指定"复选框，单击"确定"按钮，如图 6-33 所示。

③ 在屏幕上指定插入点 A 及旋转到的点 B，如图 6-34 所示。

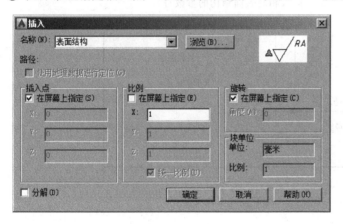
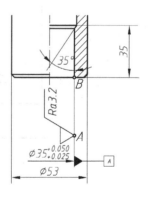

图 6-33　插入块　　　　　　　　　　　　图 6-34　指定插入点

④ 在弹出的"编辑属性"对话框中输入：％％ORa0.4，如图 6-35 所示。

⑤ 单击"确定"按钮，完成，如图 6-36 所示。

⑥ 在标题栏上方绘制相同表面结构的参数符号 $\sqrt{Ra3.2}$ $\left(\sqrt{}\right)$，如图 6-37 所示。

步骤七：注写技术要求文字

执行多行文字命令，弹出"文字格式"对话框，注写技术要求。结果如图 6-38 所示。

步骤八：绘制标题栏

在图样右下角按照国家标准绘制标题栏，在标题栏中填写比例，名称等各要求，如图 6-39 所示。

图 6-35　"编辑属性"对话框

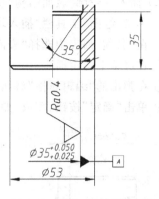

图 6-36　插入表面结构符号

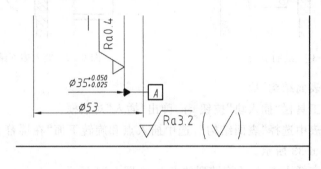

图 6-37　插入相同表面结构的参数符号

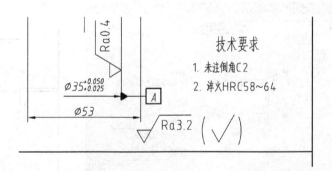

图 6-38　注写技术要求文字

标记	处数	分区	更改文件号	签名	年月日		T10A		山东理工大学
设计			标准化			阶段标记	重量	比例	长型固定钻套
制图			审定					1:1	
审核									
工艺			批准			共 张 第 张			

图 6-39　绘制标题栏

3. 步骤点评

1）对于步骤二绘制倒角

倒角命令的执行方式有如下几种：

- 菜单命令："修改"|"倒角"。
- "修改"工具栏："倒角"按钮 ▱。
- 命令行输入：chamfer。

倒角命令的功能是：使用成角度的直线连接两个对象，它通常用于表示角点上的倒角边。可以倒角的对象有：直线、多段线、射线、构造线、三维实体。

执行倒角命令后，其操作同圆角命令。

提示：如果多段线包含的线段过短以至于无法容纳倒角距离，则不对这些线段倒角。

若按住 Shift 键选择第二个对象时，两对象将延伸修剪相交到一点，相当于 D 为 0。

2）对于步骤五注写几何公差

若是标注几何公差符号为竖直放置，而在设置几何公差单击"确定"按钮后，框格为水平放置，且引线倾斜，可以执行旋转命令，选择框格插入点为基点，将框格旋转 90°后，引线自动变为水平或竖直线，若引线和几何公差连接点位置不对，可以选择几何公差框格，单击其中间夹点变红，移动夹点即可。

几何公差框格的具体说明，如图 6-40 所示。

(1) 选择"标注"|"公差"命令，出现"形位公差"对话框；

(2) 单击"符号"选项的黑色框格，出现"特征符号"对话框，选择公差项目的特征符号；

(3) 单击"公差 1"、"公差 2"选项左侧黑色框格，框格内显示 φ 符号，再次单击取消 φ 符号；

(4) 在"公差 1"、"公差 2"选项中间白色框格填入公差值；

(5) 在"基准 1"、"基准 2"、"基准 3"左侧白色框格填入基准符号；

(6) 单击"公差 1"、"公差 2"、"基准 1"、"基准 2"、"基准 3"右侧黑色框格，可在出现"附加符号"对话框中选择；

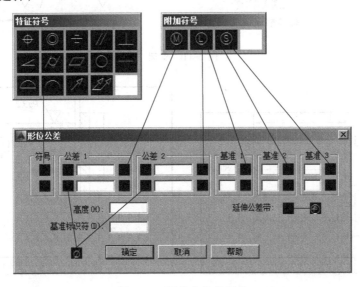

图 6-40　形位公差的框格

（7）单击"延伸公差带"后黑色框格，则输入延伸公差带符号 Ⓟ，再次单击取消。

提示：某个要素给出两个几何公差，可在此框格同时注出。

3）对于步骤八绘制标题栏

绘制标题栏时，可以将其做成图块，凡是要更改的文字内容，都做成块属性，可以作出带有多个属性的图块——标题栏。

6.1.5　随堂练习

根据给定的图形，绘制计数器标准零件图。

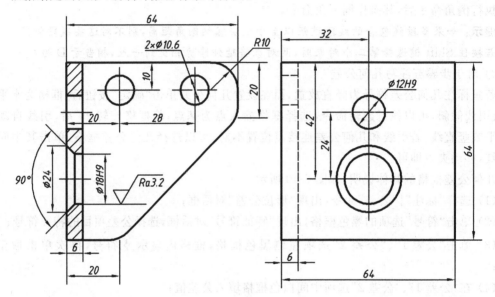

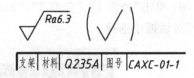

图 6-41　支架

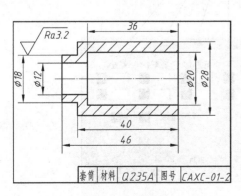

图 6-42　套筒

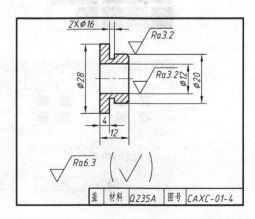

图 6-43　盖

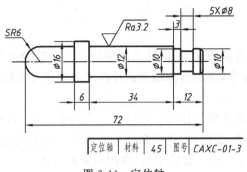

图 6-44　定位轴

6.2　图样输出打印

本节知识点：
(1) 了解图形输出方式。
(2) 掌握查询美丽的使用。
(3) 布局的创建和使用。
(4) 页面设置管理器的使用。
(5) 打印方式的使用。

6.2.1　图形输出

1. 图形输出为图像文件

AutoCAD 可以将绘制好的图形输出为通用的图像文件,选择下拉菜单命令："文件"|"输出",弹出"输出数据"对话框,在"保存类型"下拉列表中选择不同格式,保存不同类型图像文件。

2. 模型空间的图形输出

在模型空间中设计、绘制完图形后,依据所需出图的图纸尺寸计算绘图比例,用比例缩放(scale)命令将所绘图形按绘图比例整体缩放。执行打印命令,单击"确定"按钮输出图形。这种方法的缺点是当缩放图形时,所标注的尺寸值以及字体的高度也会跟着相应地变化,在出图前还需对尺寸标注样式中的线性比例进行调整以及设置字体的高度,很不方便。可以在屏幕左下角选择"注释性"按钮,将要放大的带注释性的标注、字体、块等都缩放为相同的比例,同时也要将边框或者图纸界限设置按相同比例进行缩放,这样也可以打印标准图纸。

3. 图纸空间的图形输出

在模型空间中设计、绘制完图形后,创建布局并在布局中进行页面设置,在"打印设备"选项卡中,选定打印设备和打印样式表;在"布局设置"选项卡中,设置图纸尺寸、打印范围、图纸方向,在"打印比例"选项组中,将比例设为 1∶1。

在图纸空间创建浮动视口,通过对象特性设置视口的标准比例(如 1∶10 或 2∶1 等),每个视口中都有独立的视口标准比例,这样读者就可以在一张图纸上用不同的比例因子生成许多视口,从而不必复制该几何图形或对其缩放便可直接打印。

6.2.2　查询

为了方便地计算图形对象的面积、两点之间的距离、点的坐标值、时间以及三维形体的特性等数据,可以使用查询命令,而查询面域质量特性则需要建立面域,而绘制的图形为线框。

1. 创建面域

面域是由闭合的形状或环所创建的二维区域。闭合多段线、直线和曲线都是有效的选择对象,其中曲线包括圆弧、圆、椭圆弧、椭圆和样条曲线。面域是具有物理特性(例如,质心)的二维封闭区域。面域可用于:提取设计信息、应用填充和着色。

可以选择下拉菜单"绘图"|"面域"命令来执行面域命令,然后选择构成面域的对象。

2. 创建边界

选择下拉菜单命令"绘图"|"边界",出现"边界创建"对话框,单击"拾取点"按钮,在绘图窗口单击一个封闭区域,根据选择的边界类型,可以创建一个边界的多段线或面域对象。

3.　查询距离

选择下拉菜单命令"工具"|"查询"|"距离",然后捕捉两点,可以在命令行显示之间距离。

4. 查询面积

查询面积是计算对象或指定区域的面积及周长,因而查询对象必须是一个封闭区域。对于独立对象的封闭区域即多段线、圆、样条曲线、正多边形、矩形、椭圆、圆环、填充区域等可直接选择对象查询;对于由纯线段组成的封闭区域,可以沿着线段的端点指定一系列的角点进行查询;对于由线段和曲线组成的封闭区域需要将所有的图线转换成独立对象,才可以查询。

选择下拉菜单命令"工具"|"查询"|"面积",可以查询面积和周长,可以查询多个对象的面积之和或对象的面积之差。

打开"加"模式后,计算各个定义区域和对象的面积、周长,同时也计算所有定义区域和对象的总面积,可以连续选择对象相加。可以使用"减"选项从总面积中减去指定面积。

5.　查询面域/质量特性

计算面域或实体的质量特性。显示的特性取决于选定的对象是面域还是实体。该命令可以计算面积、周长、边界框的 X 和 Y 坐标变化范围、质心坐标、惯性矩、惯性积、旋转半径、主力矩及质心的 X-Y 方向。

选择菜单命令"工具"|"查询"|"面域/质量特性",选择对象后,按 Enter 键结束选择,即可弹出"AutoCAD 文本窗口",显示各种参数。

6.2.3　绘制定位销零件图

将如图 6-45 所示的定位销图形,按 1∶1 比例,选择合适幅面,绘制符合国标的零件图,并打印为 dwf 文件。

1. 绘图分析

在建立的样板文件模型空间绘制图形,不包括放大图,而在布局里面设置放大图,并标注尺寸,注写技术要求,填写标题栏。

2. 操作步骤

步骤一:新建文件

利用建立的 A4 样板文件新建图形,保存为"定位轴"。

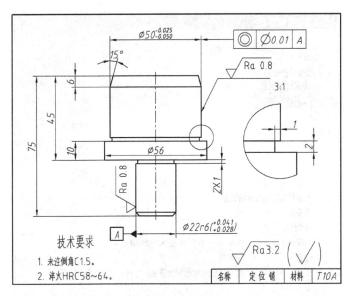

图 6-45　定位销

步骤二：绘制图形

在模型空间，按照 1：1 比例绘制图形，不绘制放大图，无边框和标题栏，如图 6-46 所示。

步骤三：设置布局

（1）选择细实线图层，单击绘图窗口左下角的标签"布局 1"，转换到布局 1 界面，如图 6-47 所示。

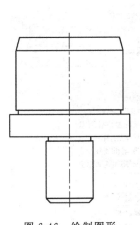

图 6-46　绘制图形

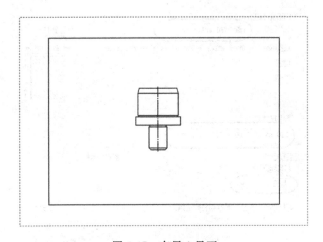

图 6-47　布局 1 界面

提示：可在"布局 1"标签上右击，在快捷菜单中选择各种操作对应的命令，如"重命名"等。

（2）选择"文件"|"页面设置"命令，弹出"页面设置管理器"对话框，如图 6-48 所示。

（3）单击"修改"按钮，弹出"页面设置—布局 1"对话框，如图 6-49 所示。

• 选择"打印机/绘图仪"选项组中的"名称"选择为 DWF6 ePlot.pc3 电子文档。

提示：一般设置为常用打印机型号。

• "图纸尺寸"选项组中确定图纸的大小为 ISO A4。

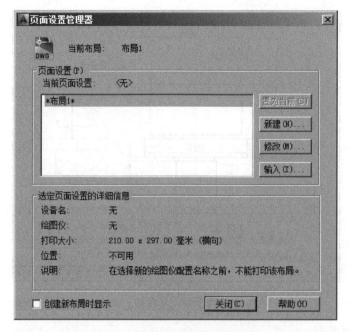

图 6-48 "页面设置管理器"对话框

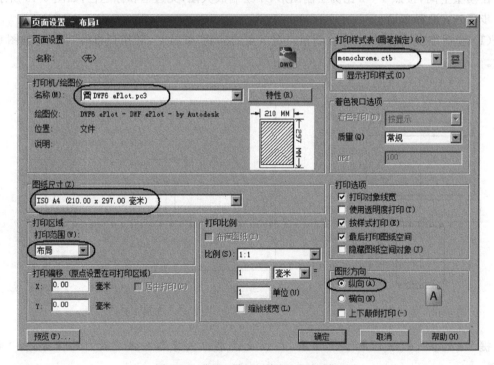

图 6-49 "页面设置—布局 1"对话框

- "打印样式表"选项组中选择 monochrome.ctb,单色打印。
- "图形方向"选项组中选中"纵向"单选按钮。
- "打印范围"中选择"布局"选项。
- 其他的选项按照默认设置。

（4）编辑可打印区域边界。

单击打印机后面的"特性"按钮，如图6-50所示。

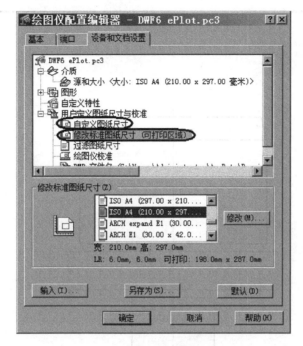

图6-50 "绘图仪配置编辑器"对话框

① "设备和文档设置"选项卡中选择"修改标准图纸尺寸（可打印区域）"选项；

② 选择图纸大小为 ISOA4(210×297)；

③ 单击后面的"修改"按钮，在"自定义图纸尺寸-可打印区域"对话框设定打印区域；

④ 设置其上、下、左、右的边界均为0，最后单击"确定"按钮；

⑤ 单击"确定"按钮完成布局1的设置。

提示：自定义图纸尺寸可自己设置图纸大小。

步骤四：创建视口

（1）在图6-47所示布局1界面中，选择图形外侧细实线图框删除，则变为空白幅面；

（2）在细实线图层，选择"视图"|"视口"|"一个视口"命令；

（3）按 Enter 键，创建的视口为默认布满可打印区域大小；

（4）图形自动进入布局中。

如图6-51所示。

提示：此时布局和模型不在一个空间，相当于两个层，不能同时编辑。

步骤五：绘制边框，插入标题栏块

（1）选择粗实线图层，绘制矩形，角点坐标为：(25,5)和(205,292)；

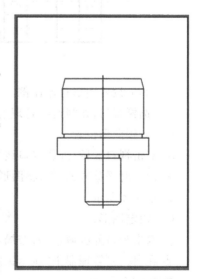

图6-51 创建视口

（2）选择标注图层，插入标题栏图块，填写标题栏。

如图 6-52 所示。

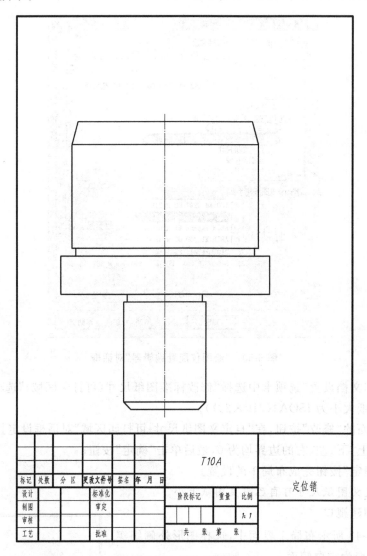

								T10A		
标记	处数	分 区	更改文件号	签名	年 月 日					定位销
设计			标准化							
制图			审定			阶段标记	重量	比例		
审核								$1:1$		
工艺			批准			共 张 第 张				

图 6-52　插入标题栏

步骤六：设置图形打印比例

（1）选择视口，在"特性"管理器中，将其"标准比例"选择 1∶1，如图 6-53 所示。

（2）放置图形位置。

① 双击视口区域（外侧视口线变粗），进入"浮动模型空间"；

② 用实时平移方式 ，将图形移动到合适位置。

如图 6-54 所示。

（3）锁定图形。

① 双击视口外区域，进入布局，单击外侧视口线；

② 在"特性"管理器中"显示锁定"选项设置为"是"，锁定图形，不能缩放图形。

如图 6-55 所示。

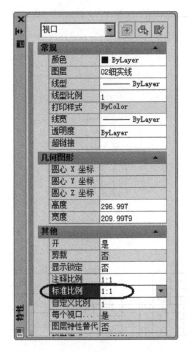
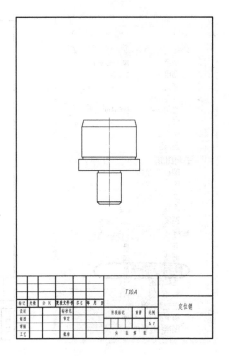

图 6-53 视口"特性"管理器

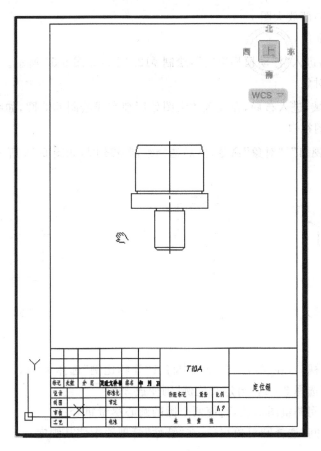

图 6-54 放置图形

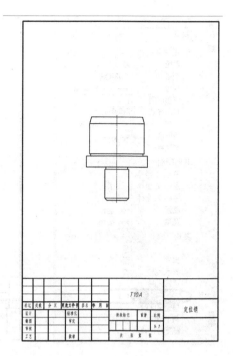

图 6-55　视口"特性"管理器

步骤七：绘制局部放大图

（1）确定放大部位。

双击视口区域，进入"浮动模型空间"，绘制 $\phi12.1$ 圆，如图 6-56 所示。

（2）绘制视口对象。

双击视口外区域，进入布局，在放置放大图处用细实线绘制 $\phi36$ 圆，如图 6-57 所示。

（3）建立放大图视口。

选择"视图"|"视口"|"对象"命令，然后选择绘制 $\phi36$ 圆，如图 6-58 所示。

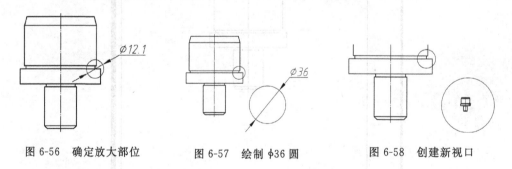

图 6-56　确定放大部位　　　图 6-57　绘制 $\phi36$ 圆　　　图 6-58　创建新视口

（4）确定比例。

① 选择圆对象视口，在"特性"管理器中将其"注释比例"选择 1∶1；

② "标准比例"选择 3∶1，"自定义比例"则变成 3；

③ 转到模型空间调整图形位置，使两个圆的圆心尽量重合；

④ 转到图纸空间，选择圆对象视口，在"特性"管理器中使其锁定；

如图 6-59 所示。

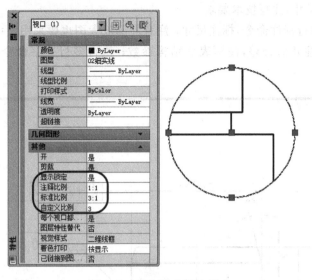

图 6-59 确定放大图比例

（5）确定放大图位置。

选择圆视口，单击圆心夹点变红，拖动光标移动到合适位置，如图 6-60 所示。

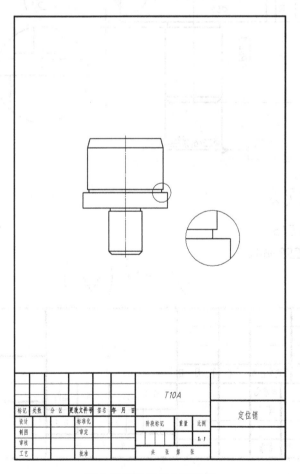

图 6-60 确定放大图位置

步骤八：标注尺寸，注写技术要求

在图纸空间，执行标注命令，标注尺寸；注意局部放大图也要采用 1：1 比例标注，标注方法同模型空间。标注几何公差，注写表面结构参数；执行多行文字命令，注写技术要求。如图 6-61 所示。

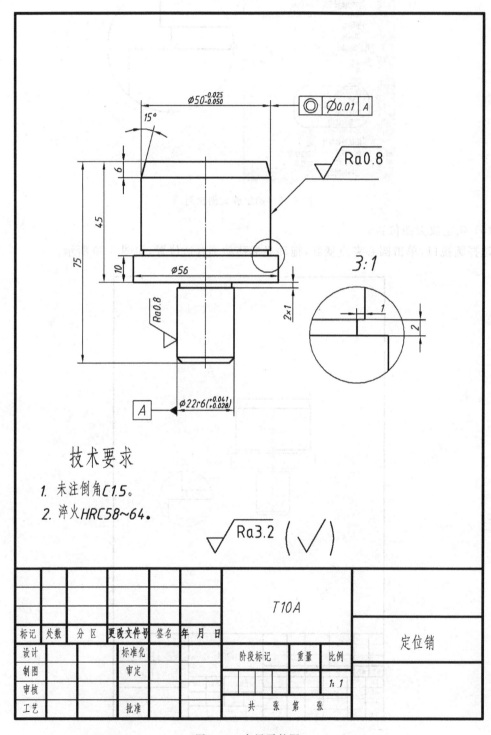

图 6-61　布局零件图

步骤九：保存图形文件

步骤十：打印文件

单击标准工具栏"打印"按钮 🖨，在弹出的"打印"对话框中，单击"确定"按钮即可，默认保存为"定位销-布局1.dwf"文件。

3. 步骤点评

对于步骤三：设置布局，可根据具体情况选择打印机的，改换图幅大小，更改其他设置。

对于步骤六：设置图形打印比例，可以设置为标准的，也可以自定义，但是要设置锁定，可防止在执行其他操作时，而改变比例。也可在"浮动模型空间"执行 Zoom 命令的 S 比例选项，输入比例数字加 xp 来完成。

对于步骤七：绘制3：1局部放大图，AutoCAD 软件中无3：1比例，可以在模型空间状态栏中，单击"注释比例"后的下三角按钮，在弹出的菜单中选择"自定义"命令，在弹出的"编辑图形比例"对话框中，单击"添加"按钮，弹出"添加比例"对话框，进行设置；过程如图 6-62 所示。

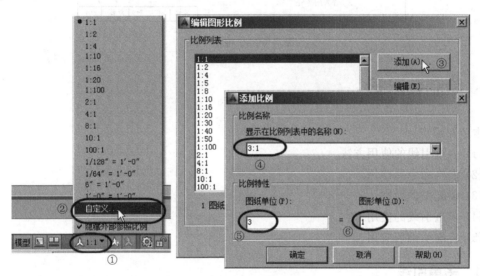

图 6-62　添加图形比例

绘制3：1局部放大图，也可在模型空间放大绘制，然后在图纸空间采用3：1比例标注样式标注尺寸。设置图形打印比例，可以设置为标准的，也可以自定义，但是要设置锁定，这样可以在执行其他操作的时候，而改变比例。

也可在"浮动模型空间"执行 Zoom 命令的 S 比例选项，输入比例数字加 xp 来设定比例。

对于步骤七：绘制局部放大图，若是放大剖视图，可将剖面线设置为注释性，然后在"特性"管理器中，将其注释比例设置为图样的比例。

6.2.4　随堂练习

1. 建立布局样板文件，使其具有 A0～A4 五个布局，包括视口为图纸边界和粗实线边框，选择 DWF6 ePlot.pc3 打印机。

2. 利用布局样板文件绘制如图 6-63 所示小轴的零件图。

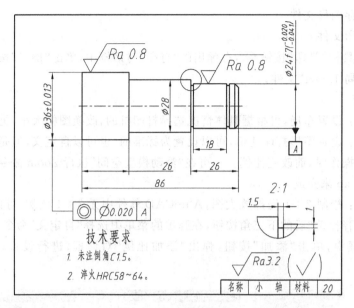

图 6-63 小轴零件图

6.3 绘制装配图

本节知识点：

(1) 多重引线的使用方法。

(2) 表格命令的使用。

(3) 装配图的绘制。

(4) 多重引线的使用。

(5) 装配明细表应用。

6.3.1 多重引线

以建立如图 6-64 所示零件的序号多重引线样式，说明多重引线样式的建立。

(1) 选择"格式"|"多重引线样式"命令，出现"多重引线样式管理器"对话框；

① 单击"新建"按钮，出现"创建新多重引线样式"对话框；

② 在"新样式名"文本框输入"序号"。

如图 6-65 所示。

图 6-64 零件序号样式

(2) 单击"继续"按钮，出现"修改多重引线样式：序号"对话框，打开"引线格式"选项卡。

① 在"箭头"组，从"符号"列表中选择"点"选项；

② 在"大小"文本框中输入 1。

如图 6-66 所示。

(3) 打开"引线结构"选项卡。

① 在"约束"组中选中"最大引线点数"复选框，在文本框输入 3；

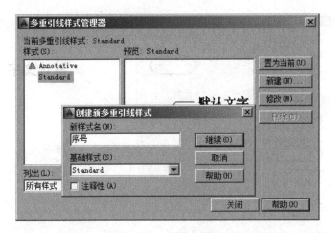

图 6-65　"多重引线样式管理器"对话框

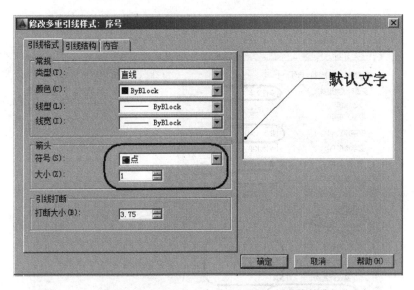

图 6-66　"修改多重引线样式：序号"对话框—"引线格式"选项卡

② 选中"设置基线距离"复选框，在文本框输入 1；

③ 选中"注释性"复选框；

如图 6-67 所示。

(4) 打开"内容"选项卡。

① 从"多重引线类型"列表选择"多行文字"选项；

② 在"文字选项"组，从"文字样式"列表选择"数字(大)"选项；

③ 在"文字"高度输入 5；

④ 在"引线连接"组，选中"水平连接"复选框；

⑤ 在"引线连接"组，从"连接位置-左"列表选择"第一行加下划线"选项；

⑥ 从"连接位置-右"列表选择"第一行加下划线"选项；

⑦ 选中"将引线延伸至文字"复选框；

如图 6-68 所示，单击"确定"按钮，完成"序号"多重引线样式的创建。

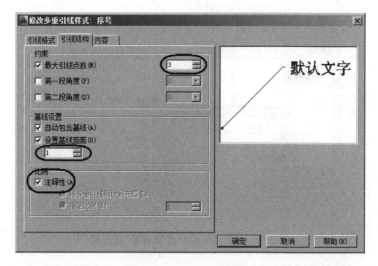

图 6-67　"修改多重引线样式：序号"对话框—"引线结构"选项卡

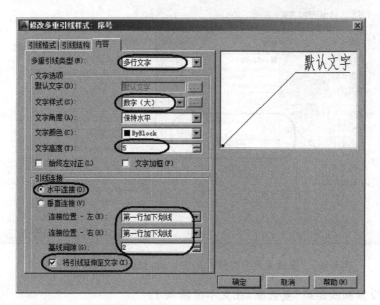

图 6-68　"修改多重引线样式：序号"对话框—"内容"选项卡

6.3.2　表格

以建立如图 6-69 所示明细栏的样式，说明表格样式的建立，以及表格的插入和调整。

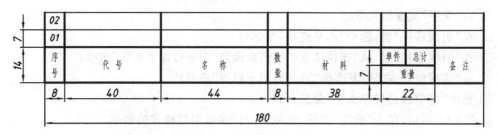

图 6-69　明细栏样式

1．建立明细栏样式

此表格的样式只是建立文字的样式以及线宽等，其他要在插入表格中调整。

（1）建立"明细栏"样式名称。

① 选择"格式"|"表格样式"命令，出现"表格样式"对话框；

② 单击"新建"按钮，出现"创建新的表格样式"对话框；

③ 在"新样式名"文本框输入"明细栏"。

如图 6-70 所示。

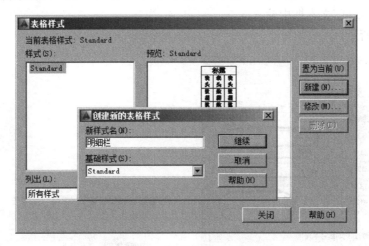

图 6-70　"表格样式"对话框

（2）设置"明细栏"基本选项。

① 单击"继续"按钮，出现"新建表格样式：明细栏"对话框；

② 在"常规"组，从"表格方向"列表选择"向上"选项。

如图 6-71 所示。

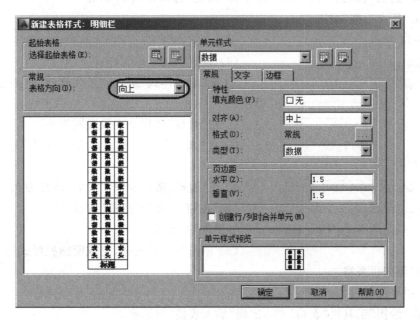

图 6-71　"新建表格样式：明细栏"对话框

（3）设置表头单元样式。

① 在"单元样式"组，从"单元样式"列表选择"表头"选项。

② 在"常规"选项卡的"特性"组中，选择"对齐"列表选择"正中"选项。

③ 从"类型"列表选择"标签"选项。

④ 在"页边距"组，在"水平"文本框中输入 1，在"垂直"文本框中输入 1。

如图 6-72 所示。

⑤ 打开"文字"选项卡，在"特性"组中将"文字样式"选择为"汉字（大）"选项卡。

⑥ 在"文字高度"文本框中输入 3.5。

如图 6-73 所示。

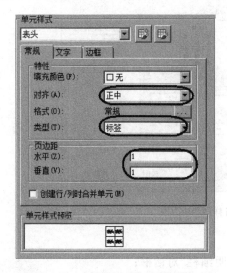

图 6-72 "表头"—"常规"选项卡　　　图 6-73 "表头"—"文字"选项卡

⑦ 打开"边框"选项卡，在"特性"组中将"线宽"选择为 0.70mm。

⑧ 单击"所有边框"按钮 ⊞。

如图 6-74 所示。

图 6-74 "表头"—"边框"选项卡

（4）设置"数据"单元样式。

① 在"单元样式"组，从"单元样式"列表选择"数据"选项。

② 在"常规"选项卡中设置同表头。

③ 在"文字"选项卡中，"文字样式"选择为"数字（大）"。

④ 在"边框"选项卡中，"线宽"选择为 0.70mm，单击"左边框"按钮 和"右边框"按钮 ；

如图 6-75 所示。

（5）单击"关闭"按钮，完成明细栏样式建立。

2. 创建明细栏表格

（1）选择 0 图层，插入表格。

① 单击"绘图"工具栏"表格" ，出现"插入表格"对话框。

② 从"表格样式"列表选择"明细栏"选项；

③ 在"列和行设置"组，在"列数"文本框输入 8，在"列宽"文本框输入 8；

④ 在"数据行数"文本框输入 1，在"行高"文本框输入 1；

⑤ 在"设置单元样式"组，从"第一行单元样式"列表选择"表头"选项；

⑥ 在"设置单元样式"组，从"第二行单元样式"列表选择"表头"选项；

⑦ 在"设置单元样式"组，从"所有其他行单元样式"列表选择"数据"选项；

如图 6-76 所示，单击"确定"按钮。

（2）单击标题栏左上角点，弹出表格及"文字格式"窗口，如图 6-77 所示，单击"确定"按钮。

图 6-75　"数据"—"边框"选项卡

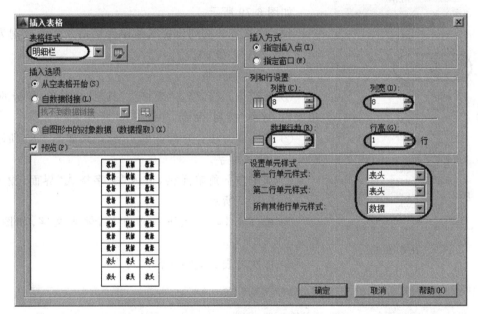

图 6-76　"插入表格"对话框

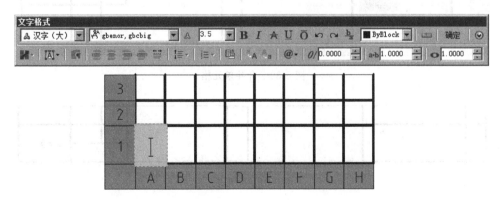

图 6-77　插入表格

（3）按列设置单元格格式。

① 选择第一列单元格，如图 6-78 所示。

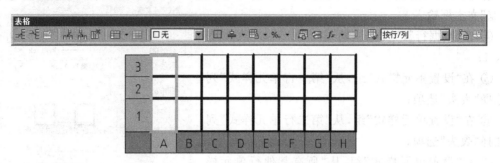

图 6-78　选择第一列单元格

图 6-79　表格"特性"

② 选择"修改"|"特性"命令，出现"特性"管理器；

• 在"单元"组的"单元宽度"文本框中输入 8。

• 在"单元高度"文本框中输入 7。

如图 6-79 所示。

（4）同样方法按列设置其他单元格格式宽度分别为 40、44、8、38、10、12 和 20。

（5）合并单元格。

① 选择单元格，单击"表格"工具栏"合并单元"旁的下三角按钮，选择"按列"命令，如图 6-80 所示。

② 按同样方法合并其他单元格，结果如图 6-81 所示。

（6）输入文字。

① 双击左下角单元格，进入"文字格式"界面，输入"序号"，如图 6-82 所示。

② 按 Tab 键，转入下一单元格，输入文字，如图 6-83 所示。

③ 依次将表头文字内容输入。

图 6-80　合并单元格

图 6-81　明细表

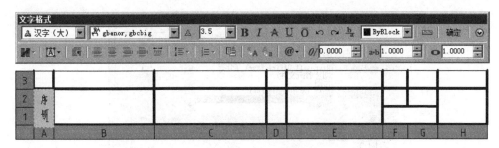

图 6-82 输入"序号"

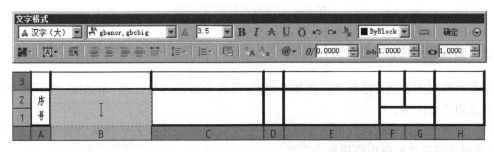

图 6-83 连续输入

提示：若表格行数不足，输入最后一列内容后，按 Tab 键，自动添加一行。

（7）锁定明细栏表头。

选择单元格，单击"表格"工具栏"锁定"旁的下三角按钮，选择"内容和格式已锁定"命令，如图 6-84 所示。

图 6-84 锁定

此时得到明细栏具体样式。

提示：可将此明细栏样式做成图块，保存于样板文件中。

3. 插入 Excel 表格

Excel 表格导入到 AutoCAD 步骤如下：

（1）在 Excel 表格中选中输入文字的表格区域并复制；

（2）在 AutoCAD 文件中，选择"编辑"|"选择性粘贴"命令，出现"选择性粘贴"对话框。

① 选中"粘贴"单选按钮；

② 选择 AutoCAD 图元。

如图 6-85 所示，在 AutoCAD 绘图区域确定插入点，Excel 表格即可转为 CAD 表格。

（3）插入表格后，要进行编辑，可以选定表格，在"特性"管理器进行解锁操作，然后才可在 AutoCAD 中进行修改其样式和数据。

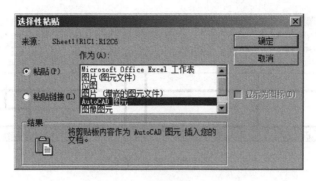

图 6-85　"选择性粘贴"对话框

6.3.3　装配图表达方法的选择

装配图的视图表达方法和零件图基本相同,前面介绍的各种视图、剖视图、断面图等表达方法均适用于装配图。

为了正确表达机器或部件的工作原理、各零件间的装配连接关系以及主要零件的基本形状,各种剖视图在装配图中应用极为广泛。

在部件中,往往有许多零件是围绕一条或几条轴线装配起来的,这些轴线称为装配轴线或装配干线。采用剖视图表达时,剖切平面应通过这些装配轴线。

1. 规定画法

装配图的规定画法如下:

(1) 相邻两零件的接触表面和配合表面(包括间隙配合)只画一条轮廓线,不接触表面和非配合表面应画两条轮廓线。如果距离太近,可不按比例夸大画出。

(2) 相邻两金属零件的剖面线,倾斜方向应尽量相反。当不能使其相反时(如三个零件互为相邻),剖面线的间隔不应相等,或使剖面线相互错开。

(3) 同一装配图中的同一零件的剖面线必须方向一致,间隔相等。

(4) 图形上宽度 2mm 的狭小面积的剖面,允许将剖面涂黑代替剖面符号。对于玻璃等不宜涂黑的材料可不画剖面符号。

2. 简化画法

装配图的简化画法如下:

(1) 在装配图中,可以假想将某些零件(或组件)拆卸后绘制视图,需要说明时也可加注"拆去××"等。

(2) 装配图也可假想沿某些零件的结合面剖切,这时零件的结合面不画剖面线,但被剖到的其他零件应画出剖面线。剖视图的标注方法不变。

(3) 装配图中可单独画出某一零件的视图,但必须在所画视图的上方注出该零件的视图名称,在相应的视图附近用箭头指明投射方向,并注出同样的字母。

(4) 装配图中的紧固件和轴、连杆、球、钩子、键、销等实心件,若按纵向剖切,且剖切平面通过其对称平面或中线,这些零件均按不剖绘制。如需要特别表明零件上孔、槽等构造则用局部剖视表示。

(5) 当剖切平面通过的某些零件为标准产品或该部件已由其他图形表示清楚时,可按不剖绘制。

（6）在装配图中，螺栓、螺钉联接等若干相同的零件或零件组，允许仅详细画出其中一处，其余只需表示其装配位置（用轴线或中心线表示）。

（7）在装配图中，零件上小圆角、倒角、退刀槽、中心孔等工艺结构可不画出。

（8）在装配图中，某些运动件的极限位置或中间位置，或不属于本部件，但能表明部件的作用或安装情况的相邻零件，均可用双点画线画出其轮廓的外形图。

（9）装配图中弹簧、滚动轴承、螺纹紧固件的规定画法、简化画法请参阅有关的国家标准。

根据装配图的规定和简化画法，在绘制装配图的过程中，要注意图线的修改，一些在零件图中可见的图线在装配图中可能就不可见；对于重叠的图线要删除或合并为一个对象，使文件不是很大。

6.3.4　绘制简化计数器装配图

根据 6.1.5 随堂练习绘制的"计数器"零件图，拼画如图 6-86 所示简化的计数器装配图。

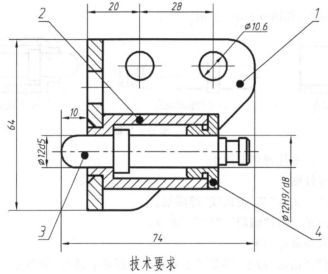

技术要求

1、必须按照设计、工艺要求及本规定和有关标准进行装配。
2、各零、部件装配后相对位置应准确。
3、零件在装配前必须清理和清洗干净，不得有毛刺、飞边、氧化皮、锈蚀、切屑、砂粒、灰尘和油污等，并应符合相应清洁度要求。

图 6-86　简化计数器装配图

1．绘图分析

根据表达方案，可利用建立的 A4 样板文件新建"计数器"装配图，可按照装配顺序安装各个零件。先将套筒零件图复制到装配图中，再将定位轴复制安装到套筒内，然后安装盖；最后将支架图形复制到装配图文件中合适位置，然后移动安装好的 3 个零件，装配到支架的孔中。

2．操作步骤

步骤一：新建文件

利用建立的 A4 样板文件新建图形，保存为"计数器"。

步骤二：将"套筒"视图复制到装配图中

（1）打开"套筒"零件图。

(2) 关闭"标注"、"文本"和"辅助线"等图层。

(3) 选择所有视图的图线,选择"编辑"|"复制"命令。

(4) 切换到计数器装配图窗口。

(5) 选择"编辑"|"粘贴"命令,在图中适当位置单击,将套筒复制到装配图中。
如图 6-87 所示。

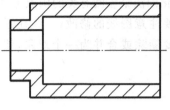

图 6-87 套筒

步骤三:装配"定位轴"零件到装配图中

(1) 打开"定位轴"零件图。

(2) 关闭"标注"、"文本"和"辅助线"等图层。

(3) 选择视图的图线,执行"编辑"|"带基点复制"命令,选择基点图 6-88(b)中的 A 点。

(4) 切换到计数器装配图窗口。

(5) 选择"编辑"|"粘贴"命令,放置在图 6-88(a)中的 B 点。

(6) 剪切整理图形,如图 6-88(c)所示。

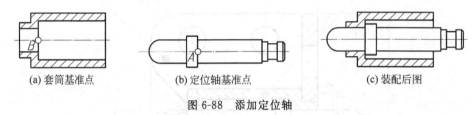

(a) 套筒基准点   (b) 定位轴基准点   (c) 装配后图

图 6-88 添加定位轴

步骤四:装配"盖"零件到装配图中

(1) 打开"盖"零件图。

(2) 关闭"标注"、"文本"和"辅助线"等图层。

(3) 选择视图图线,执行"编辑"|"复制"命令。

(4) 切换到计数器装配图窗口。

(5) 执行"编辑"|"粘贴"命令,将盖图形粘贴到视图的右侧处,如图 6-89(b)所示。

(6) 执行"旋转"和"移动"命令,将盖图形放置在套筒右侧处,整理,如图 6-89(a)所示。

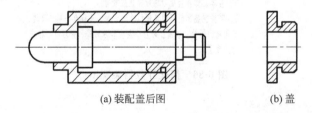

(a) 装配盖后图   (b) 盖

图 6-89 添加盖

步骤五:添加"支架"零件到装配图中

(1) 打开"支架"零件图。

(2) 关闭"标注"、"文本"和"辅助线"等图层。

(3) 选择主视图图线,选择"编辑"|"复制"命令。

(4) 切换到计数器装配图窗口件。

(5) 选择"编辑"|"粘贴"命令,将支架图形粘贴到装配图中。

如图 6-90 所示。

步骤六：将套筒等零件装配到支架上

如图 6-91(a)所示,将零件装配到支架上并修剪整理图形,如图 6-91(b)所示。

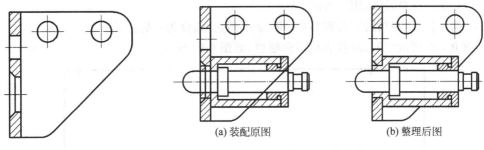

图 6-90　装配支架

(a) 装配原图　　　(b) 整理后图

图 6-91　装配整理

步骤七：修改套筒剖面线方向

因为支架、套筒和盖剖面线方向一致,双击剖面线,弹出快捷特性面板,在其"角度"选项中,将数据 0 换为 90,则转换剖面线的方向,如图 6-92 所示。

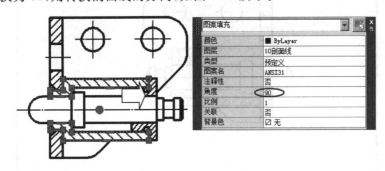

图 6-92　剖面线的快捷特性面板

步骤八：在 A4 布局设置,如图 6-93 所示

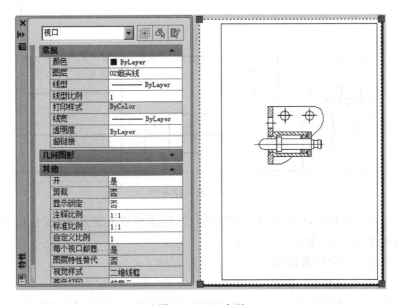

图 6-93　A4 布局

（1）单击 A4 布局，进入图纸空间。

（2）选择视口，在"特性"管理器中，将注释比例设为 1∶1，"标准比例"选择为 1∶1。

（3）双击布局中间位置，进入模型空间，执行实时平移 pan 命令调整视图的位置。

（4）双击视口外，转入图纸空间。

（5）选择视口，在"特性"管理器中，将"显示锁定"选择为：是。

步骤九：在图纸空间，绘制和填写标题栏，如图 6-94 所示

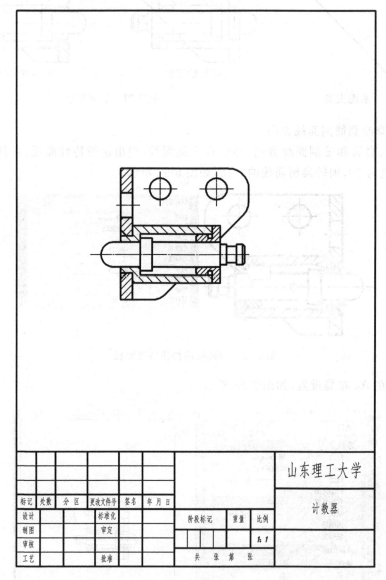

图 6-94 填写标题栏

步骤十：在布局选择标注图层，利用机械样式，标注规格性能尺寸、配合尺寸、安装尺寸、总体尺寸和其他主要尺寸，如图 6-95 所示

步骤十一：建立"序号"多重引线样式

（1）执行"多重引线样式"命令。

① 选择"格式"｜"多重引线样式"命令，出现"多重引线样式管理器"对话框；

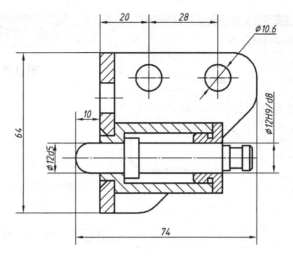

图 6-95　标注尺寸

② 单击"新建"按钮,出现"创建新多重引线样式"对话框;

③ 在"新样式名"文本框输入"序号"。

如图 6-96 所示。

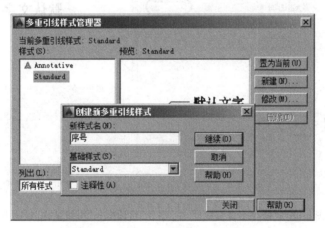

图 6-96　"多重引线样式管理器"对话框

(2) 设置"引线格式"选项卡。

① 单击"继续"按钮,出现"修改多重引线样式:序号"对话框,打开"引线格式"选项卡。

② 在"箭头"组,从"符号"列表选择"点"选项。

③ 在"大小"文本框输入 1。

如图 6-97 所示。

(3) 打开"引线结构"选项卡。

① 在"约束"组,选中"最大引线点数"复选框,在文本框输入 3。

② 选中"设置基线距离"复选框,在文本框输入 1。

③ 选中"注释性"复选框。

如图 6-98 所示。

(4) 设置"内容"选项卡。

① 从"多重引线类型"列表选择"多行文字"选项。

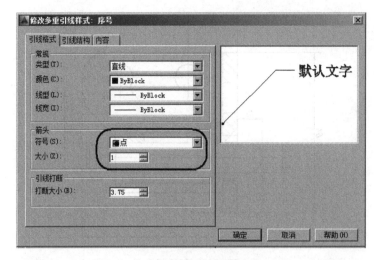

图 6-97　"修改多重引线样式：序号"对话框—"引线格式"选项卡

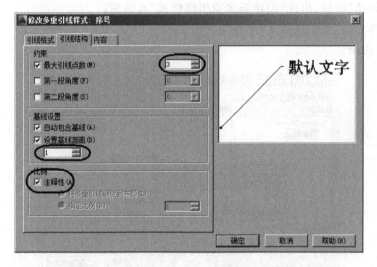

图 6-98　"修改多重引线样式：序号"对话框—"引线结构"选项卡

② 在"文字选项"组，从"文字样式"列表选择"数字（大）"选项。

③ 在"文字高度"文本框中输入 5。

④ 在"引线连接"组，选中"水平连接"复选框。

⑤ 在"引线连接"组，从"连接位置-左"列表选择"第一行加下划线"选项。

⑥ 从"连接位置-右"列表选择"第一行加下划线"选项。

⑦ 选中"将引线延伸至文字"复选框。

如图 6-99 所示，单击"确定"按钮，完成"序号"多重引线样式的创建。

步骤十二：标注序号，如图 6-100 所示

（1）右击工具栏任一按钮，在快捷菜单中选中"多重引线"命令，出现"多重引线"工具栏。

（2）在图纸空间，利用序号多重引线样式，绘制多重引线，标注序号。

（3）设置引线对齐。

① 单击"多重引线"工具栏的"多重引线对齐"按钮 ，选择序号 1、2，按 Enter 键。

② 选择序号 1，作为对齐的基准。

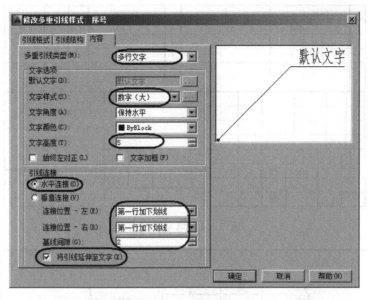

图 6-99 "修改多重引线样式：序号"对话框—"内容"选项卡

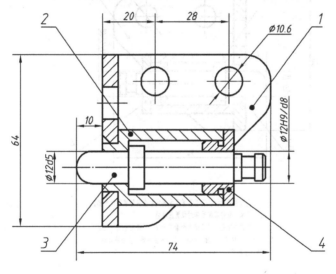

图 6-100 标注序号

③ 移动鼠标,选择水平方向后单击,则选择序号在一条水平线上。

④ 同样方式,将序号 2、3 在以序号 2 为基准的垂直方向；序号 3、4 在以序号 3 为基准的水平方向；将序号 1、4 在以序号 1 为基准的垂直方向。

步骤十三：在标题栏上方插入图块"明细栏"

插入图块"明细栏",然后将其图块分解,则成为表格样式,在表格中填写零件序号、名称等。如图 6-101 所示。

步骤十四：使用多行文字命令,注写技术要求,保存文件,如图 6-102 所示

3. 步骤点评

对于步骤七：关于更改剖面线方向

装配图中不同零件剖面线要不一致,也可以右击剖面线,在弹出的快捷菜单中选择"图案

4	CAXC-01-4	盖	1	Q235A			
3	CAXC-01-3	定位轴	1	45			
2	CAXC-01-2	套筒	1	Q235A			
1	CAXC-01-1	支架	1	Q235A			
序号	代　号	名　称	数量	材　料	单件 质量	总计	备注
					山东理工大学		
标记	处数	分区	更改文件号	签名 年月日		计数器	
设计		标准化		阶段标记	重量	比例	
制图		审定				1:1	
审核							
工艺		批准		共　张　第　张			

图 6-101　填写明细栏

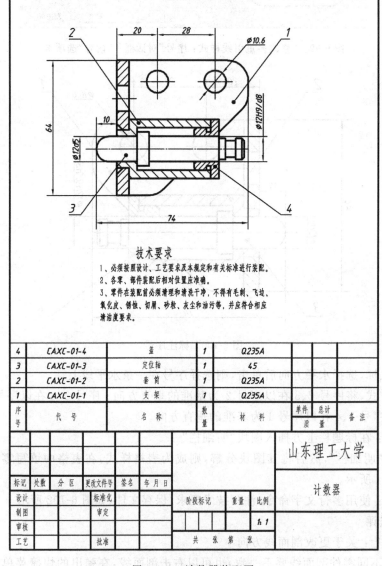

技术要求
1、必须按照设计、工艺要求及本规定和有关标准进行装配。
2、各零、部件装配后相对位置应准确。
3、零件在装配前必须清理和清洗干净，不得有毛刺、飞边、氧化皮、锈蚀、切屑、砂粒、灰尘和油污等，并应符合相应清洁度要求。

4	CAXC-01-4	盖	1	Q235A			
3	CAXC-01-3	定位轴	1	45			
2	CAXC-01-2	套筒	1	Q235A			
1	CAXC-01-1	支架	1	Q235A			
序号	代　号	名　称	数量	材　料	单件 质量	总计	备注
					山东理工大学		
标记	处数	分区	更改文件号	签名 年月日		计数器	
设计		标准化		阶段标记	重量	比例	
制图		审定				1:1	
审核							
工艺		批准		共　张　第　张			

图 6-102　计数器装配图

填充编辑"命令,则弹出"图案填充编辑"对话框,在这里可以更改更多剖面线设置,如将其角度增加或减少,也可增加或减少其比例值,使剖面线的间隔距离不一样。

6.3.5　随堂练习

1. 先建立 4 个序号块,其字为属性,字高为 5,块的插入点为:右序号在图线的最左端点,左序号在图线的最右端点。用建立的序号块建立 4 个多重引线序号样式,其块附着在插入点,如图 6-103 所示,存于样板文件中。

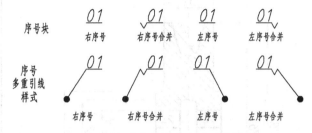

图 6-103　各种序号块和多重引线样式

2. 建立明细栏两个表格样式:一个为表头,另一个为数据,如图 6-104 所示,保存于样板文件中。

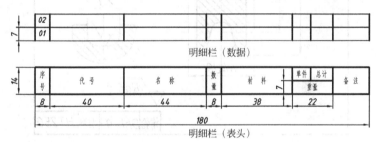

图 6-104　明细栏

3. 根据图 6-105 所给定的扶手架轴测图,绘制零件简图,并拼画装配图。

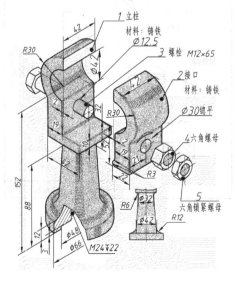

图 6-105　扶手架

6.4　上机练习

1. 根据给定的定滑轮装配体各零件简图,绘制标准零件图。

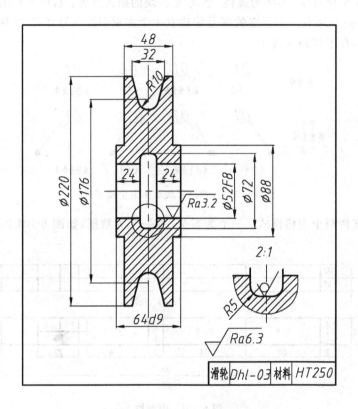

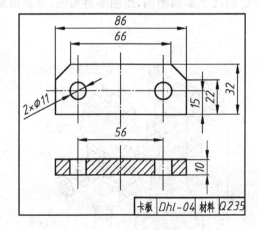

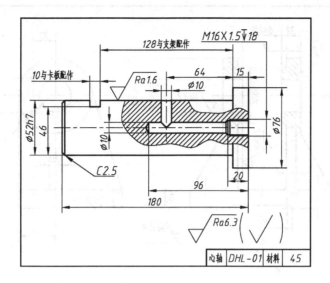

心轴 DHL-01 材料 45

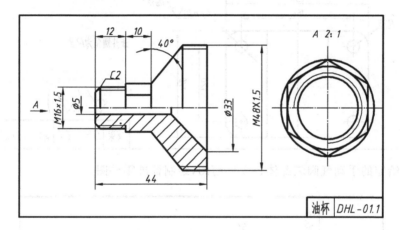

油杯 DHL-01.1

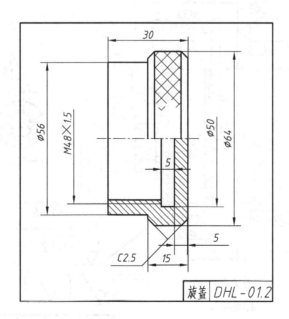

旋盖 DHL-01.2

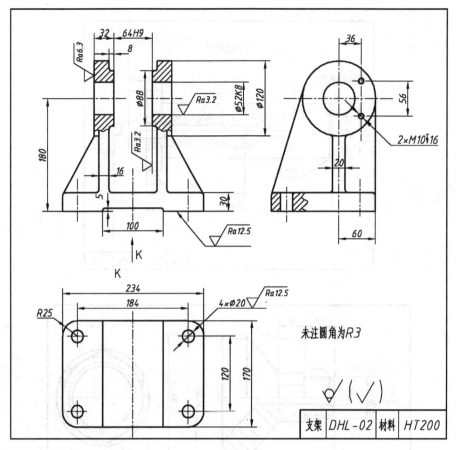

2. 根据给定的手动气阀装配体各零件简图,绘制标准零件图。

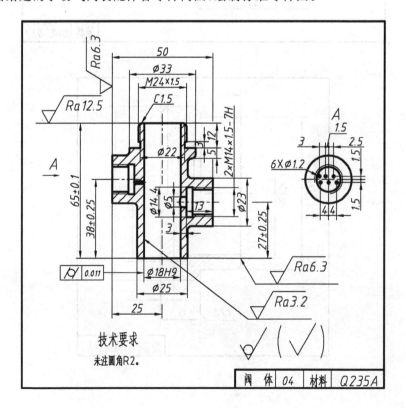

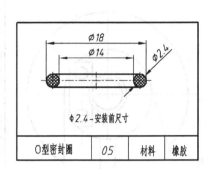

O型密封圈	05	材料	橡胶

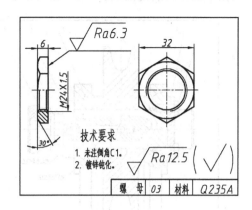

技术要求
1. 未注倒角C1.
2. 镀锌钝化.

螺　母	03	材料	Q235A

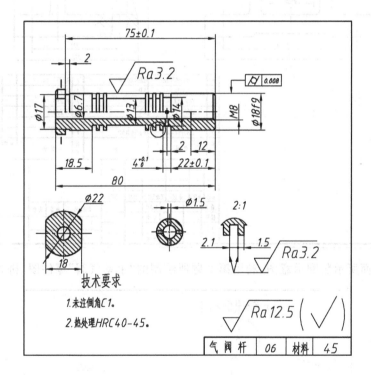

技术要求

1. 未注倒角C1.
2. 热处理HRC40-45.

气阀杆	06	材料	45

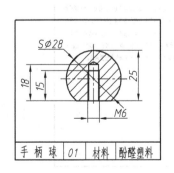

手柄球	01	材料	酚醛塑料

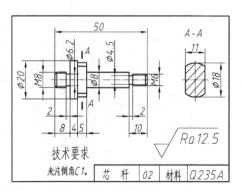

技术要求
未注倒角C1.

芯　杆	02	材料	Q235A

3. 根据下面所示装配图,利用第 1 题所绘制的"定滑轮"零件图,拼画装配图。

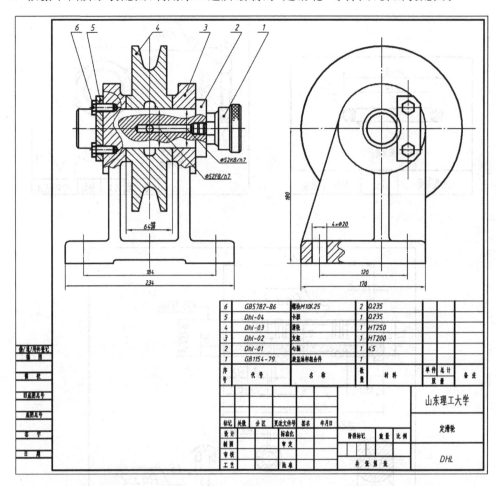

6	GB5782-86	螺栓M10X25	2	Q235		
5	DhI-04	卡板	1	Q235		
4	DhI-03	滑轮	1	HT250		
3	DhI-02	支架	1	HT200		
2	DhI-01	心轴	1	45		
1	GB1154-79	接盖油杯组合件	1			
序号	代 号	名 称	数量	材 料	单件 总计 质量	备 注

山东理工大学

定滑轮

DHL

4. 根据下面所示装配示意图,利用第 2 题所绘制的"手动气阀"零件图,拼画装配图。

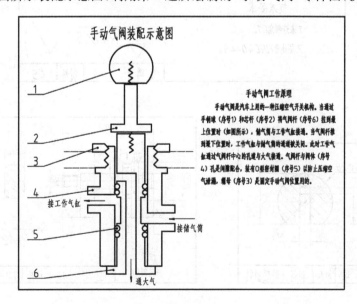

第7章

实　　　训

7.1　实训一　AutoCAD 设计基础

7.1.1　实训目的

绘制如图 7-1 所示的相对极轴图形。

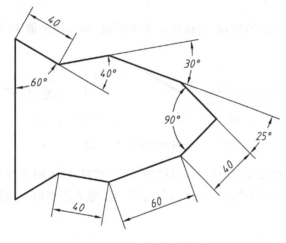

图 7-1　相对极轴图形

7.1.2　实训步骤

1. 绘图分析

（1）根据平面图形确定用极轴追踪方式绘制图形；

（2）在"草图设置"对话框，打开"极轴追踪"选项卡，在"极轴角设置"组中从"增量角"列表选择 5；

（3）在"极轴角测量"组中选择"相对上一段"单选按钮；如图 7-2 所示。

2. 操作步骤

步骤一：新建文件

利用建立的 A3 样板文件新建图形，保存为"相对极轴图形"。

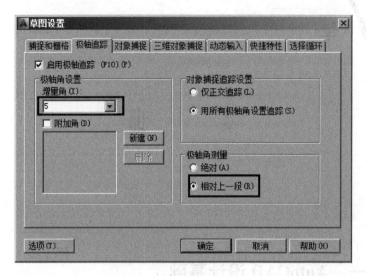

图 7-2　"极轴追踪"设置

步骤二：绘制图形

(1) 执行直线命令，在合适位置开始绘制。

① 单击确定最左下角点，移动光标，如图 7-3(a)所示，当极轴角为 30°时，输入距离值 40 后按 Enter 键。

② 移动光标，如图 7-3(b)所示，当极轴角为 320°时，输入距离值 40 后按 Enter 键。

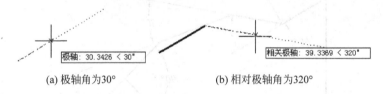

(a) 极轴为30°　　　　　　(b) 相对极轴角为320°

图 7-3　绘制两条长度为 40 的线段

③ 继续移动光标，如图 7-4(a)所示，当极轴角为 30°时，输入距离值 60 后按 Enter 键。

④ 移动光标，如图 7-4(b)所示，当极轴角为 25°时，输入距离值 40 后按 Enter 键。

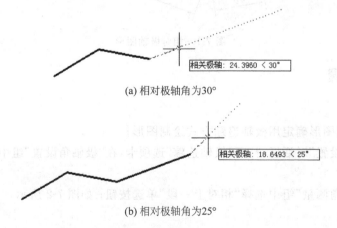

(a) 相对极轴角为30°

(b) 相对极轴角为25°

图 7-4　绘制两条长度分别为 60 和 40 的线段

⑤ 继续移动光标，如图 7-5(a)所示，当极轴角为 90°时，输入距离值 40 后按 Enter 键。

⑥ 移动光标，如图 7-5(b)所示，当极轴角为 25°时，输入距离值 60 后按 Enter 键。

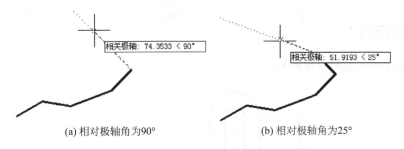

(a) 相对极轴角为90°　　　　　　　(b) 相对极轴角为25°

图 7-5　绘制两条长度分别为 40 和 60 的线段(1)

⑦ 继续移动光标，如图 7-6(a)所示，当极轴角为 30°时，输入距离值 40 后按 Enter 键。

⑧ 移动光标，如图 7-6(b)所示，当极轴角为 320°时，输入距离值 60 后按 Enter 键；输入 C 后按 Enter 键完成绘制。

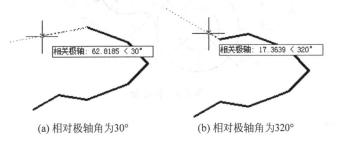

(a) 相对极轴角为30°　　　　　　　(b) 相对极轴角为320°

图 7-6　绘制两条长度分别为 40 和 60 的线段(2)

步骤三：封闭图形

输入 C 后按 Enter 键完成绘制，如图 7-7 所示。

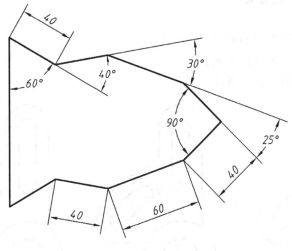

图 7-7　封闭图形

步骤四：保存文件

选择"文件"|"保存"命令。

7.2   实训二   AutoCAD 绘图平面图形

7.2.1   实训目的

绘制如图 7-8 所示的平面图形。

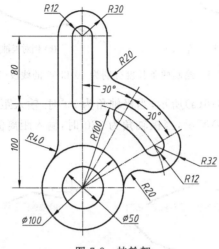

图 7-8   挂轮架

7.2.2   实训步骤

1. 绘图分析

根据图形分析,图形绘制的难点在右侧的弧形槽部分,主要是 R12 圆弧与其他圆弧切点的位置在中心线上,R32 圆弧上方切点也在中心线上,因此可以采用圆弧的绘制方式画出半圆及其连接弧。将极轴角设置为 15°。

2. 尺寸分析

(1) 尺寸基准,如图 7-9(a)所示。

(2) 定位尺寸,如图 7-9(b)所示。

(3) 定形尺寸,如图 7-9(c)所示。

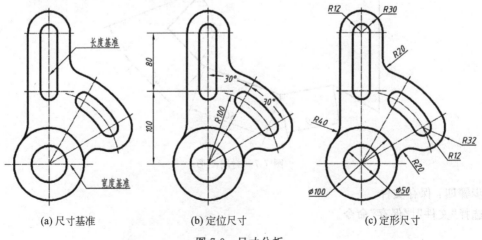

(a) 尺寸基准   (b) 定位尺寸   (c) 定形尺寸

图 7-9   尺寸分析

3. 线段分析

(1) 已知线段,如图 7-10 (a)所示。

(2) 中间线段,如图 7-10 (b)所示。

(3) 连接线段,如图 7-10(c)所示。

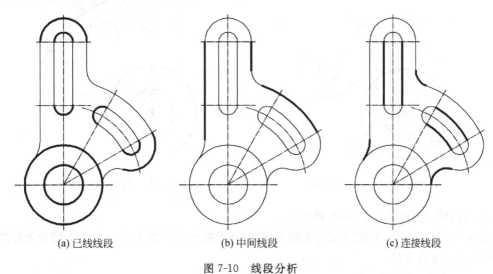

| (a) 已线线段 | (b) 中间线段 | (c) 连接线段 |

图 7-10 线段分析

4. 操作步骤

步骤一:新建文件

利用建立的 A3 样板文件新建图形,保存为"挂轮架"。

步骤二:绘制基准。

① 选择中心线图层,绘制宽度和高度基准直线,注意估算出各线的长度以及内外的长度。

② 高度基准向上偏移 100 和 180,绘制上方槽的中心线。

③ 在极轴为 30°和 60°的情况下,绘制长度为 136 的斜线。

④ 绘制 R100 的圆,然后绘制辅助线,进行修剪,删除辅助线。

⑤ 整理偏移 100 和 180 的中心线。

如图 7-11 所示。

步骤三:绘制已知线段。

① 执行圆命令,绘制 φ50、φ100 两个圆。

② 执行"圆心,起点,角度"方式绘制角度为 180°的 6 个圆弧;或者绘制圆进行修剪。

如图 7-12 所示。

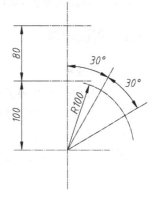

图 7-11 绘制基准线

步骤四:绘制中间线段

① 执行直线命令,绘制两条竖线。

② 采用"圆心,起点,端点"方式绘制圆弧,端点任意确定。

如图 7-13 所示。

步骤五:绘制连接线段

① 执行圆角命令,选择修剪方式,半径为 40,做左侧连接弧。

② 按 Enter 键,重复圆角命令,确定半径 20,选择多个方式,分别绘制右侧上下两个连接弧。

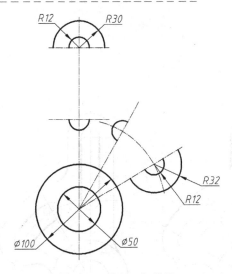

图 7-12　绘制已知线段

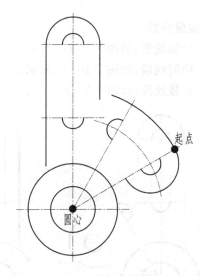

图 7-13　绘制中间线段

③ 用直线完成中间 R12 圆弧的连接。

④ 采用"圆心,起点,端点"方式绘制圆弧,绘制环形槽圆弧,注意要逆时针方向,完成图形绘制。

步骤六:保存文件

选择"文件"|"保存"命令。

7.3　实训三　AutoCAD 绘制形体视图

7.3.1　实训目的

绘制立体的三视图,如图 7-14 所示。

7.3.2　实训步骤

1. 绘图分析

(1) 将球体进行形体分析,可以分为 3 个基本体,分别为半球Ⅰ、长方体Ⅱ和圆柱Ⅲ;

(2) 在半球Ⅰ的中间切槽半圆柱Ⅳ;

(3) 在圆柱的正中向下钻一个孔Ⅴ;

如图 7-15 所示,绘图过程中按照先叠加后切割方式绘制。

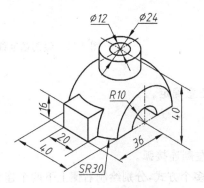

图 7-14　球体

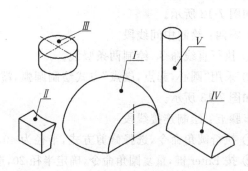

图 7-15　球体的形体分析

2. 操作步骤

步骤一：新建文件

利用建立的 A4 样板文件新建图形，保存为"球体"。

步骤二：绘制基本形体

（1）绘制基准线和绘制 45°斜线，如图 7-16 所示。

（2）绘制半球 I 视图。

① 绘制俯视图前后被切割的圆；

② 绘制主视图半圆以及截交线；

③ 绘制左视图；

如图 7-17 所示。

（3）绘制长方体 II 视图。

① 绘制左视图投影；

② 依据投影规律绘制其他视图；

如图 7-18 所示。

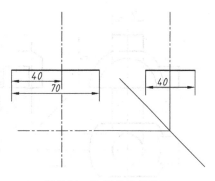

图 7-16　绘制球体基准线

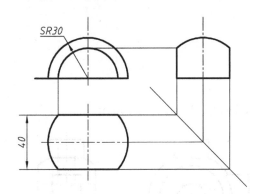

图 7-17　绘制球体 I 视图

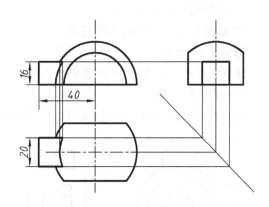

图 7-18　绘制长方体 II 视图

注意：

① 相贯线为圆弧；

② 主视图左侧部分轮廓线不存在。

（4）绘制圆柱 III 视图。

① 绘制俯视图投影圆；

② 根据投影关系绘制其他视图；

如图 7-19 所示。

注意：圆柱 III 与半球 I 相贯线为圆，其正面和侧面投影均为直线。

步骤三：绘制切槽

绘制切槽半圆柱 IV 投影。

① 绘制主视图投影半圆；

② 根据投影关系绘制其他视图；

如图 7-20 所示。

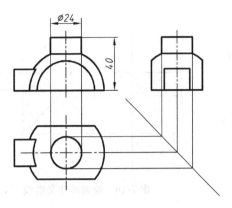

图 7-19　绘制圆柱Ⅲ视图

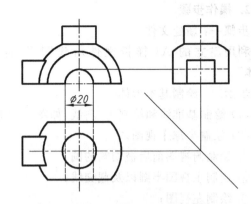

图 7-20　切槽半圆柱Ⅳ投影

注意：主视图圆内无线。

（6）绘制钻孔。

绘制钻孔Ⅴ投影步骤如下：

① 绘制俯视图投影圆；

② 根据投影关系绘制其他视图；

如图 7-21 所示。

注意：其相贯线绘制，可以用圆弧代替。

步骤四：检查修改

检查截交线与相贯线情况，关闭"辅助线"图层，完成绘制，如图 7-22 所示。

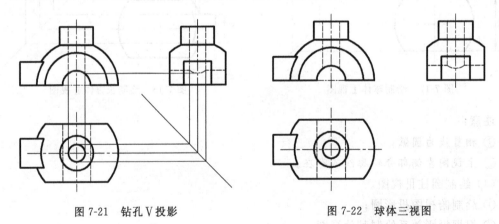

图 7-21　钻孔Ⅴ投影　　　　　　　　　　　图 7-22　球体三视图

步骤五：保存文件

选择"文件"|"保存"命令。

7.4　实训四　AutoCAD 尺寸标注

7.4.1　实训目的

打开绘制导块的三视图，进行尺寸标注，如图 7-23 所示。

7.4.2 实训步骤

1. 标注分析

1）确定基准

确定图形的尺寸基准有 3 个，分别为长度方向以右端面为基准，宽度方向以后端面为基准，高度方向以底面为基准，如图 7-24 所示。

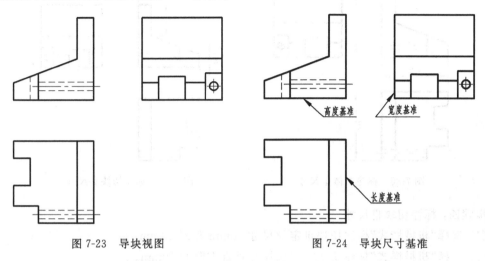

图 7-23 导块视图   图 7-24 导块尺寸基准

2）分析定形尺寸和定位尺寸

根据图形的形体分析，将导块切去 4 部分，分别确定每部分的定形尺寸和定位尺寸的数目，如图 7-25 所示，分别标注定形尺寸和定位尺寸，最后调整尺寸完成标注。

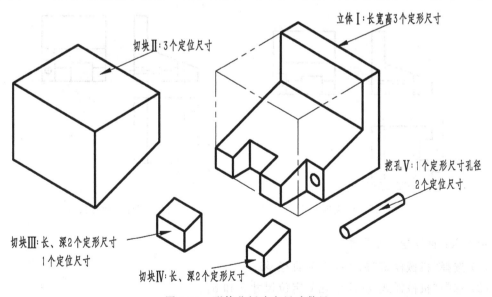

图 7-25 形体分析确定尺寸数目

2. 操作步骤

步骤一：打开文件

（1）打开导块的三视图。

（2）选择"标注"图层。

步骤二：标注立体Ⅰ尺寸。

选择建立的"机械样式"标注立体Ⅰ的长宽高，如图 7-26 所示。

步骤三：标注切块Ⅱ尺寸。

选择"机械样式"标注切块Ⅱ的定位尺寸，如图 7-27 所示。

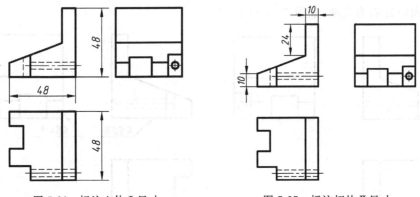

图 7-26　标注立体Ⅰ尺寸　　　　　图 7-27　标注切块Ⅱ尺寸

步骤四：标注切块Ⅲ尺寸

（1）选择"机械样式"标注切块Ⅲ定形尺寸 16mm 和深 10mm。

（2）选择"机械样式"标注切块Ⅲ定位尺寸垂直方向的 10mm。

如图 7-28 所示。

步骤五：标注切块Ⅳ尺寸

选择"机械样式"标注切块Ⅳ定形尺寸，如图 7-29 所示。

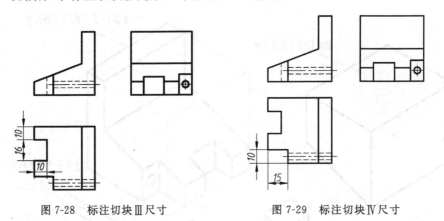

图 7-28　标注切块Ⅲ尺寸　　　　　图 7-29　标注切块Ⅳ尺寸

步骤六：标注挖孔Ⅴ尺寸

（1）选择"机械样式"标注挖孔Ⅴ直径 $\phi 5$。

（2）选择"机械样式"标注挖孔Ⅴ定位尺寸 5 和 8。

如图 7-30 所示。

步骤七：整理调整尺寸

（1）切块Ⅳ的尺寸不合理，改为标注 38 和 33。

（2）挖孔Ⅴ的定位尺寸，改为在主视图标注高 8，在俯视图标注宽 5。

如图 7-31 所示。

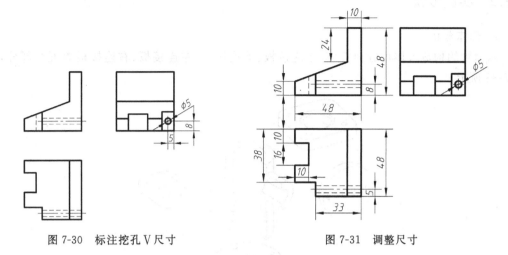

图 7-30　标注挖孔 V 尺寸　　　　图 7-31　调整尺寸

步骤八：保存文件

选择"文件"|"保存"命令。

7.5　实训五　AutoCAD 绘制机械图样

7.5.1　实训目的

根据如图 7-32 所示四通管形体,确定四通管的表达方案,绘制四通管的图形。

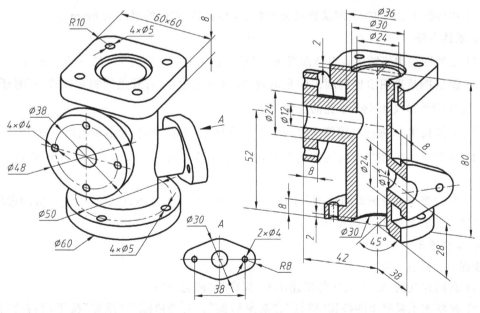

图 7-32　四通管

7.5.2 实训步骤

1. 形体分析

四通管的构成大体可分为管体、上连接板、下连接板、左连接板、右连接板等五个部分,如图 7-33 所示。

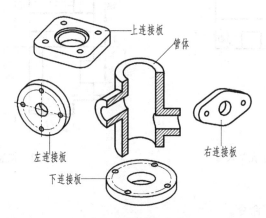

图 7-33 四通管形体分析

(1) 管体的内外形状组成。

① 一个外径为 36mm、内径为 24mm 的竖管;

② 左边一个距底面 52mm、外径为 24mm、内径为 12mm 的横管;

③ 右边一个距底面 28mm、外径为 24mm、内径为 12mm、向前方倾斜 45°的斜管;

④ 三段管子的内径互相连通,形成有四个通口的管件。

(2) 阀体的上、下、左、右四块连接板形状、大小各异,它们的厚度为 8mm。

2. 表达方法

(1) 主视图采用旋转剖画出全剖视图,同时还表达了上连接板 4×φ5 小孔为通孔。

(2) 俯视图是采用阶梯剖画出的全剖视图,着重表达左、右管道的相对位置,同时还表达了下连接板的外形及 4×φ5 小孔的位置。

(3) 局部视图 1,表达左端管连接板的外形及其上 4×φ4 孔的大小和相对位置。

(4) 局部视图 2,相当于俯视图的补充,表达了上连接板的外形及其上 4×φ5 孔的大小和位置。

(5) 右端管与正投影面倾斜 45°,所以采用斜剖画出全剖视图,以表达右连接板的形状。

具体表达方案如图 7-34 所示。

3. 操作步骤

步骤一:新建文件

(1) 利用建立的 A3 样板文件新建图形,保存为"四通管";

(2) 将状态工具栏上的按钮"极轴"、"对象捕捉"、"对象追踪"、"线宽"按下,呈打开状态,极轴增量角设置为 15°。

步骤二:绘制基准线

如图 7-35 所示。

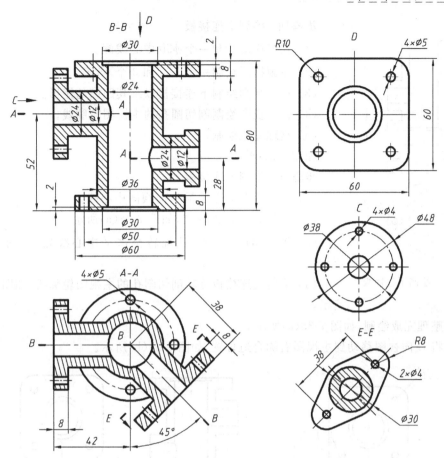

图 7-34　四通管的表达方案

步骤三：绘制管体结构

（1）绘制管体阶梯全剖的俯视图。

（2）绘制旋转剖切的管体主视图轮廓线。

如图 7-36 所示。

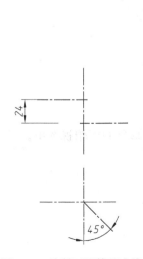

图 7-35　绘制四通管基准线

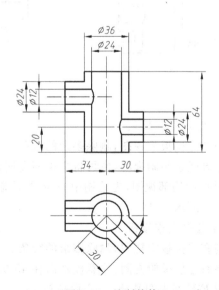

图 7-36　绘制管体

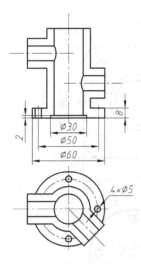

图 7-37   绘制下连接板

步骤四：绘制下连接板

（1）在俯视图绘制一个 ϕ50 中心线圆。

（2）在俯视图绘制一个 ϕ60 和 3 个 ϕ5 圆。

（3）在主视图绘制下连接板以及其凹槽的矩形。

（4）在主视图绘制剖切圆孔的主视图轮廓线。

（5）整理完成绘制。

如图 7-37 所示。

步骤五：绘制上连接板

（1）在主视图上方绘制 D 向视图中心线。

（2）绘制 D 向局部视图，如图 7-38(a)所示。

（3）将剖切的 4×ϕ5 孔旋转至水平中心线处，如图 7-38(a)所示。

（4）绘制上连接板旋转剖切圆孔的主视图轮廓线，如图 7-38(a)所示。

（5）整理完成绘制，如图 7-38(a)所示。

（6）将 D 向视图移动到主视图右侧合适位置，如图 7-38(b)所示。

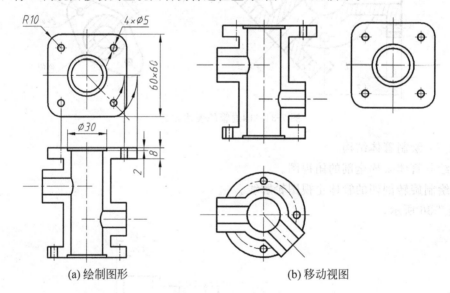

(a) 绘制图形   (b) 移动视图

图 7-38   绘制上连接板

步骤六：绘制左连接板

① 绘制左连接板主视图，删除多余的线条。

② 同样方式绘制俯视图，也可将主视图左连接板图形复制到俯视图中。

③ 绘制 C 向局部视图，先绘制中心线，再绘制圆。

如图 7-39 所示。

步骤七：绘制右连接板。

① 绘制右连接板主视图，删除多余的线条。

② 绘制右连接板俯视图，注意极轴需在 45°方向。

③ 绘制 E-E 剖视图基准线，注意倾斜 45°。

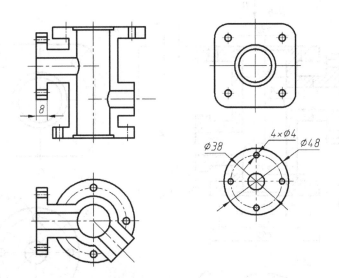

图 7-39　绘制左连接板

④ 绘制 E-E 剖视图圆和相切的直线，并修剪。

如图 7-40 所示。

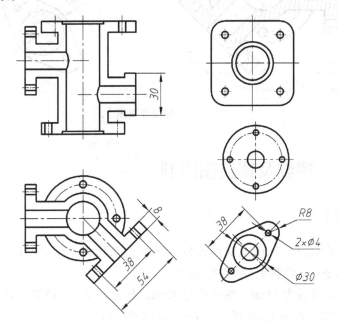

图 7-40　绘制右连接板

步骤八：填充和标注

填充剖面线，绘制剖切符号，注写剖视图名称，如图 7-41 所示。

步骤九：保存文件

选择"文件"|"保存"命令。

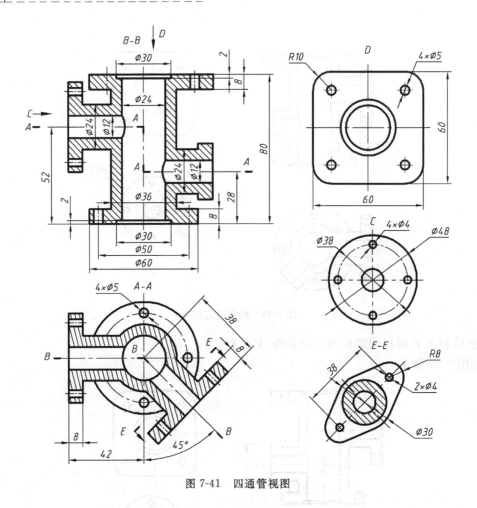

图 7-41　四通管视图

7.6　实训六　螺纹及螺纹副绘制

7.6.1　实训目的

(1) 已知：公称直径为 24mm、螺纹长为 30mm、倒角均为 C2 的粗牙普通外螺纹,中径和顶径公差为 5g6g,要求：绘制主、左视图,如图 7-42(a)所示;

(2) 已知：公称直径为 24mm、螺纹长为 30mm、倒角均为 C2 的粗牙普通内螺纹,中径和顶径公差为 6H,要求：绘制主、左视图,如图 7-42(b)所示;

(3) 已知：连接时旋合长度为 20mm,要求：绘制连接状态主、左视图,如图 7-42(c)所示。

7.6.2　实训步骤

1. 绘图分析

(1) 绘制外螺纹的倒角采用倒角命令绘制,1/4 小圆需要旋转一定角度;

(2) 内螺纹可采用复制方式,然后修改来绘制;

(3) 螺纹副一般在装配图中绘制,先绘制外螺纹,再绘制内螺纹。

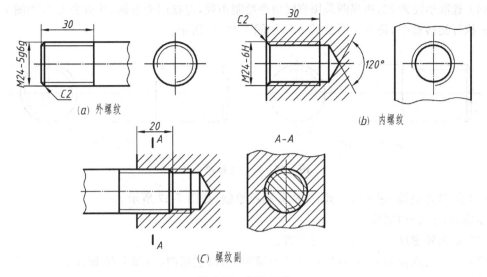

图 7-42 螺纹画法

2. 操作步骤

步骤一：新建文件

利用建立的 A3 样板文件新建图形，保存为"螺纹"。

步骤二：绘制外螺纹

(1) 绘制基准线，如图 7-43 所示。

(2) 绘制外轮廓（大径）及螺纹终止线，如图 7-44 所示。

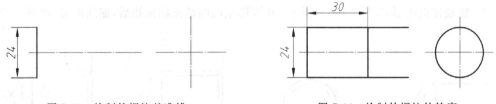

图 7-43 绘制外螺纹基准线　　　　图 7-44 绘制外螺纹外轮廓

(3) 单击"修改"工具栏"倒角"按钮 ▱；

① 输入 D 按 Enter 键，输入 2 按 Enter 键，再次输入 2 按 Enter 键。

② 输入 T 按 Enter 键；再次输入 T 按 Enter 键。

③ 输入 M 按 Enter 键，顺序单击图 7-45(a)中 A、B、C、D 点处选择图线，完成倒角。

④ 绘制倒角处直线，如图 7-45(b)所示。

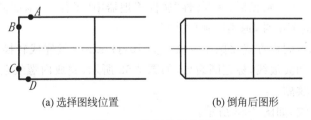

(a) 选择图线位置　　　　　　(b) 倒角后图形

图 7-45 绘制外螺纹倒角

（4）选取小径为 20，主视图采用直线命令绘制小径，左视图绘制圆，并剪去 1/4，如图 7-6(a) 所示；执行旋转命令，将 3/4 圆旋转 10°，如图 7-46(b) 所示。

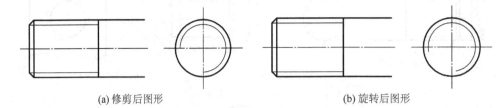

(a) 修剪后图形　　　　　　　　　　(b) 旋转后图形

图 7-46　绘制外螺纹小径

（5）绘制波浪线，标记断裂处，完成外螺纹绘制，如图 7-47 所示。

步骤三：绘制内螺纹

（1）复制外螺纹图形，放入合适位置。

（2）采用夹点拉伸方式，将线段拉长或缩短，修改主视图，如图 7-48 所示。

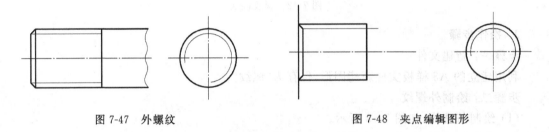

图 7-47　外螺纹　　　　　　　　　　图 7-48　夹点编辑图形

（3）将大小径转换图层，并绘制钻孔结构，如图 7-49 所示。

（4）绘制辅助矩形，如图 7-50(a) 所示；在矩形范围内填充剖面线后，删除矩形，如图 7-50(b) 所示。

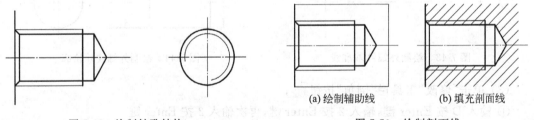

(a) 绘制辅助线　　　　　　　　(b) 填充剖面线

图 7-49　绘制钻孔结构　　　　　　　　图 7-50　绘制剖面线

（5）修改左视图圆。

① 选择"修改"|"特性"命令，出现"特性"属性管理器，如图 7-51(a) 所示。

② 选择左视图的 3/4 圆弧后，在"特性"属性管理器中"半径"文本框输入 12，按 Enter 键，如图 7-51(b) 所示；按 Esc 键，退出圆弧的选择。

③ 选择粗实线圆，同样方式将圆半径修改为 10，按 Enter 键完成转换，如图 7-51(c) 所示。

（6）绘制轮廓线和波浪线，标记断裂处，如图 7-52 所示，完成内螺纹绘制。

步骤四：绘制螺纹副

（1）先绘制外螺纹，如图 7-53 所示。

（2）旋合部分按外螺纹绘制，其余部分按各自方式绘制，将主视图剩余部分绘制内螺纹，左视图增加内螺纹轮廓线，如图 7-54 所示。

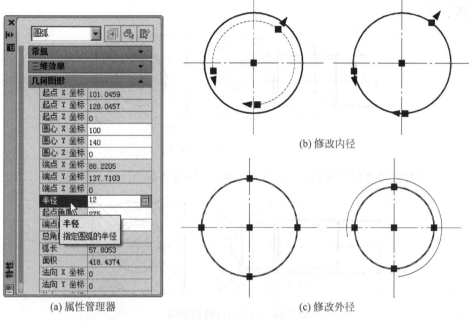

(a) 属性管理器

(b) 修改内径

(c) 修改外径

图 7-51 修改圆弧半径

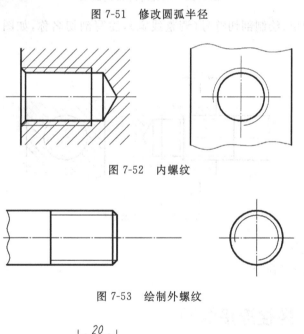

图 7-52 内螺纹

图 7-53 绘制外螺纹

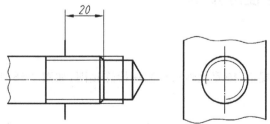

图 7-54 绘制内螺纹

（3）绘制辅助线，作为连接件的分界轮廓，并填充内螺纹剖面线，如图 7-55 所示；删除辅助线矩形。

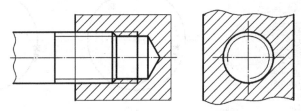

图 7-55　填充内螺纹剖面线

（4）填充左视图外螺纹剖面线，注意方向要相反，如图 7-56 所示。

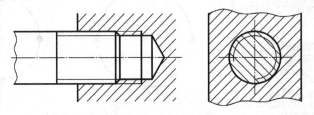

图 7-56　填充外螺纹剖面线

（5）选择标注图层，绘制剖切符号（调整线宽），注写剖切名称，如图 7-57 所示，完成螺纹副绘制。

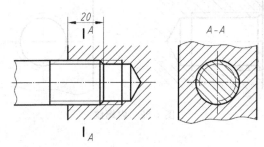

图 7-57　螺纹副连接

步骤七：保存文件

选择"文件"|"保存"命令。

7.7　实训七　螺栓连接绘制

7.7.1　实训目的

根据机械制图国标规定，按简化画法绘制螺栓连接图，如图 7-58 所示。

7.7.2　实训步骤

1. 绘图分析

按装配顺序绘制；先绘制联接机件，然后依次绘制螺栓、垫片和螺母。

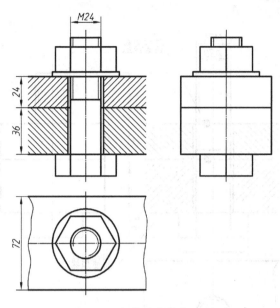

图 7-58　螺栓连接简化画法

2. 操作步骤

步骤一：新建文件

利用建立的 A3 样板文件新建图形，保存为"螺栓连接"。

步骤二：绘制连接机件

中间钻孔尺寸取 1.1d(公称直径)＝26.4，两零件剖面线方向要相反，其钻孔俯视图不画，如图 7-59 所示。

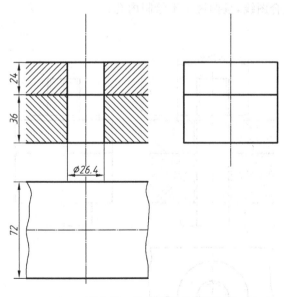

图 7-59　绘制联接机件

步骤三：绘制螺栓

（1）六棱柱对角距取 $2d=48$mm，高取 $0.7d=16.8$mm，小径取 $0.85d\approx20$mm；

（2）下面螺栓遮住机件的分界线，应删除；上部因要绘制垫片，中间有线，故保留；

如图 7-60 所示。

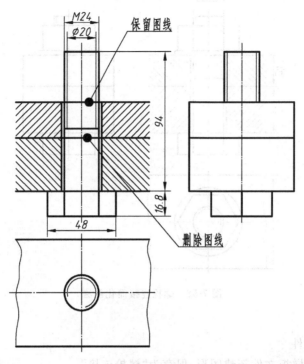

图 7-60 绘制螺栓

步骤四：绘制垫片

(1) 垫片的外径取 $2.2d=52.8$mm，高取 $0.15d=3.6$mm，按不剖绘制；

(2) 删除与螺栓重合图线，且俯视图不绘制内孔；

如图 7-61 所示。

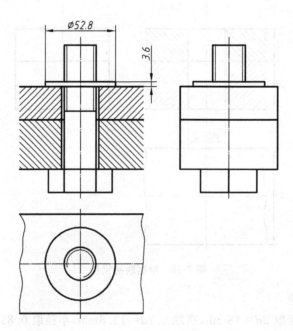

图 7-61 绘制垫片

步骤五：绘制螺母

（1）螺母的高取 $0.8d = 19.2$mm，按不剖绘制；

（2）删除与螺栓重合图线，绘制俯视图六边形；

如图 7-62 所示。

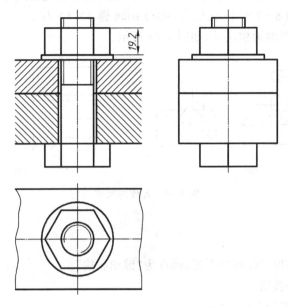

图 7-62 绘制螺母

步骤七：保存文件

选择"文件"|"保存"命令。

7.8 实训八 键和销绘制

7.8.1 实训目的

（1）已知：轴和轮之间用 A 型普通平键联结，轴的直径为 28mm，轮的宽度为 48mm，要求：绘制键联接图，如图 7-63(a)所示。

（2）已知：两厚度为 10mm 平板，用 φ8 的圆柱销定位，要求：绘制销定位图，如图 7-63(b)所示。

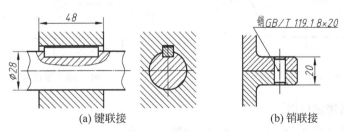

(a) 键联接　　　　　　　　　(b) 销联接

图 7-63 紧固件联接

7.8.2 实训步骤

1. 绘图分析

根据轴的直径 $d = 40\text{mm}$，轮的宽度 $b = 48\text{mm}$，设计键及其键槽尺寸：

(1) 查表设计键为 $8 \times 7 \times 40$，标记为 GB/T1096 键 $8 \times 7 \times 40$。

(2) 查表设计轴、毂的键槽尺寸，如图 7-64 所示。

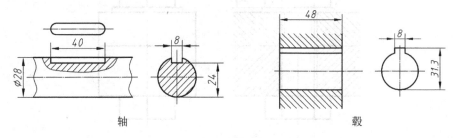

图 7-64 键槽的尺寸

2. 操作步骤

步骤一：新建文件

利用建立的 A3 样板文件新建图形，保存为"键销联接"。

步骤二：绘制键联接图

(1) 绘制轴图形，如图 7-65 所示。

(2) 绘制键图形，并修剪，如图 7-66 所示。

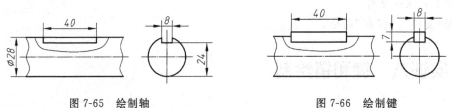

图 7-65 绘制轴   图 7-66 绘制键

(3) 绘制轮图形，并修剪，如图 7-67 所示。

(4) 整理，填充剖面线，如图 7-68 所示。

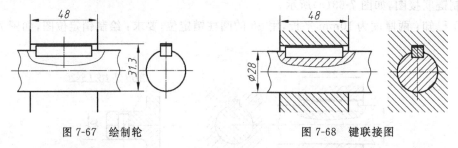

图 7-67 绘制轮   图 7-68 键联接图

步骤二：绘制销定位图

(1) 绘制销联接机件，并绘制 $\phi 8$ 销孔，如图 7-69 所示。

(2) 绘制销，如图 7-70 所示。

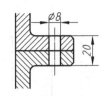

图 7-69　绘制销联接件

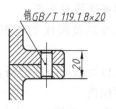

图 7-70　销定位图

步骤三：保存文件

选择"文件"|"保存"命令。

7.9　实训九　直齿圆柱齿轮绘制

7.9.1　实训目的

如图 7-71 所示为直齿圆柱齿轮的图形，计算其尺寸，按照尺寸绘制此图。

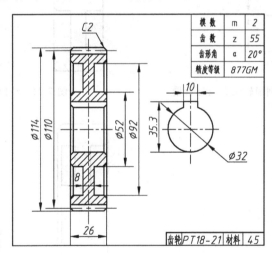

模数	m	2
齿数	z	55
齿形角	α	20°
精度等级		877GM

图 7-71　齿轮图形

7.9.2　实训步骤

1．绘图分析

齿轮按照加工过程绘制，先绘制基准和毛坯图形，然后按照加工过程绘制；由于图形上下基本对称，可以先绘制一半，然后执行镜像命令来完成。

根据技术要求计算齿轮的尺寸：

分度圆直径：$d=mz=2\times55=110$(mm)。

齿顶圆直径：$d_a=m(z+2)=2\times(55+2)=114$(mm)。

齿根圆直径：$d_f=m(z-2.5)=2\times(55-2.5)=105$(mm)。

2．操作步骤

步骤一：新建文件

利用建立的 A4 样板文件新建图形，保存为"齿轮"。

步骤二：绘制基准线及毛坯

（1）绘制基准线以及圆柱毛坯图形（先绘制一半），如图 7-72 所示。

（2）绘制轴孔以及减重的环形槽，如图 7-73 所示。

步骤三：绘制倒角

（1）执行倒角命令，设置距离为 2mm，采用不修剪方式，单击"多个"选项，八处倒角；如图 7-74 所示。

（2）整理图形，并绘制倒角分界线，如图 7-75 所示。

（3）镜像图形（轴孔轮廓线及其倒角不需镜像），并合并图线，绘制轴孔圆，如图 7-76 所示。

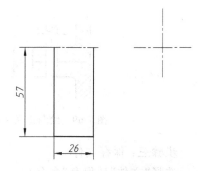

图 7-72　绘制齿轮基准线及圆柱毛坯

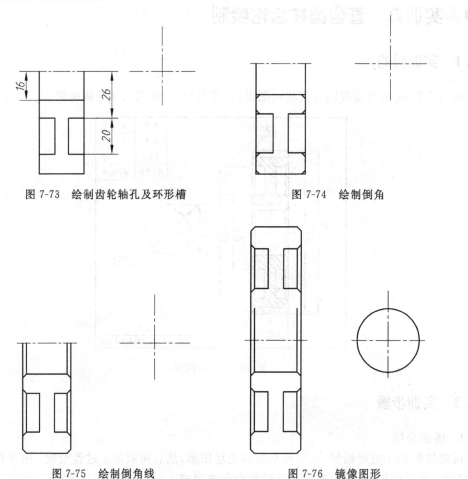

图 7-73　绘制齿轮轴孔及环形槽　　　图 7-74　绘制倒角

图 7-75　绘制倒角线　　　图 7-76　镜像图形

步骤四：绘制键槽

（1）根据键槽尺寸，先绘制左视图，采用对象追踪方式绘制，如图 7-77 所示。

（2）利用对象追踪圆轴孔键槽上底面的点，绘制键槽线，如图 7-78 所示。

（3）绘制直径 36mm 的倒角辅助圆，追踪圆与键槽交点，绘制两个倒角线如图 7-79（a）所示；整理后，如图 7-79（b）所示。

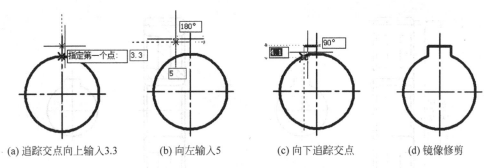

(a) 追踪交点向上输入3.3　　(b) 向左输入5　　(c) 向下追踪交点　　(d) 镜像修剪

图 7-77　绘制圆轴孔键槽

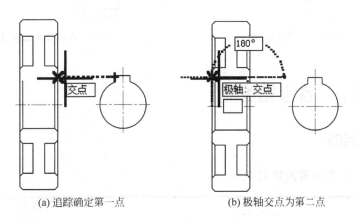

(a) 追踪确定第一点　　　　(b) 极轴交点为第二点

图 7-78　绘制齿轮键槽线

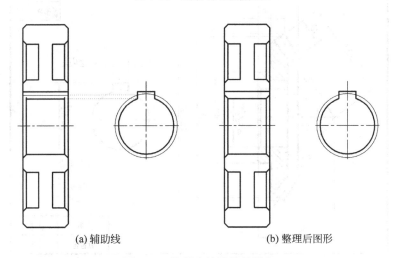

(a) 辅助线　　　　　　(b) 整理后图形

图 7-79　绘制齿轮键槽处倒角

步骤五：绘制轮齿

根据计算的分度圆、齿根圆直径,选择图层,绘制分度线和齿根线,如图 7-80 所示。

步骤六：整理图形,填充剖面线

执行填充命令,绘制剖面线,如图 7-81 所示。

步骤七：标注尺寸,注写技术要求,完成全图

步骤八：保存文件

选择"文件"|"保存"命令。

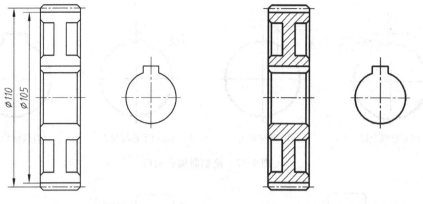

图 7-80　绘制轮齿　　　　　　　　　图 7-81　齿轮图形的图案填充

7.10　实训十　锥齿轮绘制

7.10.1　实训目的

绘制如图 7-82 所示锥齿轮的图形。

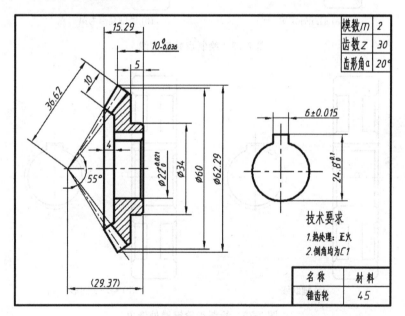

图 7-82　锥齿轮图形

7.10.2　实训步骤

1. 绘图分析

首先利用 A4 样板文件新建一个图形文件；确定视图的基准位置，按照设计要求绘制图形，执行直线命令绘制中心线和单个轮齿的分度线，然后根据锥齿轮的计算公式，算出大端齿顶高和齿根高尺寸为 2 和 2.4，由给定的尺寸绘制一半锥齿轮图形，然后镜像齿轮，整理完成。

2. 操作步骤

步骤一：新建文件

利用建立的 A4 样板文件新建图形，保存为"锥齿轮"。

步骤二：绘制基准线

如图 7-83 所示。

步骤三：绘制轮齿

由计算知大端齿顶高和齿根高尺寸为 2mm 和 2.4mm，确定大端齿顶和齿根的位置；将背锥线偏移 10mm，确定小端的位置，如图 7-84 所示。

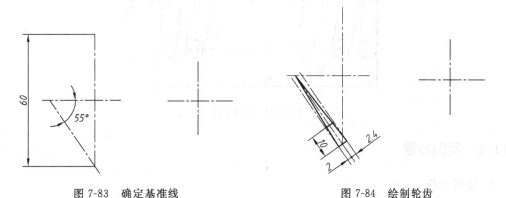

图 7-83　确定基准线　　　　　　　图 7-84　绘制轮齿

步骤四：绘制锥齿轮其他构造

（1）绘制齿轮其他构造一半部分，如图 7-85 所示。

（2）镜像图形，绘制键槽，进行整理，如图 7-86 所示。

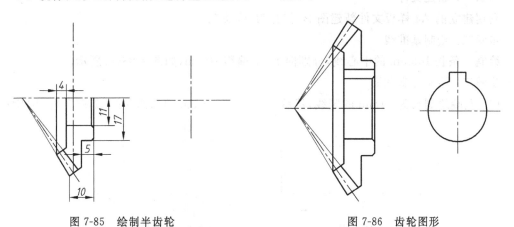

图 7-85　绘制半齿轮　　　　　　　图 7-86　齿轮图形

步骤五：填充剖面线，整理完成图形

步骤六：标注尺寸，注写技术要求，完成全图

步骤七：保存文件

选择"文件"|"保存"命令。

7.11 实训十一 圆柱螺旋压缩弹簧绘制

7.11.1 实训目的

绘制如图 7-87 所示圆柱螺旋压缩弹簧的剖视图。

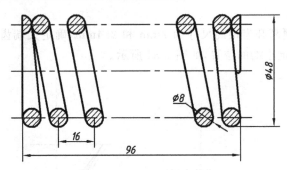

图 7-87 弹簧图形

7.11.2 实训步骤

1. 绘图分析

先确定图形的基准位置,再绘制左侧簧丝剖面圆后进行镜像,然后整理绘制切线,最后填充剖面线。

2. 操作步骤

步骤一:新建文件

利用建立的 A4 样板文件新建图形,保存为"弹簧"。

步骤二:绘制基准线

绘制一条长 106mm 的中心线,分别向上、下偏移 20mm,如图 7-88(a)所示。

步骤三:绘制弹簧截面

(1) 左端绘制长为 44mm 的竖线,然后绘制半径为 4mm 的圆弧和圆,如图 7-88(b)所示。

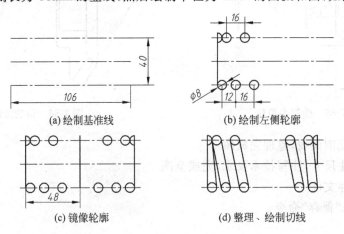

(a)绘制基准线

(b)绘制左侧轮廓

(c)镜像轮廓

(d)整理、绘制切线

图 7-88 弹簧的绘制

（2）左侧竖线偏移 48mm 作为辅助线，将粗实线图层对象镜像，以辅助线为对称线，如图 7-88(c)所示。

（3）整理后，绘制圆的公切线，如图 7-88(d)所示。

步骤四：填充剖面线

执行填充命令，选择图案为 ANSI31，角度为 0°，比例为 0.5，结果如图 7-89 所示。

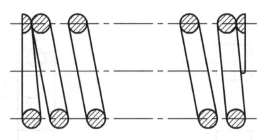

图 7-89 填充弹簧

步骤五：保存文件

选择"文件"|"保存"命令。

7.12 实训十二 深沟球轴承绘制

7.12.1 实训目的

绘制如图 7-90 所示深沟球轴承规定画法的图形。

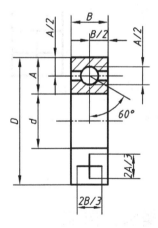

图 7-90 深沟球轴承

7.12.2 实训步骤

1. 绘图分析

已知：深沟球轴承 6204 GB/T 276—1994

根据轴承代号查表确定轴承 D、d、B 的尺寸，其尺寸 $D=47\mathrm{mm}$、$d=20\mathrm{mm}$、$B=14\mathrm{mm}$，计算出 $A=13.5\mathrm{mm}$，绘制下半部分的通用画法可用比例缩放方式绘制。

2. 操作步骤

步骤一：新建文件

利用建立的 A4 样板文件新建图形，保存为"深沟球轴承 6204"。

步骤二：绘制中心线和轮廓线，如图 7-91 所示

步骤三：绘制滚动体，如图 7-92 所示

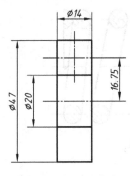

图 7-91　轴承轮廓线

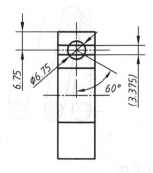

图 7-92　绘制滚动体

步骤四：整理后填充剖面线，选择图案为 ANSI31，角度为 0°，比例为 0.75，如图 7-93 所示

步骤五：绘制特征画法：在矩形内绘制中间垂线，将两条直线的缩放比例为 2/3，如图 7-94 所示

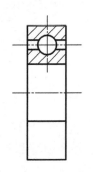

图 7-93　填充剖面线

(a) 绘制直线

(b) 执行缩放命令

图 7-94　完成轴承特征画法

步骤六：保存文件

选择"文件"|"保存"命令。

7.13　实训十三　轴套类零件绘制

7.13.1　实训目的

绘制如图 7-95 所示铣刀头轴零件图。

7.13.2　实训步骤

1. 绘图分析

根据轴套类零件设计及加工的一般方法，确定绘制过程。

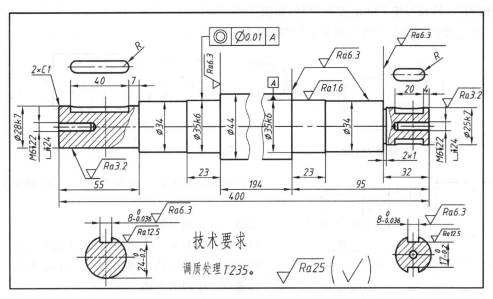

图 7-95 铣刀头轴

(1) 确定铣刀头轴径向尺寸和基准，如图 7-96 所示。

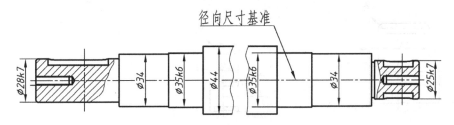

图 7-96 铣刀头轴径向尺寸和基准

(2) 确定铣刀头轴轴向主要尺寸和基准，如图 7-97 所示。

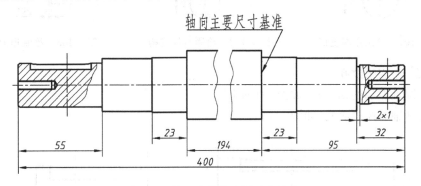

图 7-97 铣刀头轴轴向尺寸和基准

2. 操作步骤

步骤一：新建文件

利用建立的 A3 样板文件新建图形，保存为"铣刀头轴"。

步骤二：绘制毛坯

(1) 绘制基准线，绘制直径为 44mm，长为 194mm 的一段轴，因轴长度为 194mm，可以采用折断画法,其长度按 70mm 左右绘制,如图 7-98 所示。

(2)自轴向基准依次向左绘制各段轴,如图 7-99 所示。

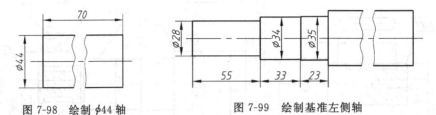

图 7-98 绘制 φ44 轴　　　　　图 7-99 绘制基准左侧轴

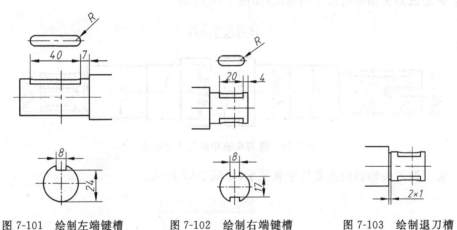

图 7-100 绘制基准右侧轴

(3)自轴向基准依次向左绘制各段轴,如图 7-100 所示。

步骤三:绘制键槽

(1)绘制轴左端一个键槽,如图 7-101 所示。

(2)绘制轴右端两个键槽,如图 7-102 所示。

步骤四:绘制退刀槽

采用偏移、修剪命令,整理为退刀槽结构,如图 7-103 所示。

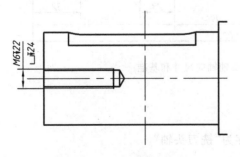

图 7-101 绘制左端键槽　　图 7-102 绘制右端键槽　　图 7-103 绘制退刀槽

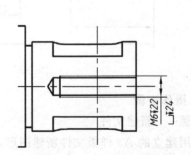

步骤五:绘制螺纹孔

(1)绘制轴左端的螺纹孔,如图 7-104 所示。

(2)绘制轴右端螺纹孔,如图 7-105 所示。

图 7-104 绘制左端螺纹孔　　　　　图 7-105 绘制右端螺纹孔

步骤六：绘制两端倒角

由于绘制剖视图，填充剖面线，所以不绘制倒角线，如图 7-106 所示。

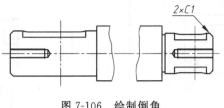

图 7-106　绘制倒角

步骤七：填充剖面线

绘制样条曲线作为边界，填充剖面线，完成图形绘制，如图 7-107 所示。

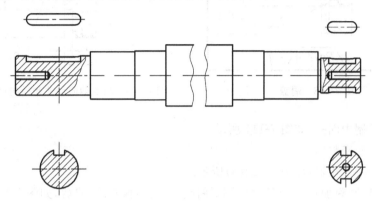

图 7-107　填充剖面线

步骤八：保存文件

选择"文件"|"保存"命令。

7.14　实训十四　盘类零件绘制

7.14.1　实训目的

绘制铣刀头上的端盖，如图 7-108 所示。

7.14.2　实训步骤

1. 绘图分析

根据盘类零件设计及加工的一般方法，确定绘制过程。

端盖轴向尺寸及基准和径向尺寸及基准，如图 7-109 所示。

2. 操作步骤

步骤一：新建文件

利用建立的 A4 样板文件新建图形，保存为"端盖"。

步骤二：绘制毛坯

绘制基准线，绘制直径为 φ115mm 和 φ80mm，长为 194mm 的圆柱投影，如图 7-110 所示。

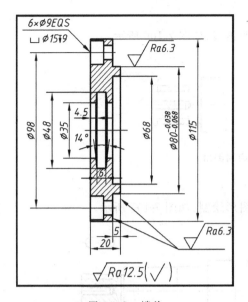

图 7-108　端盖

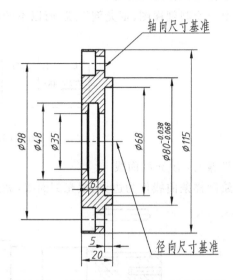

图 7-109　端盖轴向尺寸和径向尺寸及基准

步骤三：绘制中间孔，如图 7-111 所示

步骤四：绘制密封槽。

(1) 绘制 48×6 矩形，如图 7-112(a) 所示。

(2) 设置极轴"附加角"为 83°，绘制 14°斜线，然后镜像斜线，修剪，如图 7-112(b) 所示。

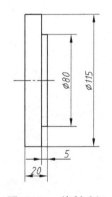

图 7-110　绘制毛坯

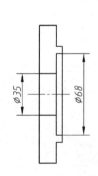

图 7-111　绘制中间孔

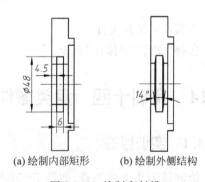

(a) 绘制内部矩形　　(b) 绘制外侧结构

图 7-112　绘制密封槽

步骤五：绘制螺栓孔，如图 7-113 所示

(1) 可采用多线方式绘制一个螺栓孔。

(2) 将螺栓孔镜像。

步骤六：标注尺寸

(1) 按照上述绘图顺序，依次标注各部分尺寸，选择"非圆直径"样式，采用线性尺寸方式，标注径向尺寸直径；选择"机械"样式，采用线性尺寸方式，标注轴向宽度，并标注角度，如图 7-114 所示。

(2) 标注 $\phi 80^{-0.038}_{-0.068}$ 尺寸。

选择"修改"|"对象"|"文字"|"编辑"命令，执行编辑文字命令。

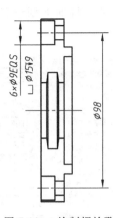

图 7-113　绘制螺栓孔

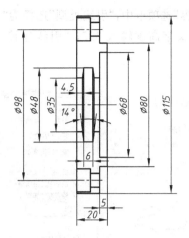

图 7-114　标注基本尺寸

① 单击 φ80 尺寸,出现"文字格式"对话框。

② 在 φ80 后面输入: −0.038 ^ −0.068。

③ 选定输入的文字,单击"堆叠"按钮,即可得到需要的偏差。

如图 7-115 所示,单击"确定"按钮完成。

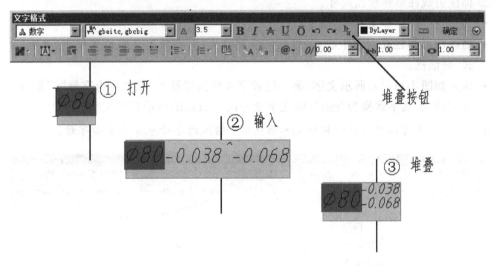

图 7-115　标注尺寸偏差

(3) 标注柱形螺栓孔尺寸。

① 建立多重引线样式。

* 选择"格式"|"多重引线样式"命令,出现"多重引线样式管理器"对话框。

* 单击"新建"按钮,在"创建新多重引线样式"对话框中输入样式名称,如文字、勾选注释性。

* 单击"继续"按钮,弹出"修改多重引线样式:文字"对话框。

* 在"引线格式"选项卡中,修改箭头大小数值为 3,如图 7-116(a)所示。

* 在"引线结构"选项卡中,修改最大引线点数为 2,设置基线距离为 1,如图 7-116(b)所示。

- 在"内容"选项卡中，"引线类型"选择为"多行文字"；"文字样式"选择建立的"数字（大）"样式；文字高度输入 3.5；"引线连接"左右均选择"第一行加下划线"，如图 7-116(c) 所示。

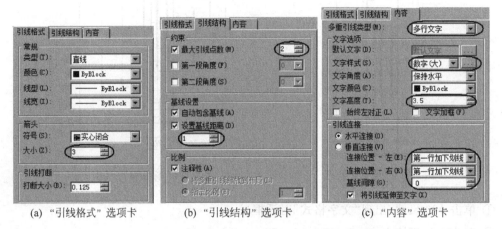

(a) "引线格式" 选项卡　　　　(b) "引线结构" 选项卡　　　　(c) "内容" 选项卡

图 7-116　"修改多重引线样式：文字"对话框

- 单击"确定"按钮，完成多重引线样式的创建；单击"置为当前"按钮后，关闭对话框。
② 标注引线柱形螺栓孔尺寸。
- 选择"标注"|"多重引线"命令。
- 捕捉柱形螺栓孔表面中心点，然后向左拖动光标，在放置文字位置单击，弹出"文字格式"对话框。
- 输入如图 7-117(a)所示文字，第一行数字 6 后为符号×，第二行为字母"v"和"x"，分别选定后，将其字体换为"gdt"，则文字变为图 7-117(b)所示符号文字。

提示：图中 φ 可以单击符号按钮 @▼ 后选择；输入的字母 v、x 为小心字母。

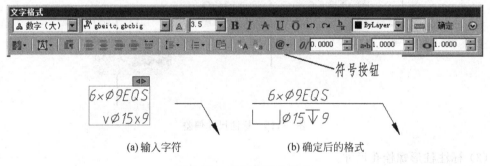

(a)输入字符　　　　　　　　(b)确定后的格式

图 7-117　标注螺栓孔尺寸

步骤七：调整符号的字宽；添加剖面线，整理完成图形绘制

如图 7-118 所示。

步骤八：保存文件

选择"文件"|"保存"命令。

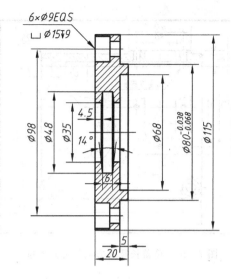

图 7-118 填充剖面线

7.15 实训十五 盖类零件绘制

7.15.1 实训目的

绘制蜗杆减速器的箱盖零件图,如图 7-119 所示。

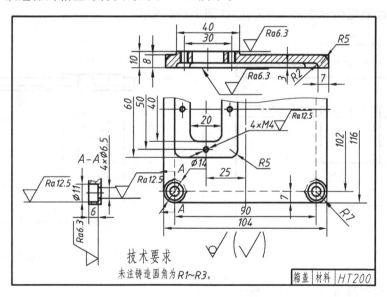

图 7-119 箱盖

7.15.2 实训步骤

1. 绘图分析

根据盖类零件设计及加工的一般方法,确定绘制过程;主视图按剖视绘制。

箱盖长宽高方向尺寸及基准,如图 7-120 所示。

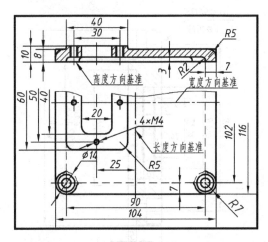

图 7-120   箱盖长宽高方向尺寸及基准

2. 操作步骤

步骤一：新建文件

利用建立的 A4 样板文件新建图形，保存为"箱盖"。

步骤二：绘制毛坯

由于机件前后对称，俯视图采用可以绘制一部分方式，如图 7-121 所示。

（1）绘制底板结构。

（2）绘制中间方凸台结构。

步骤三：绘制底面方槽和凸台方孔，如图 7-122 所示

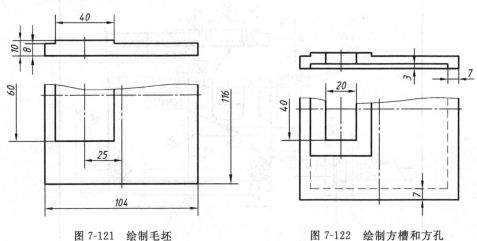

图 7-121   绘制毛坯   图 7-122   绘制方槽和方孔

步骤四：绘制圆角，如图 7-123 所示

步骤五：绘制四角的 φ14 圆凸台，如图 7-124 所示

步骤六：绘制四角的柱形沉孔，如图 7-125 所示

步骤七：绘制方凸台上四个螺纹孔，如图 7-126 所示

步骤八：绘制其他圆角，整理图形，如图 7-127 所示

步骤九：标注尺寸

（1）标注尺寸。

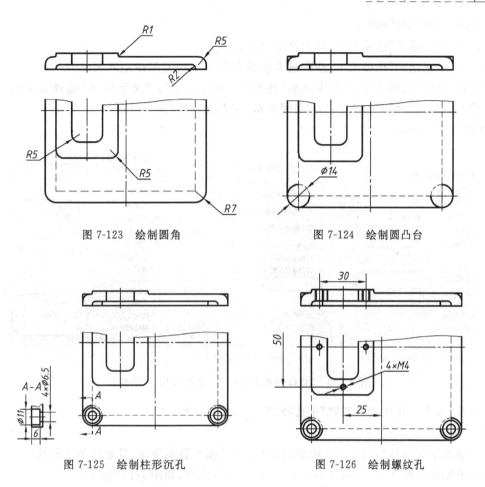

图 7-123 绘制圆角 图 7-124 绘制圆凸台

图 7-125 绘制柱形沉孔 图 7-126 绘制螺纹孔

（2）绘制剖切符号，注写剖视图名称。

如图 7-128 所示。

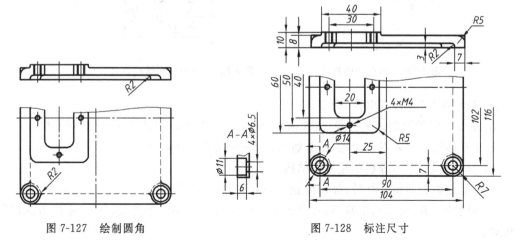

图 7-127 绘制圆角 图 7-128 标注尺寸

步骤十：标注技术要求

（1）建立多重引线样式：表面结构。

选择前面建立的"文字"样式为基础，新建"表面结构"多重引线样式，在其"修改多重引线

样式：表面结构"对话框中，

① 在"引线格式"选项卡中，箭头符号设置为：无。

② 在"引线结构"选项卡中，修改最大引线点数为 4，设置基线距离为 1。

③ 在"内容"选项卡中，"引线类型"选择为"多行文字"；"文字样式"选择建立的"数字（大）"样式；"文字高度"输入 3.5；"引线连接"左右均选择"第一行顶部"。

如图 7-129 所示。

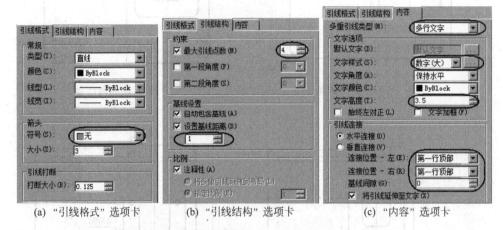

(a) "引线格式"选项卡　　　(b) "引线结构"选项卡　　　(c) "内容"选项卡

图 7-129　"修改多重引线样式：表面结构"对话框

④ 在"多重引线样式管理器"中选择"置为当前"选项。

(2) 绘制表面结构符号。

① 表面结构符号如图 7-130 所示，其中 Ra3.2 随参数而变化，且要添加上划线。

② 根据符号尺寸，先绘制 3 条辅助线，确定各点位置，如图 7-131 所示。

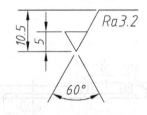

图 7-130　表面结构符号

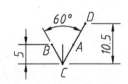

图 7-131　确定表面结构符号各点

③ 选择"标注"|"多重引线"命令。

④ 自 A 点开始绘制多重引线，依次捕捉 A、B、C、D 各点，出现"文字格式"对话框。

⑤ 在对话框中输入 Ra3.2，添加上划线，单击"确定"按钮完成。

(3) 执行复制命令，分别标注表面结构。

① 将复制的表面结构符号，分别放置于要标注的位置。

② 不同的参数，可以双击符号，在弹出的"文字格式"对话框中修改；对于不同方向，可以旋转对象。

③ 绘制相同表面结构的参数符号 ⊘（√）。

(4) 执行多行文字命令，弹出"文字格式"对话框，注写技术要求。

结果如图 7-132 所示。

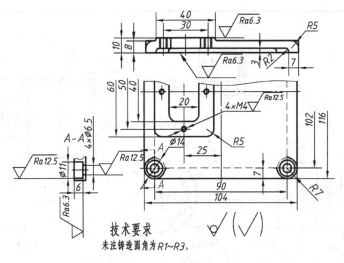

图 7-132　标注尺寸

步骤十一：填充剖面线

执行两次填充命令，分别绘制主视图和 A-A 剖视图的剖面线，如图 7-133 所示。

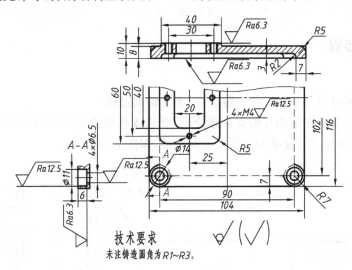

图 7-133　填充剖面线

步骤十二：保存文件

选择"文件"|"保存"命令。

7.16　实训十六　叉架类零件绘制

7.16.1　实训目的

绘制支架零件图，如图 7-134 所示。

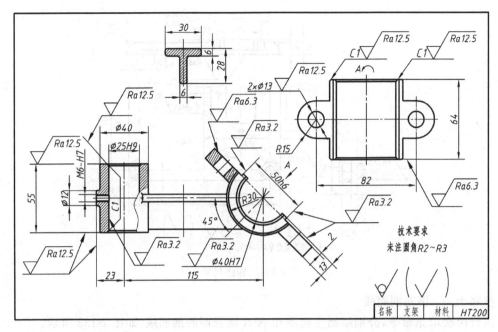

图 7-134 支架

7.16.2 实训步骤

1. 绘图分析

根据叉架类零件设计及加工的一般方法,确定绘制过程。

支架它由空心半圆柱带凸耳的安装部分、T 型连接板和支承轴的空心圆柱等构成。其长度尺寸及基准、宽度尺寸及基准和高度尺寸及基准,如图 7-135 所示。

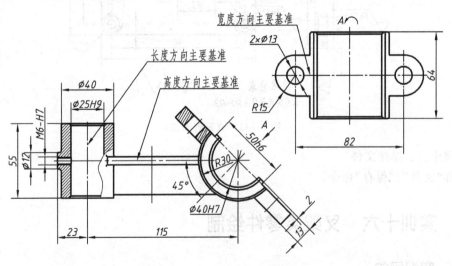

图 7-135 支架的尺寸基准

2. 操作步骤

步骤一:新建文件

利用建立的 A3 样板文件新建图形,保存为"支架"。

步骤二：绘制支承轴的空心圆柱毛坯

由于绘制剖视图,不需绘制相贯线。

(1) 绘制竖直圆柱 φ40。

(2) 绘制圆凸台 φ12。

如图 7-136 所示。

步骤三：绘制安装部分

(1) 绘制基准线,确定位置。

(2) 绘制倾斜 45°的半圆柱 φ40。

(3) 绘制两侧凸耳。

(4) 绘制半圆柱平面上凸台。

如图 7-137 所示。

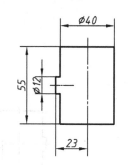

图 7-136 绘制空心圆柱毛坯

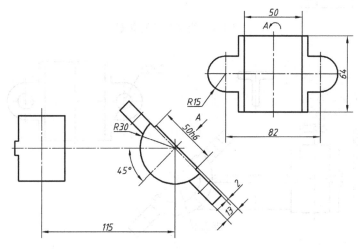

图 7-137 绘制空心圆柱毛坯

步骤四：绘制 T 型连接板

(1) 绘制移出断面。

(2) 绘制辅助线。

(3) 根据辅助线确定连接板与圆柱交线。

如图 7-138 所示。

步骤五：绘制各个孔

(1) 绘制空心圆柱 φ25 孔。

(2) 绘制圆凸台 φ12 处螺纹 M7-7H 孔。

(3) 绘制两侧凸耳 φ13 孔。

(4) 绘制半圆柱上 φ40 孔。

如图 7-139 所示。

步骤六：绘制各处圆角、倒角及过渡线

利用圆角、倒角以及圆弧等命令,绘制各处圆角、倒角及过渡线,如图 7-140 所示。

步骤七：绘制标题栏

在图样右下角按照国家标准绘制标题栏,如图 7-141(a)所示,在标题栏中填写比例、名称

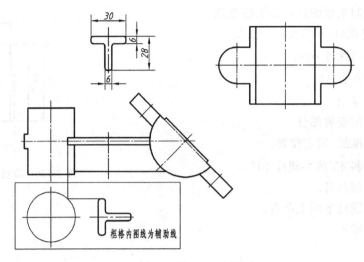

图 7-138　绘制 T 型连接板

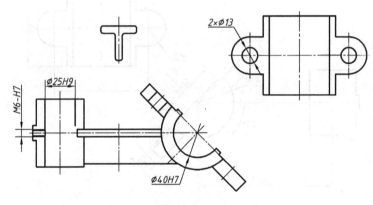

图 7-139　绘制孔

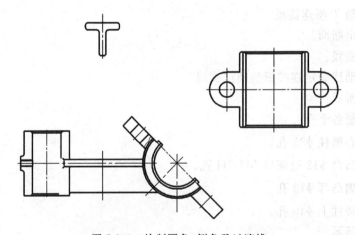

图 7-140　绘制圆角、倒角及过渡线

等各要求,如图 7-141 所示(b)。

步骤八:按绘制图形顺序标注尺寸,并注写技术要求

如图 7-142 所示。

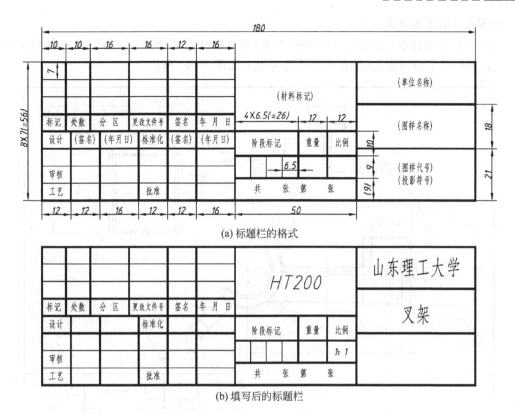

(a) 标题栏的格式

(b) 填写后的标题栏

图 7-141 绘制标题栏

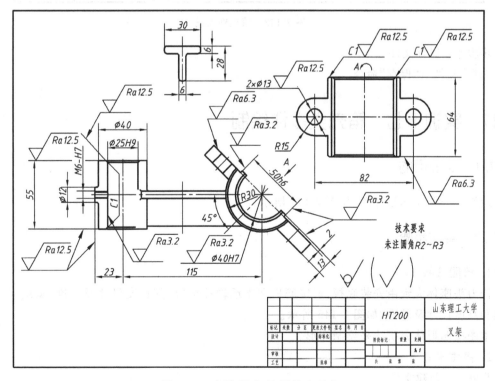

图 7-142 标注尺寸,注写技术要求

步骤九：填充剖面线。

执行 3 次填充命令，分别填充主视图（2 次）和移出断面剖面线；主视图右侧倾斜部分为 45°，其剖面线需要单独填充，填充角度设置为 15；如图 7-143 所示。

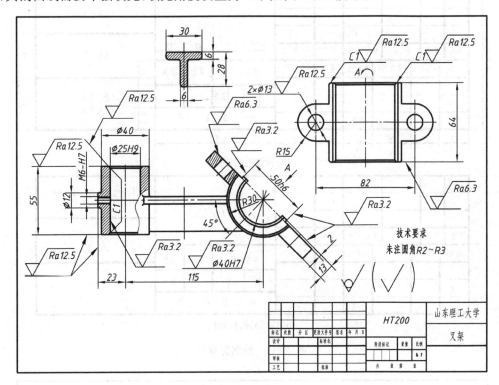

图 7-143　填充剖面线

步骤十：保存文件

选择"文件"|"保存"命令。

7.17　实训十七　箱壳类零件绘制

7.17.1　实训目的

绘制铣刀头座体零件图，如图 7-144 所示。

7.17.2　实训步骤

1．绘图分析

铣刀头座体大致由安装底板、连接筋板和支承轴孔组成，其长度尺寸及基准、宽度尺寸及基准和高度尺寸及基准，如图 7-145 所示。

本图按照形体分析法来绘制图形。

2．操作步骤

步骤一：新建文件

利用建立的 A2 样板文件新建图形，保存为"座体"。

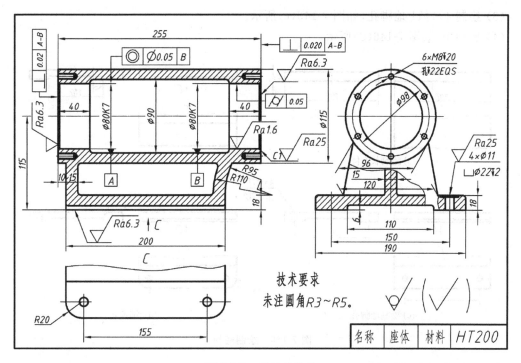

图 7-144 铣刀头座体

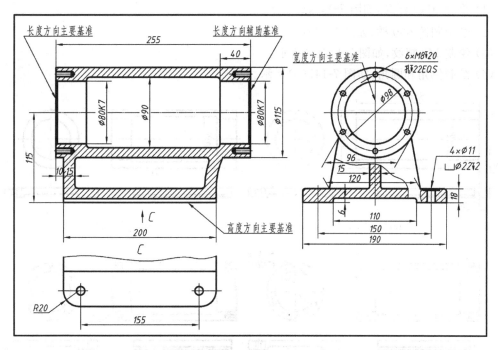

图 7-145 铣刀头座体尺寸基准

步骤二：绘制安装底板

由于主左视图为剖视图,其中间连接线不绘制,俯视图绘制部分。

(1) 绘制 200mm×190mm×18mm 长方体,如图 7-146(a)所示。

(2) 绘制 110mm×6mm 底槽,如图 7-146(b)所示。

(3) 绘制 4×φ11 地脚孔,如图 7-146(c)所示。

(4) 倒圆角,如图 7-146(d)所示。

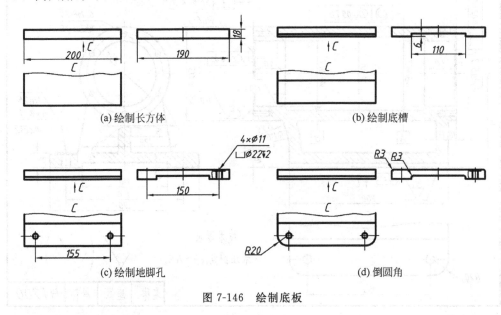

(a) 绘制长方体　　　　　　　　(b) 绘制底槽

(c) 绘制地脚孔　　　　　　　　(d) 倒圆角

图 7-146　绘制底板

步骤三:绘制支承轴孔

(1) 绘制 φ115 圆筒,如图 7-147(a)所示。

(2) 绘制圆筒 φ90 槽,如图 7-147(b)所示。

(3) 绘制 M8 螺纹,如图 7-147(c)所示。

(4) 绘制倒角和圆角,如图 7-147(d)所示。

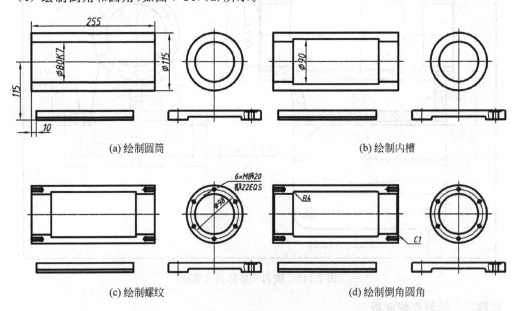

(a) 绘制圆筒　　　　　　　　(b) 绘制内槽

(c) 绘制螺纹　　　　　　　　(d) 绘制倒角圆角

图 7-147　绘制支承轴孔

步骤四:绘制连接筋板

(1) 绘制连接筋板,如图 7-148(a)所示。

（2）绘制倒圆角，如图 7-148(b)所示。

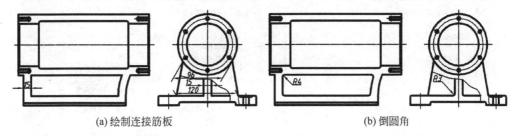

(a) 绘制连接筋板　　　　　　　　(b) 倒圆角

图 7-148　绘制连接筋板

步骤五：标注尺寸

用标注图层标注尺寸，如图 7-149 所示。

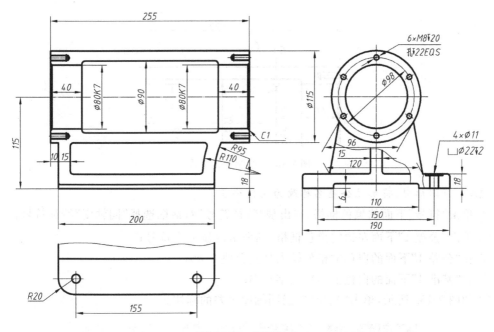

图 7-149　标注尺寸

步骤六：注写几何公差

（1）执行快速引线命令。

① 键盘输入"qleader"，按 Enter 键。

② 单击命令行"设置"选项，弹出"引线设置"对话框。

③ 在"注释"选项卡中选择"公差"选项，如图 7-150(a)所示。

④ 在"引线和箭头"选项卡中"点数"最大值输入 3，如图 7-150(b)所示。

⑤ "箭头"选择"实心闭合"，如图 7-150(b)所示。

（2）确定引线位置。

① 单击"确定"按钮，捕捉 A 点；

② 分别在 B、C 点处单击，如图 7-151 所示。

（3）设置几何公差。

① 确定 C 点位置后，弹出"形位公差"对话框；

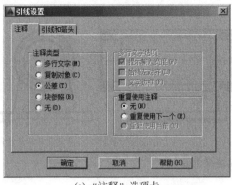 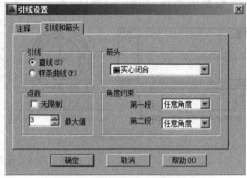

(a) "注释" 选项卡　　　　　　　　　(b) "引线和箭头" 选项卡

图 7-150　"引线设置"对话框

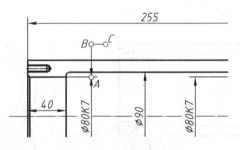

图 7-151　绘制快速引线

说明：新国标中,将形位公差名称改为几何公差。

② 单击"符号"下面的黑色框格,在出现"特征符号"对话框选择"同轴度"特征符号;

③ 单击"公差 1"下面左边的黑色框格,则框格内显示 φ 符号;

④ 在"公差 1"下面的白色框格处输入公差数值 0.05;

⑤ 在"基准 1"下面的白色框格输入字母 B;

⑥ 如图 7-152 所示,单击"确定"完成同轴度公差的标注。

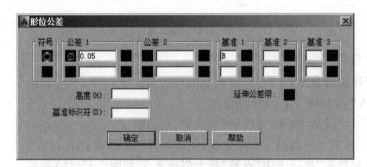

图 7-152　同轴度公差的标注

(4) 创建"基准符号"图块。

① 用标注图层绘制一个 7×7 正方形;

② 单击"符号"下面的黑色框格,在出现"特征符号"对话框选择"同轴度"特征符号;

③ 创建块属性字母 A,文字对正方式为正中;

④ 字母 A 插入点为正方形中心;

⑤ 创建属性图块,基点为正方形中心。

如图 7-153 所示。

(5) 执行快速引线命令。

① 从键盘输入 qleader,按 Enter 键。

② 单击命令行"设置"选项,弹出"引线设置"对话框。

③ 在"注释"选项卡中选择"块参照"选项,如图 7-154(a)

图 7-153   基准符号

所示。

④ 在"引线和箭头"选项卡中"点数"最大值输入 2,如图 7-154(b)所示。

⑤ 在"箭头"下拉列表框中选择"实心闭合",如图 7-154(b)所示。

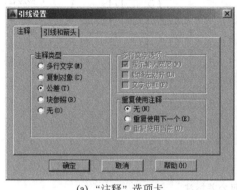

(a) "注释"选项卡

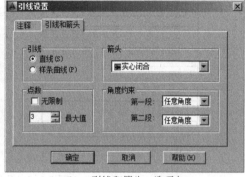

(b) "引线和箭头"选项卡

图 7-154   "引线设置"对话框

(6) 确定引线位置。

① 单击"确定"按钮,捕捉 D 点。

② 在 E 点处单击,如图 7-155 所示。

(7) 确定"基准符号"。

① 输入"基准符号"图块名称,按 Enter 键。

② 追踪 E 点向下 3.5,确定块的位置。

③ 确定比例因子为 1,旋转角度为 0°。

④ 输入字母 B,如图 7-155 所示。

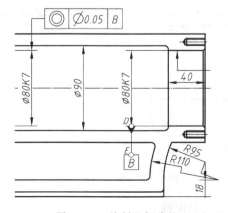

图 7-155   绘制几何公差

（8）同样方式注写其他几何公差。

如图 7-156 所示。

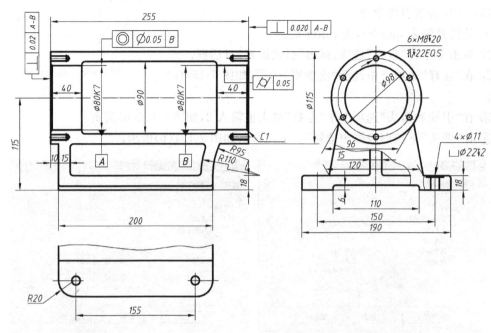

图 7-156 几何公差标注

步骤七：用标注图层注写表面结构

如图 7-157 所示。

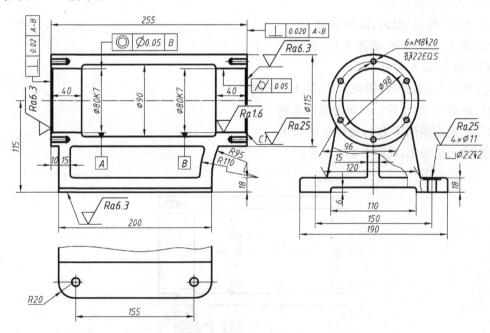

图 7-157 标注表面结构

步骤八：用剖面线图层填充剖面线

如图 7-158 所示。

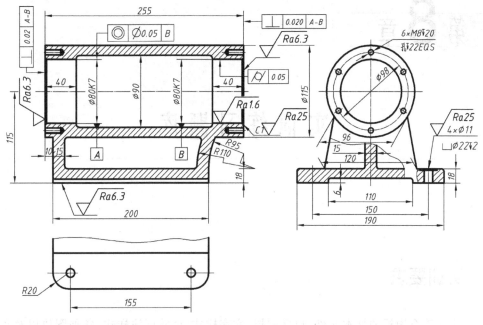

图 7-158　填充剖面线

步骤九：插入"标题栏"图块，填写标题栏

步骤十：用标注图层注写技术要求文字

如图 7-159 所示。

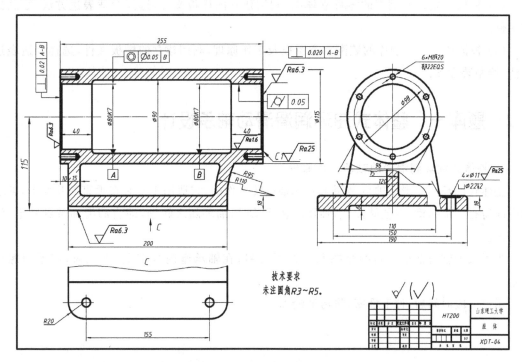

图 7-159　注写标题栏和技术要求

步骤十一：保存文件

选择"文件"|"保存"命令。

第 8 章

实训练习题库

8.1 实训要求

（1）建立符合国标的样本文件，包括图层、文字样式、尺寸标注样式、各种图块以及布局的设置等等。

（2）根据给定每一题库的零件简图，利用建立的样板文件，绘制标准零件图。（分别练习在模型空间和布局中标注尺寸，且标注技术要求，进行打印设置。）

（3）根据给定每一题库的零件立体图，利用建立的样板文件，选择合适表达方法，绘制标准零件图。

（4）根据给定每一题库的装配示意图以及工作原理，利用建立的样板文件，选择合适表达方法，绘制装配图。

8.2 题库一 整体式油环润滑滑动轴承设计

1. 整体式油环润滑滑动轴承工作原理

整体式油环润滑滑动轴承是用来支撑轴运转工作的，它适用于安装在垂直的基面上，轴承座中间铸有环形凹槽，以便储油，当轴作旋转运动时，油环随之转动，即将润滑油带到轴上，使轴润滑。

为了减少轴与轴承座间的摩擦和节约原材料，在轴承座内装有上、下轴衬，用紧固螺钉固定。

用过一段时间后，拧下螺塞，将污油泄掉。

2. 整体式油环润滑滑动轴承简图

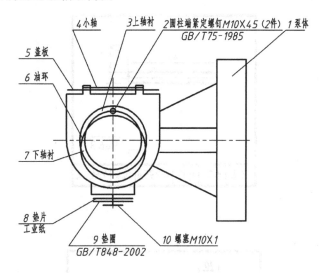

3. 主要零件的零件简图

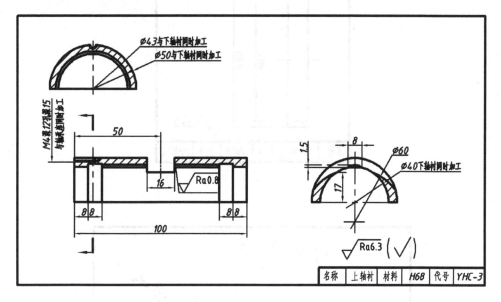

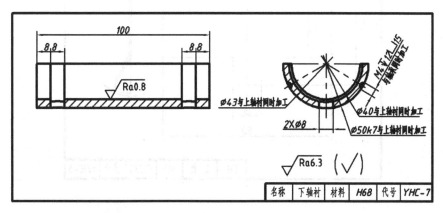

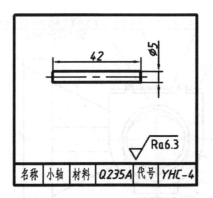

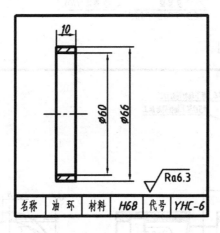

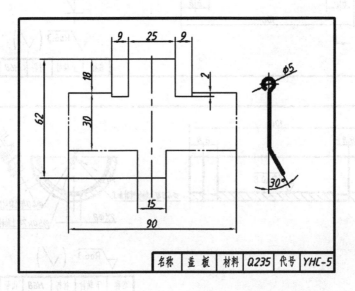

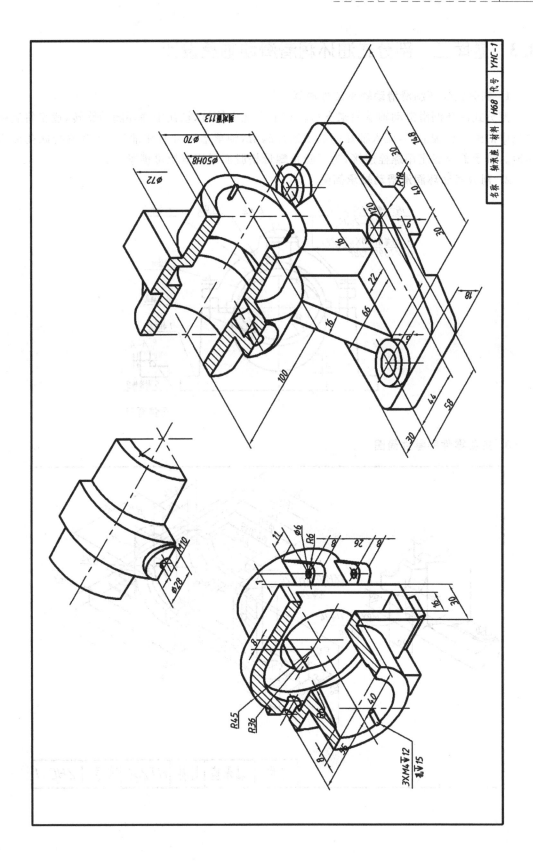

8.3 题库二 剖分式油环润滑滑动轴承设计

1. 剖分式油环润滑滑动轴承工作原理

剖分式油环润滑滑动轴承用来支承轴在上下瓦中旋转,轴瓦中油环随轴旋转,逐步将底座油池中的油带至轴上部,流入轴瓦的油槽进行润滑,轴承盖上方有注油口,润滑油经此孔流入油池。轴承盖与底座用螺栓连接,为了防止螺母松脱而采用双螺母锁紧。

2. 剖分式油环润滑滑动轴承简图

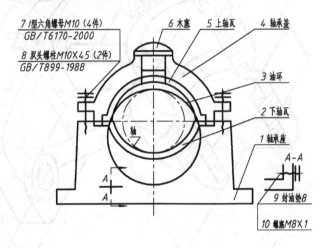

3. 主要零件的零件简图

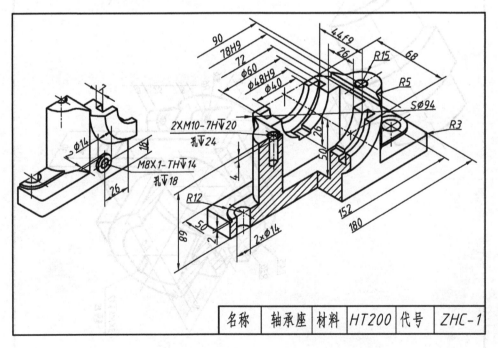

名称	轴承座	材料	HT200	代号	ZHC-1

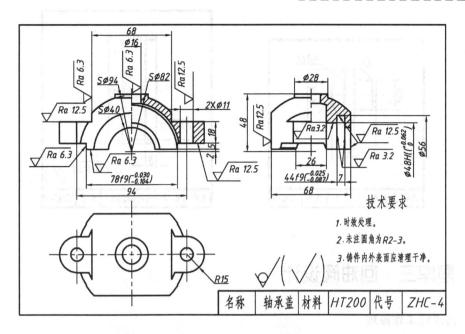

技术要求

1. 时效处理。
2. 未注圆角为 R2-3。
3. 铸件内外表面应清理干净。

| 名称 | 轴承盖 | 材料 | HT200 | 代号 | ZHC-4 |

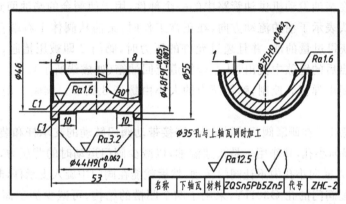

Φ35孔与上轴瓦同时加工

| 名称 | 下轴瓦 | 材料 | ZQSn5Pb5Zn5 | 代号 | ZHC-2 |

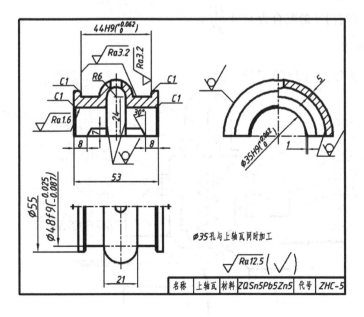

Φ35孔与上轴瓦同时加工

| 名称 | 上轴瓦 | 材料 | ZQSn5Pb5Zn5 | 代号 | ZHC-5 |

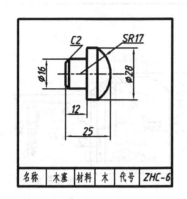

| 名称 | 木塞 | 材料 | 木 | 代号 | ZHC-6 |

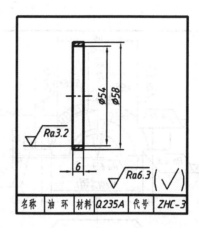

| 名称 | 油环 | 材料 | Q235A | 代号 | ZHC-3 |

8.4 题库三 回油阀设计

1. 回油阀工作原理

回油阀是装在柴油发动机供油管路中的一个部件,用于使剩余的柴油回到油箱中。

简图上用箭头表示了油的流动方向,在正常工作时,柴油从阀体 1 右端孔流入,从下端孔流出;当主油路获得过量的油,并且超过允许的压力时,阀门 2 即被压抬起,过量的油就从阀体 1 和阀门 2 开启后的缝隙中流出,从左端管道流回油箱(如虚线所示)。

阀门 2 的启闭由弹簧 5 控制,弹簧压力的大小由螺杆 8 调节。阀帽 7 用以保护螺杆免受损伤或触动。

阀门 2 中的螺孔是在研磨阀门接触面时,连接带动阀门转动的支承杆和装卸阀门用的。阀门 2 下部有两个横向小孔,其作用一是快速溢油,以减少阀门运动时的背压力,二是当拆卸阀门时,先用一小棒插入横向小孔中不让阀门转动,然后就能在阀门中旋入支承杆,起卸出阀门。

阀门 1 中装配阀门的孔 $\varnothing30HY$,采用了四个凹槽的结构,可减少加工面及减少阀门运动时的摩擦力,它和阀门 2 的配合为 $\varnothing34\dfrac{H7}{g6}$。

2. 回油阀简图

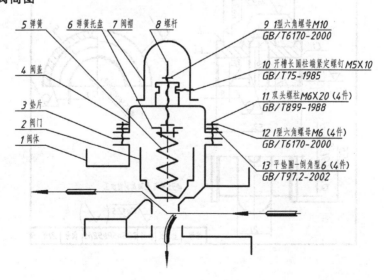

3. 主要零件的零件简图

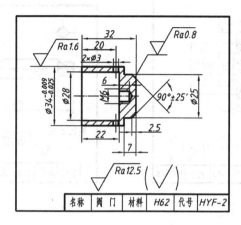

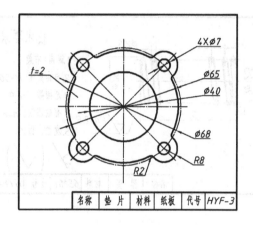

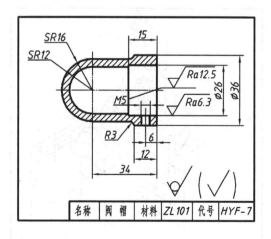

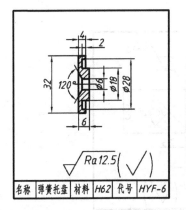

名称 弹簧托盘 材料 H62 代号 HYF-6

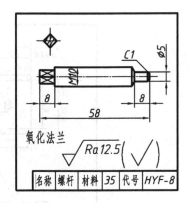

氧化法兰

名称 螺杆 材料 35 代号 HYF-8

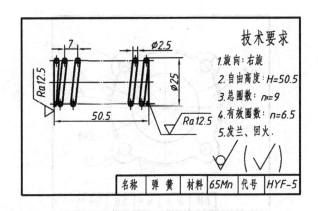

技术要求

1. 旋向：右旋
2. 自由高度：H=50.5
3. 总圈数：n=9
4. 有效圈数：n=6.5
5. 发兰、回火.

名称 弹簧 材料 65Mn 代号 HYF-5

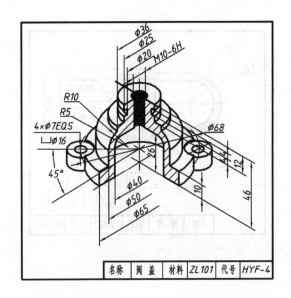

名称 阀盖 材料 ZL101 代号 HYF-4

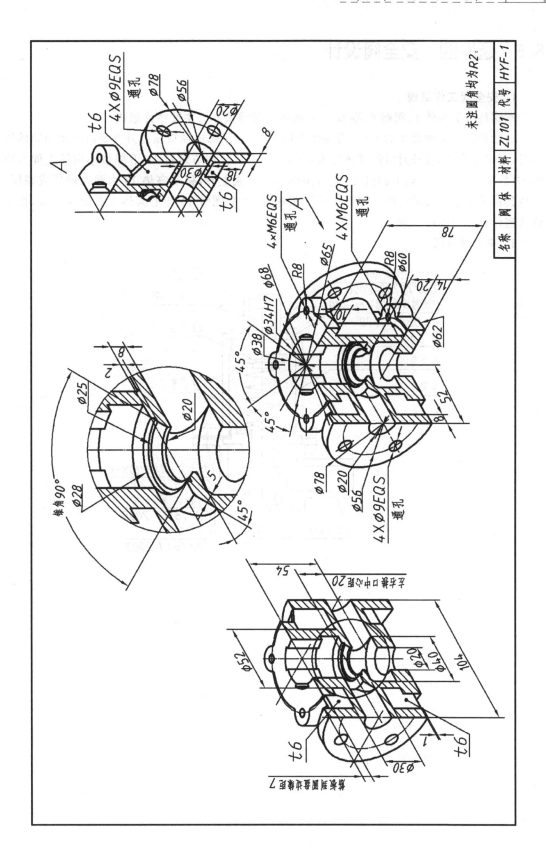

8.5　题库四　安全阀设计

1. 安全阀工作原理

本阀是由下阀体 7、阀瓣 8、隔板 5、上阀体 3 和弹簧 4 等主要零件组成。

通常阀瓣 8 受弹簧 4 的压力,将阀体下口封闭,当下部进油口压力升高足以克服弹簧的压力时,阀瓣 8 升高,打开封口使液体进入阀体向左出口。调节螺钉 14 下部带小圆柱头伸入座垫 13 的小孔内。转动调节螺钉 14 则钉头即可下降或上升,移动座垫 13 为弹簧增压或减压,以达到调节安全压力的目的。螺母 1 是锁紧螺母,调节螺钉 14 与上阀体 3 有螺纹连接,在调到适当位置后用螺母锁紧。

2. 安全阀简图

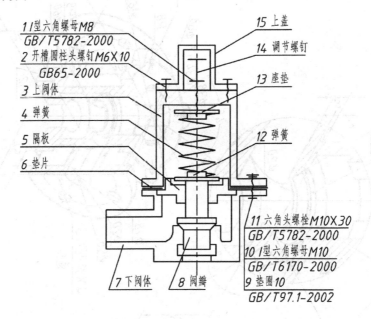

3. 主要零件的零件简图

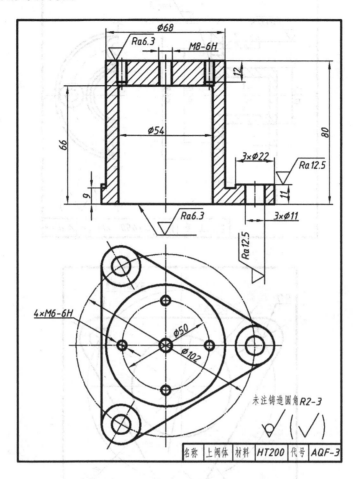

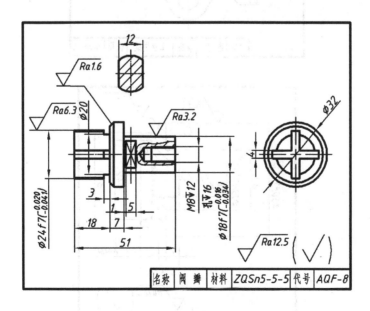

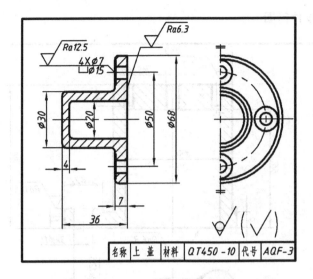

名称 上 盖　材料 QT450-10　代号 AQF-3

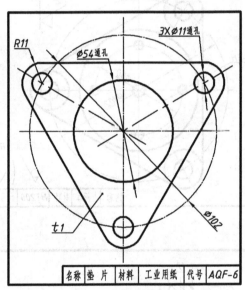

名称 垫 片　材料 工业用纸　代号 AQF-6

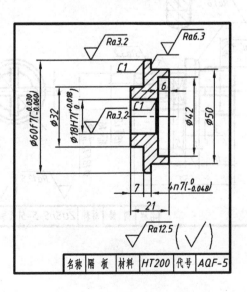

名称 隔 板　材料 HT200　代号 AQF-5

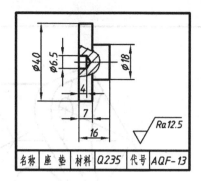

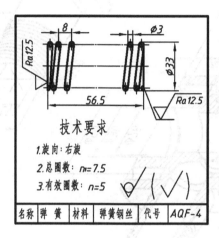

技术要求

1.旋向:右旋

2.总圈数: n=7.5

3.有效圈数: n=5

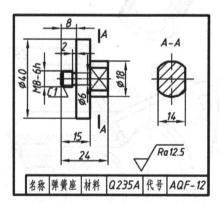

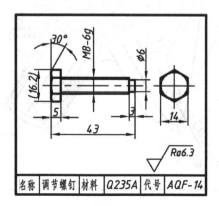

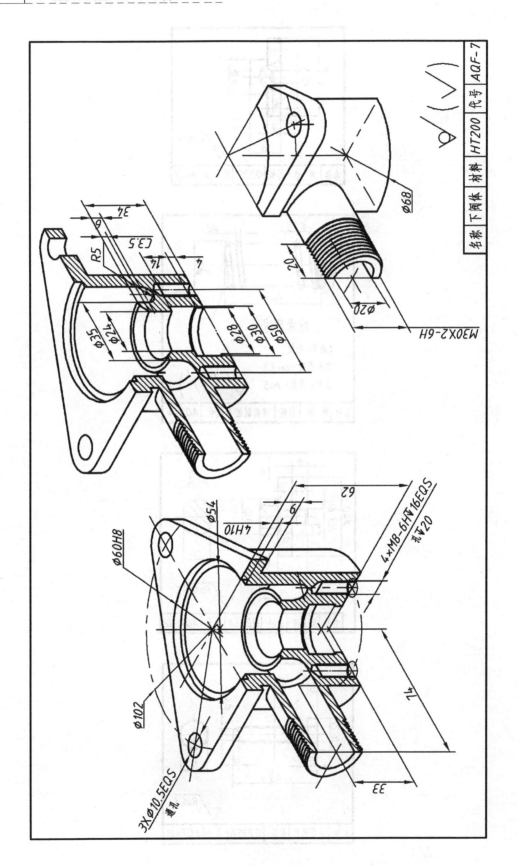

8.6 题库五　安全旁路阀设计

1. 安全旁路阀工作原理

安全旁路阀在正常工作中,阀门 12 在弹簧 2 的压力下关闭。工作介质(气体或液体)从壳体 1 右部管道进入,由下孔流到工作部件,当管路中由于某种原因压力增高超过弹簧的压力时,顶开阀门 12,工作介质从左部管逆流其他容器中,保证了管路的安全。当压力下降后,弹簧 2 又将阀门关闭。

弹簧 2 压力的大小由扳手 9 调节,螺母 10 防止螺杆 11 松动。阀门上两个小圆孔的作用是使进入阀门内腔的工作介质流出或流入。

2. 安全旁路阀简图

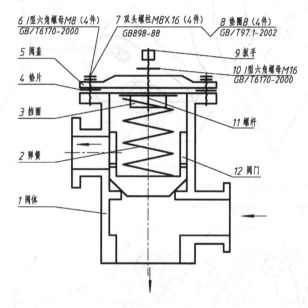

3. 主要零件的零件简图

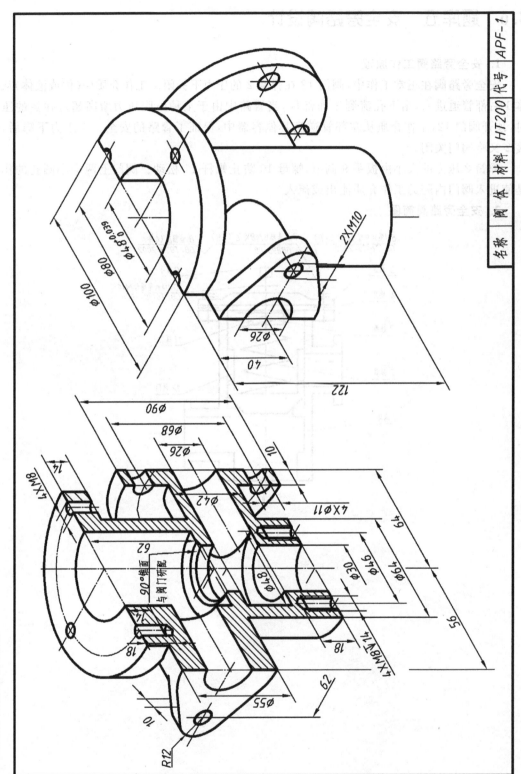

名称 阀体   材料 HT200   代号 APF-1

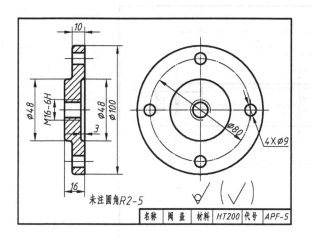

名称｜阀盖｜材料｜HT200｜代号｜APF-5

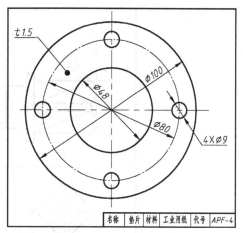

名称｜垫片｜材料｜工业用纸｜代号｜APF-4

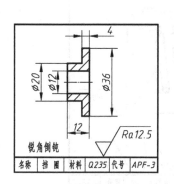

名称｜挡圈｜材料｜Q235｜代号｜APF-3

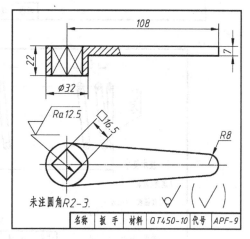

名称｜扳手｜材料｜QT450-10｜代号｜APF-9

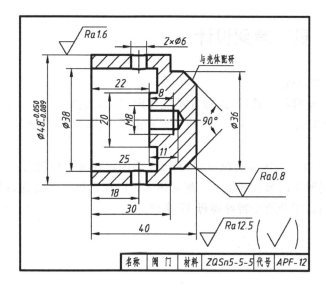

名称｜阀门｜材料｜ZQSn5-5-5｜代号｜APF-12

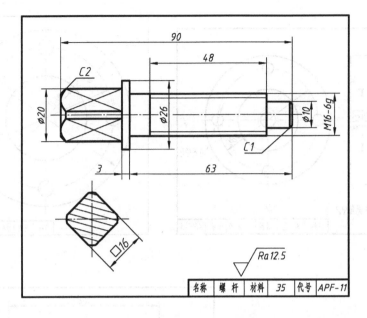

| 名称 | 螺杆 | 材料 | 35 | 代号 | APF-11 |

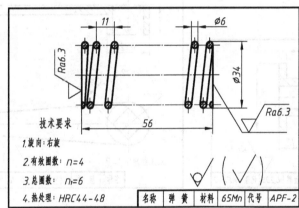

技术要求

1. 旋向：右旋

2. 有效圈数：$n=4$

3. 总圈数：$n_1=6$

4. 热处理：HRC44-48

| 名称 | 弹簧 | 材料 | 65Mn | 代号 | APF-2 |

8.7　题库六　机床尾架设计

1. 机床尾架工作原理

转动手轮 11，带动螺杆 7 旋转，因螺杆不能轴向移动，又由于导键 4 的作用，心轴 6 只能沿轴向移动，并同时带动顶尖 5 移动到不同位置来顶紧工作，反转手轮 13，可以将顶尖 5 推出拆下。

机床尾架体 3 可以沿机床导轨纵向移动，当需要固定在某个位置时，搬动手柄 15，通过偏心轴 16，拉杆即将尾架体固紧在导轨上。尾架体 3 可以在托板 2 上沿坑 28H8 作横向移动，是同时移动两个螺栓 18，带动两个特殊螺母 17 实现。

2. 机床尾架简图

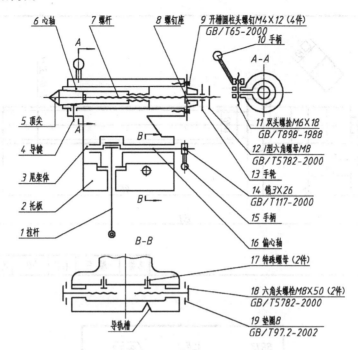

3. 主要零件的零件简图

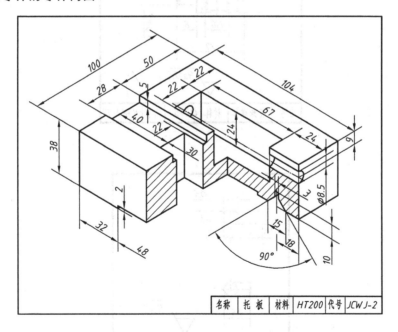

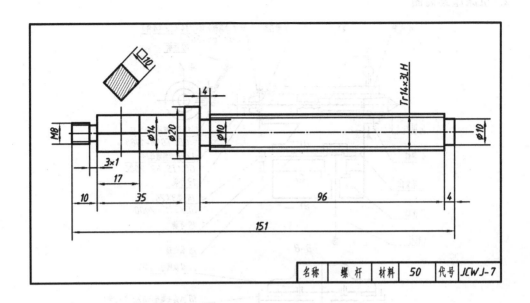

| 名称 | 螺杆 | 材料 | 50 | 代号 | JCWJ-7 |

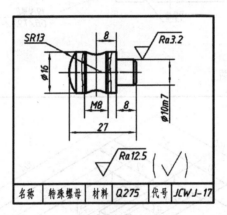

| 名称 | 特殊螺母 | 材料 | Q275 | 代号 | JCWJ-17 |

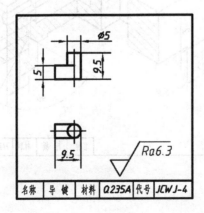

| 名称 | 导键 | 材料 | Q235A | 代号 | JCWJ-4 |

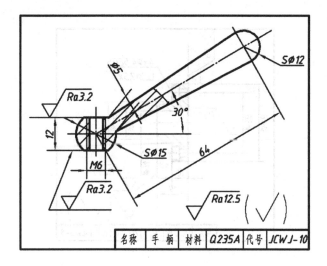

| 名称 | 手柄 | 材料 | Q235A | 代号 | JCWJ-10 |

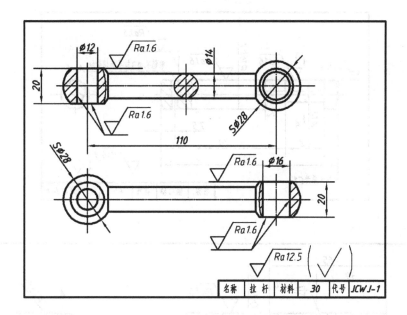

| 名称 | 拉杆 | 材料 | 30 | 代号 | JCWJ-1 |

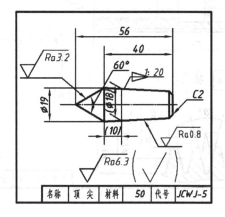

| 名称 | 顶尖 | 材料 | 50 | 代号 | JCWJ-5 |

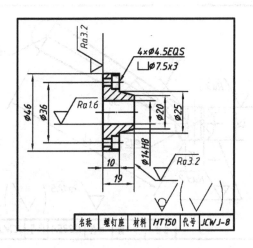

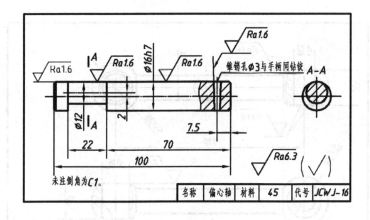

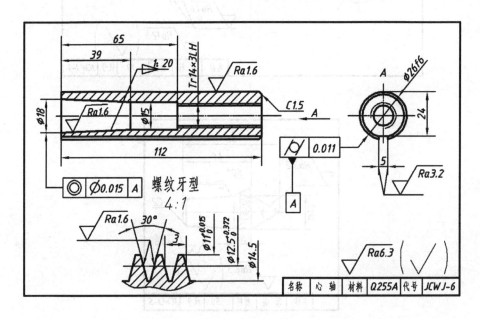

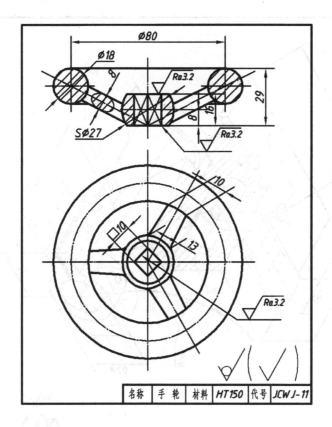

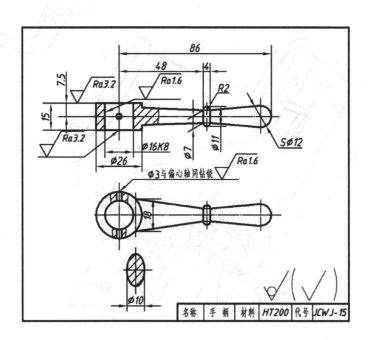

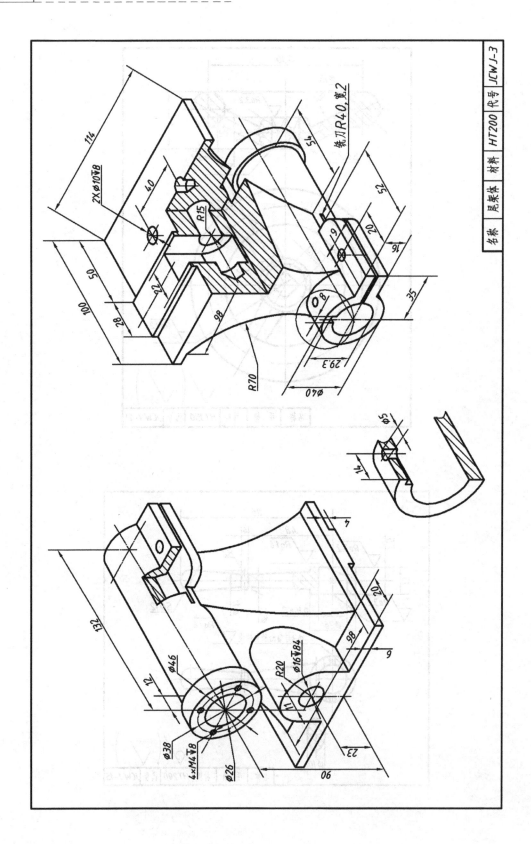

名称　尾架体　材料　HT200　代号　JCWJ-3

8.8　题库七　风扇驱动装置设计

1. 风扇驱动装置工作原理

风扇驱动装置是柴油机上后置的驱动装置。机壳底面的四个螺孔为安装发动机用的。

动力从发动机前段的齿轮箱通过输出长轴与后端该总成的联轴器连接传动。该总成左端的三角皮带轮通过三角胶带带动风扇皮带轮使风扇转动。

2. 风扇驱动装置简图

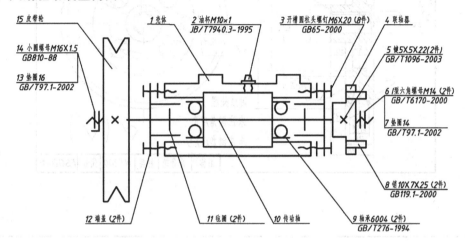

3. 主要零件的零件简图

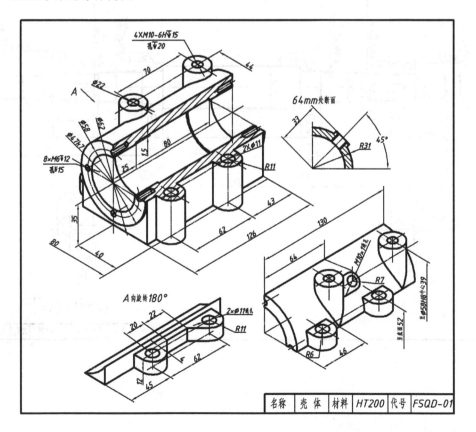

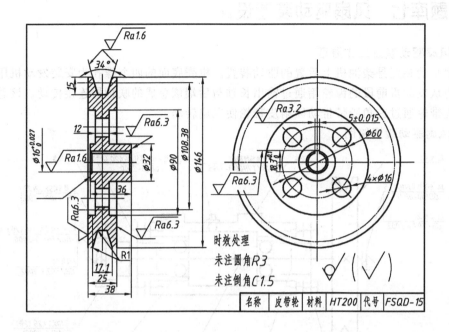

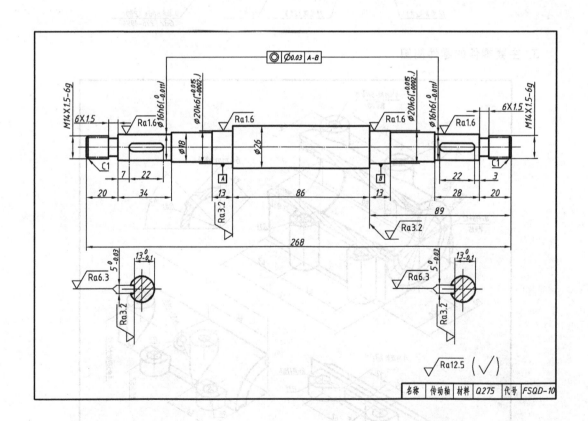

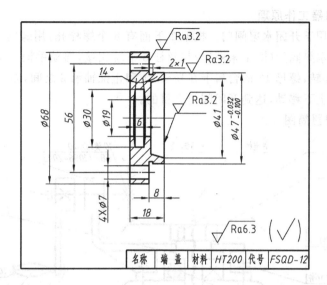

名称	端盖	材料	HT200	代号	FSQD-12

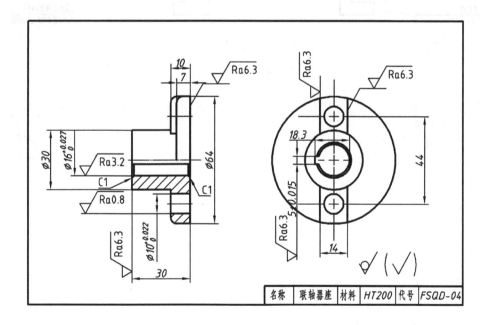

名称	联轴器座	材料	HT200	代号	FSQD-04

8.9   题库八   锥齿轮启闭器设计

1. 锥齿轮启闭器工作原理

锥齿轮启闭器用于开闭水渠闸门。机架 1 下面有 6 个螺栓孔,用螺栓可将启闭器安装在阀墩上面的梁上。水渠阀门(图中未画出)与丝杠 8 下端相接,摇动手柄 15,使齿轮转动,通过平键 7 使螺母 13 旋转,螺母 13 的台肩卡在托架 11 和止推轴承 2 之间,因而不能上下移动,只能使丝杠带动阀门上下移动,达到开闭阀门之目的。

2. 锥齿轮启闭器简图

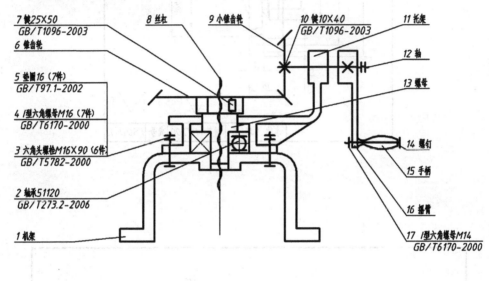

3. 主要零件的零件简图

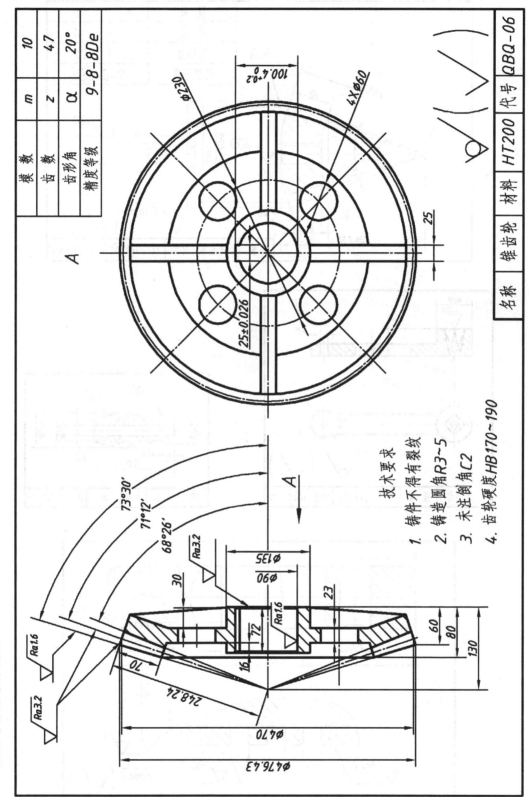

模　数	m	10
齿　数	z	47
齿形角	α	20°
精度等级		9-8-8De

名称　锥齿轮　　材料　HT200　　代号　QBQ-06

技术要求
1. 铸件不得有裂纹
2. 铸造圆角R3~5
3. 未注倒角C2
4. 齿轮硬度HB170~190

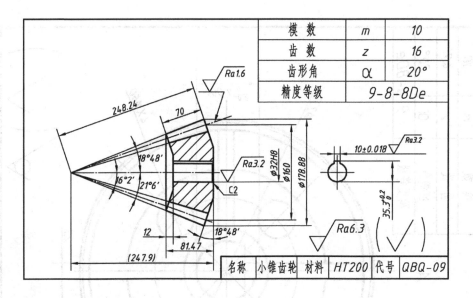

模 数	m	10
齿 数	z	16
齿形角	α	20°
精度等级		9-8-8De

名称	小锥齿轮	材料	HT200	代号	QBQ-09

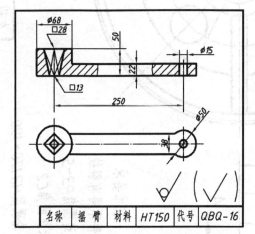

名称	摇臂	材料	HT150	代号	QBQ-16

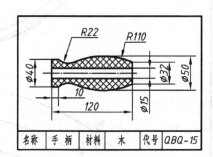

名称	手柄	材料	木	代号	QBQ-15

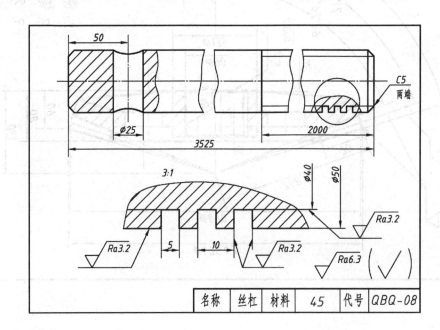

名称	丝杠	材料	45	代号	QBQ-08

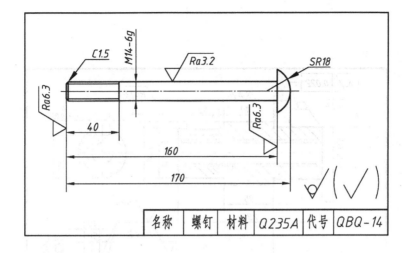

名称	螺钉	材料	Q235A	代号	QBQ-14

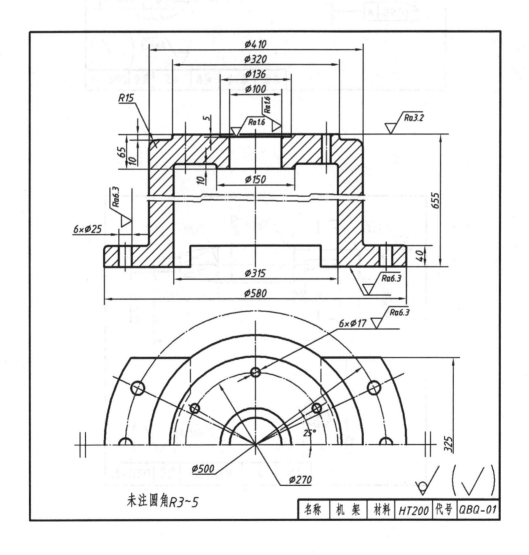

未注圆角R3~5

名称	机架	材料	HT200	代号	QBQ-01

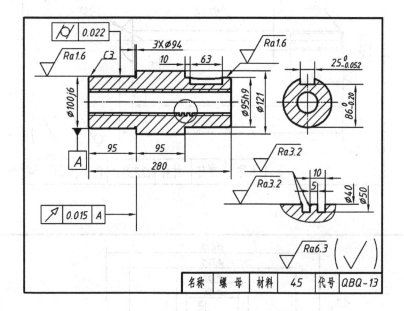

| 名称 | 螺母 | 材料 | 45 | 代号 | QBQ-13 |

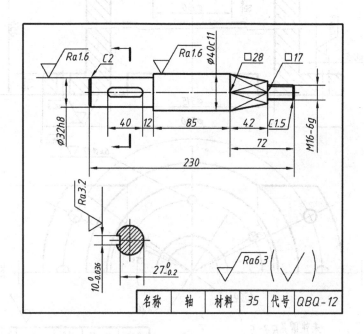

| 名称 | 轴 | 材料 | 35 | 代号 | QBQ-12 |

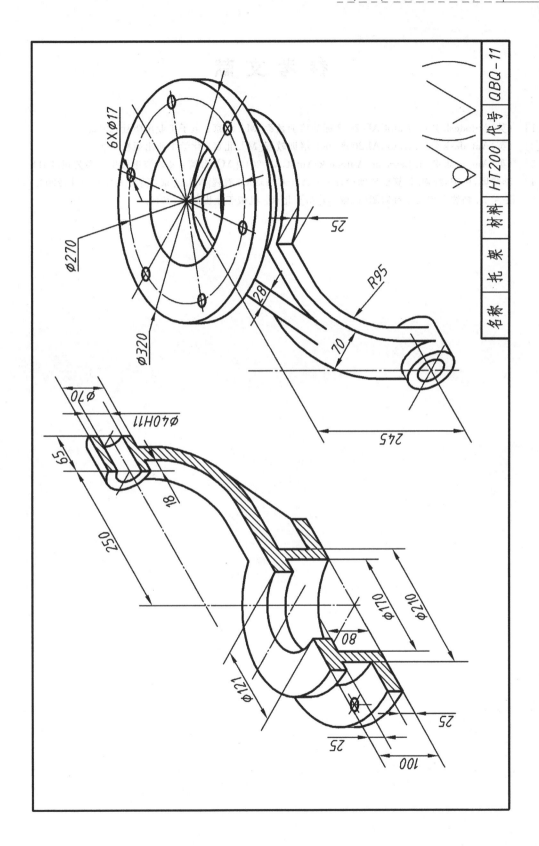

参 考 文 献

[1]　(英)Autodesk公司. AutoCAD 2012 标准培训教程[M].北京：电子工业出版社,2012.

[2]　(英)Autodesk公司. AutoCAD2008-2009 培训教程[M].北京：化学工业出版社,2009.

[3]　(英)Autodesk公司. Learning Autodesk AutoCAD 2012[M].台湾：碁峰资讯股份有限公司,2011.

[4]　李腾训,卢杰,魏峥.计算机辅助设计——AutoCAD2009 教程[M].北京：清华大学出版社,2009.

[5]　王兰美.画法几何及工程制图(机械类)[M].北京：机械工业出版社,2010.

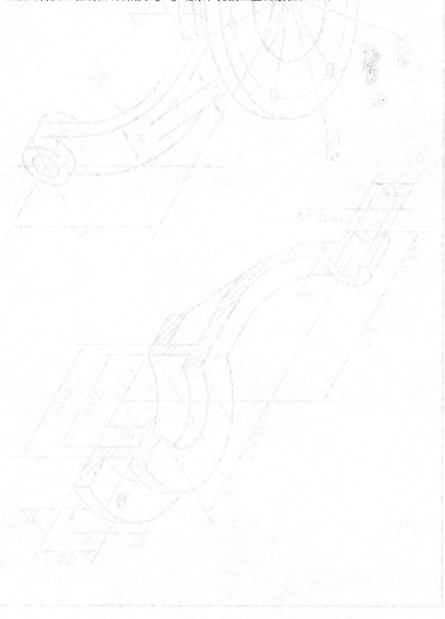